行家教你织
1~5岁 宝宝毛衣

Baby's Sweater

张翠 主编

辽宁科学技术出版社
·沈阳·

主　编：张　翠

编组成员：刘晓瑞　田伶俐　张燕华　吴晓丽　郭建华　胡　芸　李东方　小　凡　落　叶　舒　荣　陈　燕　邓瑞飞　蛾
　　　　　冬日暖阳　飞　儿　枫　吟　寒　梅　简　爱　九核桃　桔　色　考　拉　拾　忆　塘　溪　风之花　蓝云海
　　　　　泇果是　欢乐梅　一片云　花狗子　张京运　逸　瑶　梦　京　莺飞草　李　俐　张　霞　陈梓敏　指花开　林宝贝
　　　　　清爽指　大眼睛　江城子　忘忧草　色女人　水中花　蓝　溪　小　草　小　乔　陈小春　李　俊　陈红艳　冰珊瑚
　　　　　孙　强　杨素娟　袁相荣　徐君君　黄燕莉　卢学英　赵悦霞　周　艳　刘金萍　谭延莉　任　俊　茶无味　蓝　天
　　　　　刘太太　清　影　淅　淅　小　麦　小　妖　小　薇　小　鱼　逸　涵　白　云　忘　忧　阿　布　子非鱼　飞　翔
　　　　　雨在笑　KFC猫　jiqiaoli　飞　儿　娟　子　欣　雅　馨　雨　紫　颜　梦　妍　琳妮宁静　左　缘　爱　任
　　　　　白　玉　包　袱　彩　虹　茶　香　唦　緂　当　当　飞　雨　菲　菲　雅虎编织　南宫lisa　紫色白狐　宝贝飞翔
　　　　　雪山飞狐　色彩传说旗舰店　爱心坊手工编织　夕阳西下　小河流水　朵朵妈妈　幸福云朵　蝴蝶效应　心灵如镜

图书在版编目（CIP）数据

行家教你织1~5岁宝宝毛衣/张翠主编.--沈阳：辽宁科学
技术出版社，2012.11
　　ISBN 978-7-5381-7731-2

　　Ⅰ.①行…　Ⅱ.①张…　Ⅲ.①童服—毛衣—编织—图
集　Ⅳ.①TS941.763.1—64

　　中国版本图书馆CIP数据核字（2012）第244702号

出版发行：辽宁科学技术出版社
　　　　　（地址：沈阳市和平区十一纬路29号　邮编：110003）
印 刷 者：深圳市龙辉印刷有限公司
经 销 者：各地新华书店
幅面尺寸：210mm×285mm
印　　张：12
字　　数：200千字
印　　数：1~11000
出版时间：2012年11月第1版
印刷时间：2012年11月第1次印刷
责任编辑：赵敏超
封面设计：幸琦琪
版式设计：幸琦琪
责任校对：潘莉秋

书　　号：ISBN 978-7-5381-7731-2
定　　价：39.80元

联系电话：024-23284367
邮购热线：024-23284502
E-mail：473074036@qq.com
http://www.lnkj.com.cn

敬告读者：
本书采用兆信电码电话防伪系统，书后贴有防伪标签，全国统一防伪查询电
话16840315或8008907799（辽宁省内）

目录 contents

精致扭花无袖装

段染毛线的编织，经典扭花花样的设计，背心中间搭配的6朵玫红色的小花起到了很好的点缀效果。

制作方法
P89

4

Hi!!

favorite
taste
grow up...

HELLO KITTY

制作方法
P90

韩式三粒扣外套

新潮的韩版样式,水晶式的三粒扣搭配,顿时让整件外套闪亮起来,搭配一条豹纹铅笔裤是不是很拉风呢?

♥loves

we make it sweet...

天
蓝
色
个
性
外
套

整件外套的款式设计十分的新颖独
特，平铺开来恰恰是一件流行的桌
布衣。不论是作为披肩还是春秋实
用装都很不错。

制作方法
P91

sweet

简约玫红小披肩

简单的披肩样式，门襟处搭配一朵小钩花，让整件披肩更加俏皮，搭配牛仔小短裤也不错。

制作方法
P92

Fashion
girl

Proudly
laughing...

Hi!!

♥loves

Cute Cute

紫色圆领长袖装

整件毛衣看上去就似盛开的荷花，如同
小孩灿烂的笑脸，裙边的花样编织与圆
圆的领口起到了首尾呼应的效果。

制作方法
P93~94

grow up...

favorite taste

制作方法 P95

灰色经典短袖装

简单的灰色显得十分干净，清爽。搭配一件时尚的
格子七分裤更加的帅气，这样的一件短袖装你也可
以为你家宝宝动手试试。

happy ♥

制作方法
P96

太阳花小背心

绽放的太阳花恰似小孩天真无邪的
笑脸，灿烂无比。简单的上下针编
织形成了自然的卷曲衣领边和衣
袖，特色十足。

制作方法
P97

和平鸽图案毛衣

此款粉色装不仅适合女孩，男孩穿着似乎更加的秀气。衣身编织的和平鸽图案给人带来了一种心灵的慰藉。

naughty

favorite taste

grow up...

制作方法
P98

绿色长袖装

大红大绿的色彩似乎更适合天真的小朋友，搭配一件格子衬衣，微微地露出领口，这样穿着也很帅气哦。

grow up...

we make it sweet...

16

蝴蝶结吊带装

炎热的夏季穿着这样的一件吊带装似乎更加的清爽，搭配两只漂亮的蝴蝶结更添可爱。

制作方法
P99

favorite taste

LLO Kitty

17

gloves

we make it sweet...

happy

深橙色小外套

简单的三颗纽扣，起到了收缩领口的效果，衣身的褶皱编织，显得更加的精致。短小精悍的款式设计非常适合宝宝穿着。

制作方法
P100~101

happy ♥

favorite taste

制作方法
P102~103

经典双排扣外套

儿童的毛衣也能织出大牌范，看看这件
就知道了。大翻领的设计，经典的双排
扣搭配，可谓特色十足。

制作方法
P104

红色背心裙

简单的背心款式，适合夏季穿着，搭配一条黑色的打底丝袜，也会显得十分的洋气。

favorite taste

grow up...

制作方法
P105

红色kitty猫装

火红的色彩无处不洋溢着一种喜庆，俏皮的kitty
猫魅力十足。搭配一件时尚的哈伦裤也非常的不
错。

VERY ❀

BEAUTIFUL

制作方法
P106~107

韩版长袖装

此款毛衣的颜色搭配很是新颖，袖口、
衣摆和领口都采用了大红色，与衣身的
白色形成了鲜明的对比。

帅气连帽装

连帽的款式搭配无袖的背心，款式设计
上夺人眼球，简单的牛仔裤搭配时尚的
格子衬衣简直天衣无缝。

制作方法
P108

Back

制作方法
P109

灰色吊带装

简约的灰色搭配纯白的衬衣，显得更加
的清新可人。收腰的细带搭配为衣服起
到了很好的固定作用。

happy

白色小翻领装

雪白的颜色更能衬托出天真无邪的童真，水晶式的双排扣搭配简单的小翻领设计，更是为衣服增色不少。

制作方法
P110~111

✳ *Fashion girl*

naughty

红色七分连体裤

火红的颜色总能带给人一种喜悦之感，
衣边搭配黑色的钩花可谓是匠心独运。

制作方法
P112~113

天蓝色打底衫

简单的上下针编织，形成了非常流畅的
线条式花样，搭配一两行流行的扭八花
样，简单中无不透露着时尚的气息。

制作方法
P114~115

naughty

grow up...

HELLO KiTTY

favorite
taste

制作方法
P116

深圆领背心裙

深深的圆领搭配背心的款式，这样的一件背心裙非常适合夏季穿着。搭配一件黑色的打底裤也很不错。

favorite taste

grow up...

制作方法
P117

韩式配色短袖装

粉嫩的色彩搭配金黄的颜色，当今流行的撞色搭
配，让整件短袖装活力十足。

Hello ❀

橘红色背心

此款背心的长度妈妈们可以根据自己的
需要酌情处理，织成背心连衣裙也是很
不错的。

制作方法
P118~119

vloves

we make it sweet...

制作方法
P120~121

绿色珍珠花开衫

此款开衫非常精致，衣摆处一粒粒的珍珠花花样十
分抢眼，暗扣的搭配丝毫没影响到衣服的效果。

VERY ❀

BEAUTIFUL

制作方法
P122~123

粉色一字领毛衣

粉嫩的颜色是每一个爱美女孩的所心仪
的色彩，这样的一款长袖装搭配一件小
纱裙也是不错的。

宽松韩版毛衣

此款毛衣款式非常的宽松，让宝宝穿着不再有任何的
负担，无论是搭配牛仔裤还是打底丝袜都是不错的。

制作方法
P124~125

favorite taste

♥loves

grow up...

天蓝色小开衫

此款小开衫在颜色的选择上给人一种沁人心脾的视觉感受，如果给小女孩穿的话，搭配一件连衣裙也很不错。

制作方法
P126~127

Fashion girl

制作方法
P128~129

个性长袖装

此款毛衣在针法上比较的简单，采用最基础的上下针，在款式上可谓是新颖十足，钩花的领子搭配不规则的衣边。

Little lady...

制作方法
P130

紫色活力套头衫

紫色似乎更适合成年人，但是此款套头衫在款式上设计得短小精悍，这样的设计也能让小宝贝穿出大牌风范哦。

37

grow up...

制作方法
P131~132

漂亮公主连衣裙

此款毛衣作为冬季的打底裙，在外面套上一件羽绒服，也能让你的宝宝潮气十足哦。

grow up...

favorite taste

制作方法
P133~134

天蓝色中袖装

此款毛衣适合春秋两季宝宝穿着，搭配一个同色系的发箍，让宝宝顿时洋气起来。

制作方法
P135

优雅连帽背心

简单的花样编织，黑色大纽扣的搭配，
连帽的修身设计，让整件背心优雅十
足。

favorite
taste
grow up...

Hi!

loves ♥

制作方法
P136~137

运动型连体裤

此款连体裤妈妈们可以织成新生儿的大小，修身的款式设计，精美的图案编织，搭配可爱的毛线球煞是好看。

happy

♥loves

制作方法
P138

pretty girl 套头衫

pretty girl一直是很多女孩所追求的，这样的一款毛衣恰恰满足了小女孩小小的愿望，妈妈们赶紧动手试试吧。

Fashion girl

we make it sweet...

制作方法
P139

白色七分袖装

基础的上下针法，规矩的菱形花样，此
款毛衣搭配一件小短裙或者小短裤都是
不错的选择。

Hello 🌼

制作方法
P140

宝宝绒高领毛衣

此款毛衣高领的款式设计，能帮助妈妈更好地呵护小朋友的脖子，宝宝绒的选择，让宝宝穿着更加的舒适。

蝴蝶花不规则装

🍒 制作方法
P141

此款毛衣的款式设计为前短后长，
添加了当今流行的元素，衣身蝴蝶
花的编织，恰恰满足了小女孩对美
的需求。

Hello

制作方法
P142

小圆领短袖装

此款短袖装宝宝穿着起来显得十分的大气，小小的圆形翻领设计衬托出了宝宝的活泼可爱。

制作方法
P143

厚实麻花外套

此款毛衣由于用线的缘故，显得比较厚实，适合宝宝冬季穿着。四颗木质纽扣的搭配显得民族风味十足。

favorite taste

grow up···

Hello 🌸

制作方法
P144

橘红色韩版小外套

橘红的颜色青春气息十足，白色的双排扣搭配
可谓是锦上添花，短装的款式搭配修身的牛仔
裤也很不错。

制作方法
P145

堆堆领韩式外套

时尚的堆堆领，海军风肩部设计，双排扣的大气范，搭配一个同色的发箍，这样的一身装扮赶快让你家宝宝试试吧。

制作方法
P146

紫红色短袖装

宝宝的皮肤一向都是白里透红，有没有
考虑给宝宝来一件这样的紫红色短袖装
呢？搭配一件豹纹小纱裙也不错。

grow up...

Hi!

50

制作方法
P147

菱形花样蝙蝠衫

简单的菱形花样编织，流行的蝙蝠衫样式，搭配一件波点小短裙，这样的一件蝙蝠衫你心动了吗？

制作方法
P148

清秀长袖装

此款毛衣的特色在于，看上去给人一种错觉感觉像是反的，编织者恰恰把这点当作了优势，给人耳目一新的视觉感受。

vloves

we make it sweet...

制作方法
P149

海绵宝宝红色毛衣

最基础的上下针，搭配流行的插肩袖编织，衣身
搭配的各色小花朵和海绵宝宝布贴，超级可爱。

制作方法
P150

灰色连帽运动装

此款毛衣连帽的款式设计显得十分运动
休闲，搭配一件小短裙，这样的一身装
扮活力十足。

favorite taste

grow up...

制作方法
P151

紫色波浪领短袖装

简单的上下针编织，自然的卷曲，形成了波浪式的
领口，衬托着宝宝的脸蛋更小，紫色的毛衣搭配一
件黑色的短裙甚是完美。

Hello

段染长袖装

段染毛线的选择，让此款毛衣在颜色上
给人色彩斑斓的视觉感受，胸前搭配一
朵钩织的小花朵甚是完美。

制作方法
P152~153

grow up...

♥ loves

制作方法
P154

蓝白配色毛衣

深蓝色搭配白色的配色编织以及小翻领
的设计，让宝宝穿起来显得更加的帅气
逼人。

制作方法
P155

little bear

翠绿色小背心

翠绿的颜色像春天里刚刚萌芽的小草，
带给人无限的希望，就像小宝宝一样寄
托着爸爸妈妈无限的希望。

happy ♥

制作方法
P156

英伦风套头装

此款毛衣在颜色的选择以及编织的线条
搭配上，英伦风范十足，搭配一件休闲
的牛仔裤可谓是恰到好处。

Hello ♪♪

制作方法
P157~158

白色精致中袖装

此款毛衣无论是款式设计还是花样编织，都可谓是精致十足，连纽扣都精美地被毛线环绕。

favorite taste

grow up...

制作方法
P159

蓝色背带裤

经典的蓝色，衣身编织的口袋，恰似一个惹人喜爱
的草莓，十分的俏皮。搭配一件格子衬衣也很不
错。

制作方法
P160

白色简约小背心

简单的背心款式，上下针的编织自然地
形成了卷曲的领口和袖口，搭配一件蛋
糕小短裙也很时尚哦。

Cute

favorite taste

修身打底衫

制作方法 P101

此款打底衫款式设计十分的修身，冬天
搭配一件小羽绒服让宝宝更加暖和起
来。

Hello

OK图案毛衣

制作方法 P102

此款毛衣的款式十分的简单，适合新手妈妈们。衣身OK图案的编织，是否也给你增加了勇气，只要相信自己，一切都OK！

爱心长袖装

此款毛衣最惹眼的地方要数衣身编织的一个大大的心形口袋了，这样的一件毛衣送给宝宝是不是觉得很温馨呢？

制作方法
P103~164

favorite
taste

grow up...

Cute

制作方法
P105

个性不规则装

可爱的小黄鸟，茁壮成长的树苗，精美的围栏，组成了一幅和谐的画面，给衣服增添了生命的气息。

grow up...

制作方法
P100

咖啡色背带裤

咖啡色似乎是时尚界比较流行的一种元素，运用到毛衣编织里，也能让原本不起眼的毛衣顿时时尚起来。

67

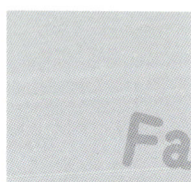

vloves

Fashion girl

制作方法
P167~168

雪白珍珠花背心

雪白的颜色更能衬托出小宝贝白里透红的肌肤，这样一款背心是春秋时节的必备品，不论是搭配T恤还是衬衣都是不错的。

Hello

制作方法
P169~170

橘色小披肩

此款毛衣作为一款小披肩，搭配吊带连衣裙也很不错。搭配简单的T恤或者牛仔裤也是不错的。

天蓝色高领毛衣

此款毛衣双层高领的设计想法非常的周到，能很好地保护小宝贝的脖子。适合作为冬季的打底衫。

制作方法
P171

favorite taste

♥loves

grow up...

制作方法
P172

珍珠花系带背心

此款背心款式设计比较简单，收腰的系带
设计搭配时尚的珍珠花花样，灰色毛线编
织的波浪式衣边更是独具匠心。

横织麻花毛衣

此款毛衣织法是横向的，和一般的毛衣织法有所区别，衣身的粗麻花花样更是抢眼。

制作方法 P173

Cute

小鱼图案背带裤

制作方法
P174

男孩子穿着背带裤似乎让人觉得特别的
斯文，里面搭配一件简单的格子衬衣似
乎也很帅气。

sweet

蓝色韩版开衫

深蓝的色彩是时下非常流行的元素，扭八花样的编织，搭配三颗黑色的纽扣，喇叭袖的款式设计，让整件开衫潮气十足。

制作方法
P175~176

制作方法
P177

休闲拉链衫

此款毛衣款式的设计与实体店铺卖的外
套相当，拉链的搭配是为了更好地方便
穿着。

grow up...

制作方法
P178

简约宝贝无袖装

红白镶嵌的颜色，衣身编织的星星点点
的心形花样，举手投足之间带着一种自
然休闲的味道。

favorite taste

Very happy

制作方法
P179

玫红色短袖装

简单的上下针编织自然地形成了卷曲的衣下摆，肩部纽扣的搭配是为了宝宝更方便地穿着，考虑十分周全。

制作方法
P180

时尚灰色套头衫

灰色也是时下比较流行的颜色，简单的针法，简单的款式，这样的一款毛衣新手妈妈们也可以动手试试。

Hello

黄色波浪花毛衣

吊带毛衣，任你搭配！黄色的波浪花纹为衣服增添了"动力"，毛衣也可以穿出飘逸噢！

制作方法
P181

favorite
taste
grow up...

Fashion girl

we make it sweet...

制作方法
P182

大红色短袖装

短袖毛衣是夏天必不可少的单品，大红色美丽抢眼，连小朋友都没法抗拒的诱惑。

vloves

制作方法
P183

帅气个性小开衫

短款毛衣外套，因为短小，花纹别致，
很容易就可以穿出帅气个性的感觉。

Hi!!

favorite
taste

制作方法
P184

黑白配毛衣

"阴阳"喵星人附体啦！给毛衣增添了
亮丽。黑白配穿出永不褪色的经典！

sweet

制作方法
P185~186

粉色韩版披风

韩版毛衣开衫层次感很强，有点时尚公主的味道，清纯萝莉气息，充满活力。

favorite
taste
grow up...

♥loves

制作方法
P187

甜美萝莉装

天气凉了，给小MM备一件可爱针织衫过
秋天吧。毛衣外套搭配裙子，甜美装扮
萝莉十足。

制作方法
P188

灰色绅士开衫

灰色开衫毛衣是当前流行的服饰搭配元素，配上腰带修身，外加格子衫打底，小潮男一名！

Cute Cute

深绿色钩花毛衣

经典的绿色开衫毛衣外套，春秋必备的百搭款式，小朋友也能穿出流行时尚的感觉。

制作方法
P189~190

♥loves

制作方法
P191

黄色打底毛衣

黄色的粗线编织的圆领毛衣，搭配彩
色格子衫，休闲合身，尽显帅气。

happy ♥

制作方法
P192

明黄色绒线毛衣

衣身主打黄色，鲜亮艳丽，符合小朋友
活泼可爱的天性。领口、袖口和衣摆搭
配紫色条纹，衣服简单不单调。

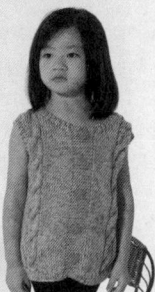

精致扭花无袖装

【成品规格】 胸围70cm，衣长43cm

【工　　具】 3.75mm棒针

【编织密度】 28针×18行=10cm²

【材　　料】 毛线700g

编织要点：

1.前片：起针72针，编织单罗纹3cm。完成后改织花样组合。腋下及领口位置按图示进行减针编织。

2.后片：起针72针，编织单罗纹3cm。完成后改织花样A。腋下及领口位置按图示进行减针编织。

3.领边、袖边：前后片缝合后挑针编织领边及袖边。均为3cm单罗纹。

4.装饰花：整衣完成后用红色毛线在合适位置绣5朵小花进行装饰。

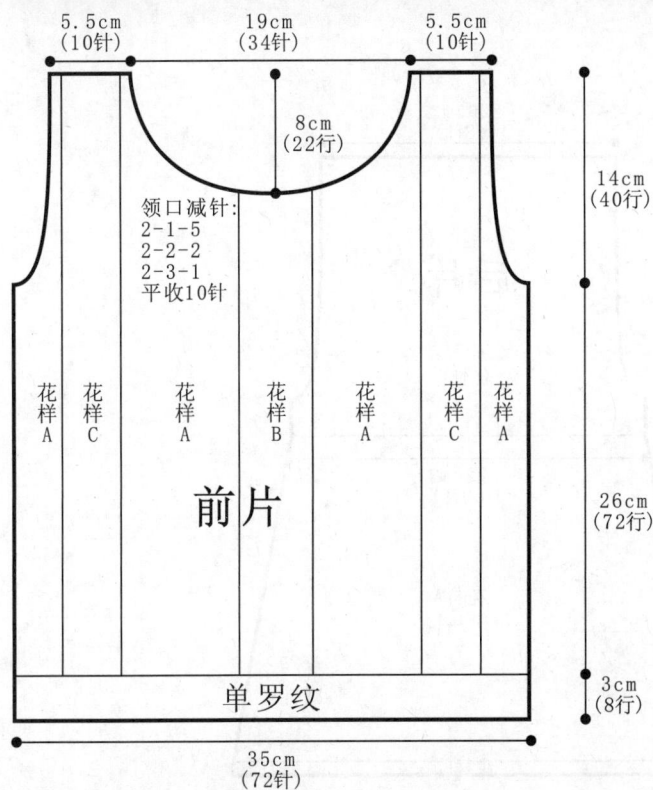

5.5cm（10针）　19cm（34针）　5.5cm（10针）

8cm（22行）

领口减针：
2-1-5
2-2-2
2-3-1
平收10针

花样A　花样C　花样A　花样B　花样A　花样C　花样A

前片

单罗纹

35cm（72针）

14cm（40行）

26cm（72行）

3cm（8行）

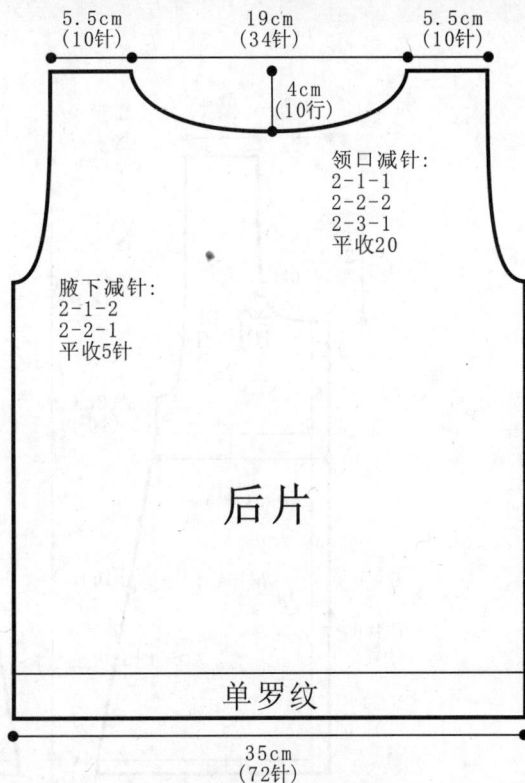

5.5cm（10针）　19cm（34针）　5.5cm（10针）

4cm（10行）

领口减针：
2-1-1
2-2-2
2-3-1
平收20

腋下减针：
2-1-2
2-2-1
平收5针

后片

单罗纹

35cm（72针）

花样A

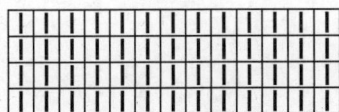

花样B

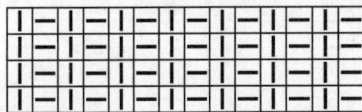

单罗纹

花样C

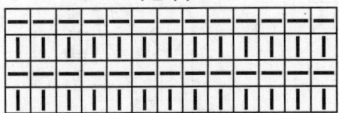

3cm单罗纹

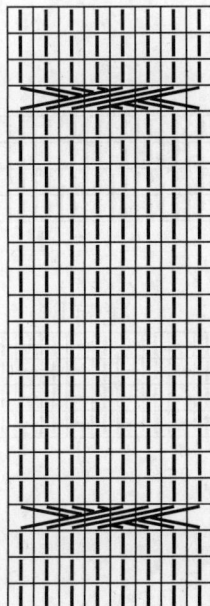

装饰花

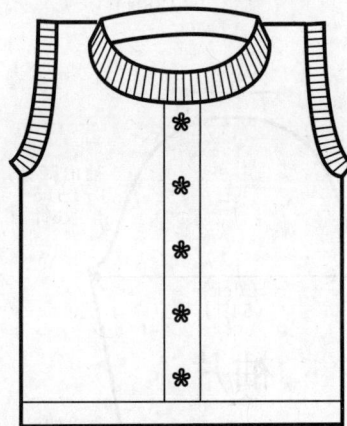

针法说明：

☐ 上针

▯ 下针

左上4针交叉

韩式三粒扣外套

【成品规格】胸围44cm，衣长41cm，袖长28cm

【工　　具】3.75mm棒针

【编织密度】27针×30行=10cm²

【材　　料】羊毛线12股400g，扣子3枚

编织要点：

1.后片:起针70针，织花样B4行后改织花样A，两侧均匀减针。长度达21cm后改织花样B。3cm10行后开始两侧收针编织袖窿。

2.前片:起针38针，织花样B4行后改织花样A。门襟处6针编织花样B。相反一侧均匀减针形成收腰。长度达21cm后改织花样B。编织3cm10行后开始两侧收针编织袖窿。领口位置按图示收针编织。

3.袖片:起针38针，编织花样B。平行编织8cm24行后两侧开始均匀加针。袖山处按图示，两侧同时减针形成袖山。

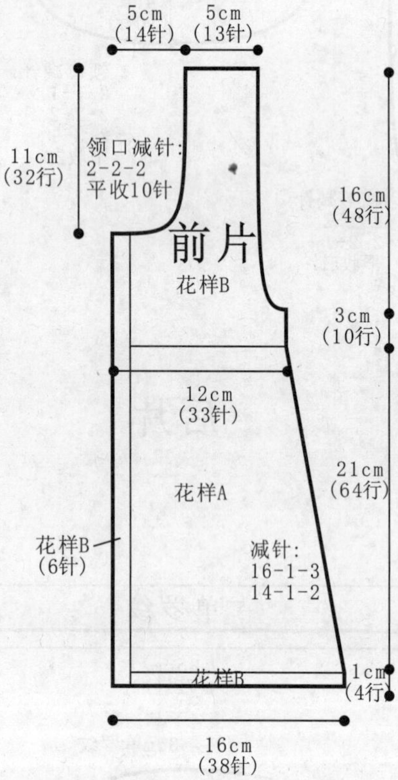

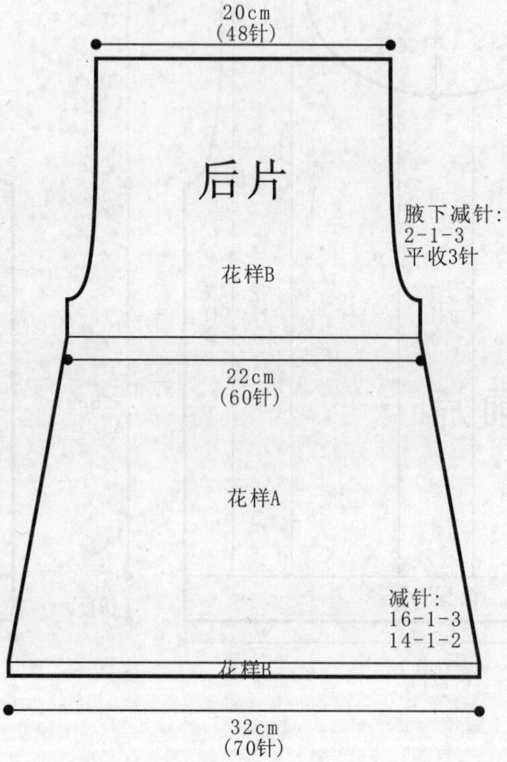

5cm（14针）　5cm（13针）

11cm（32行）

领口减针：2-2-2 平收10针

前片

花样B

16cm（48行）

花样A

3cm（10行）

12cm（33针）

21cm（64行）

花样B（6针）

减针：16-1-3　14-1-2

花样B

1cm（4行）

16cm（38针）

20cm（48针）

后片

花样B

腋下减针：2-1-3 平收3针

22cm（60针）

花样A

减针：16-1-3　14-1-2

花样B

32cm（70针）

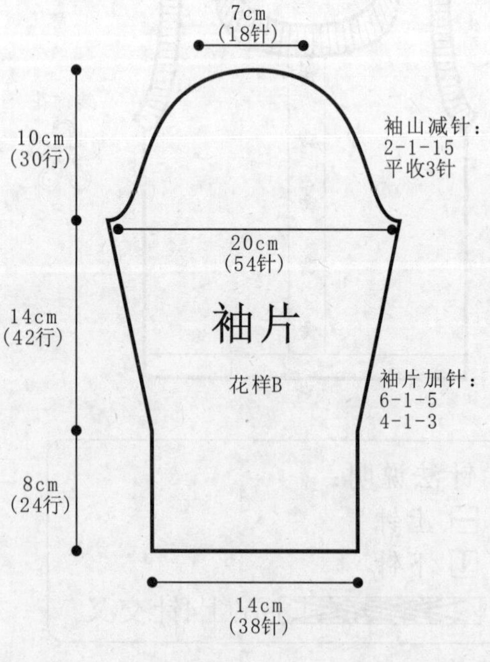

7cm（18针）

10cm（30行）

袖山减针：2-1-15 平收3针

20cm（54针）

14cm（42行）

袖片

花样B

袖片加针：6-1-5　4-1-3

8cm（24行）

14cm（38针）

花样A

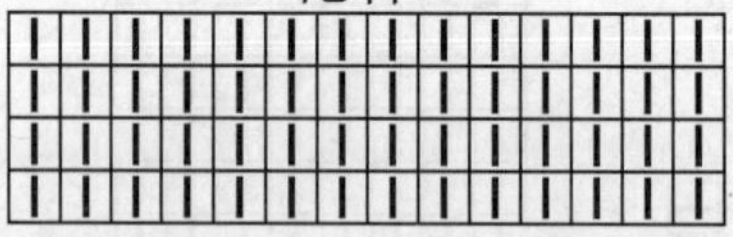

花样B

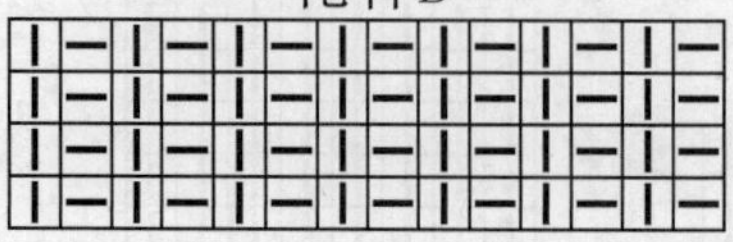

针法说明：

□ 上针

Ⅰ 下针

天蓝色个性外套

【成品规格】胸围62cm，衣长40cm

【工　　具】3.25mm棒针

【编织密度】38针×26行=10cm²

【材　　料】毛线450g，扣子1枚

编织要点：

1.此款为圆形编织。按图示方法起针16针，分为8份进行编织花样A。每隔1行每份加1针。圆形半径达17cm时，开始留出袖窿。1个袖窿占1个等份。第66行在图示位置留出两个等份的针数待用，下一行在同一位置添加对应的针数继续向下编织。半径达26cm时，改为编织花样B5cm，同样每隔1行每份加1针，完成衣身编织。

2.在袖窿位置挑织66针编织衣袖。按图示方法减针，编织19cm后改织花样B3cm，完成衣袖的编织。

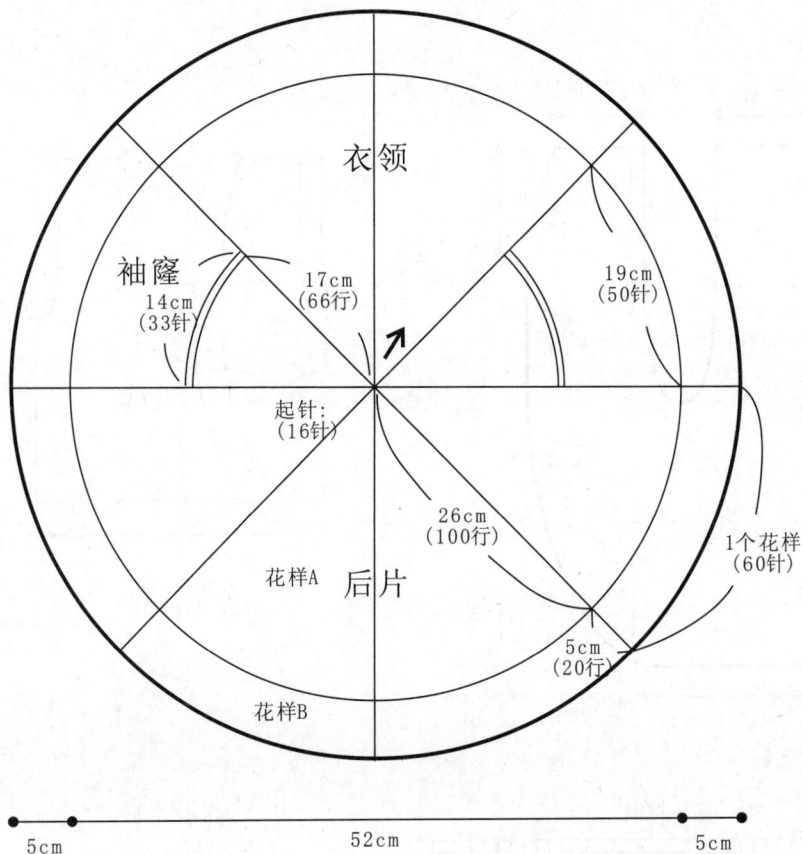

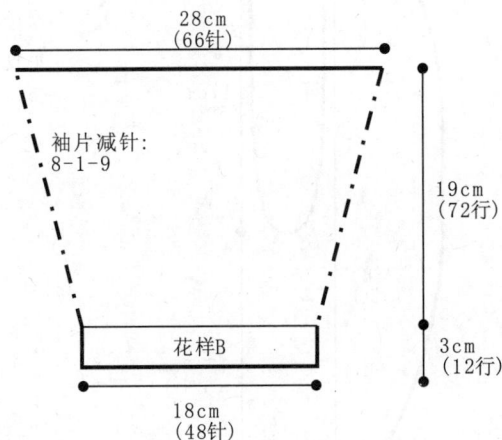

起针方法：

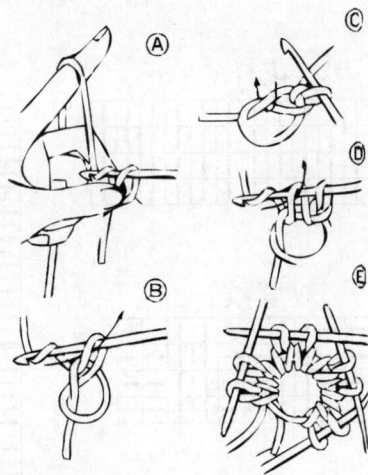

花样A

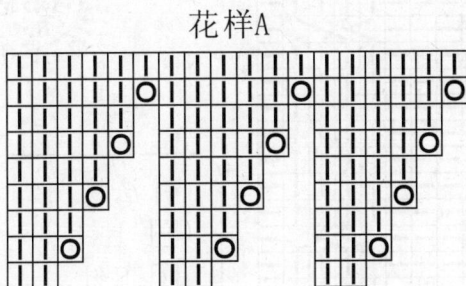

花样B

针法说明：

⊟ 上针

⊡ 下针

◎ 空心加针

简约玫红小披肩

【成品规格】胸围55cm，衣长38cm

【工　　具】3.75mm棒针

【编织密度】23针×30行=10cm²

【材　　料】毛线150g

编织要点：

1.此款背心为整片编织。起针90针，编织花样A。按图示两侧加针。并在第3行开始两侧编织花样B。注意花样的对称。编织到17.5cm52行时，两侧各留29针作为前片，开始减针编织袖隆。前片继续编织30行后开始减针编织领口，最后保留11针作为肩部。后片按图示编织袖隆及领口。完成后将前后片肩部缝合。

2.衣身肩部缝合后沿衣边挑织一圈，编织双罗纹，3.5cm10行，形成衣边。注意弧形处多挑针。袖隆位置同样挑针编织双罗纹。

3.最后钩一个三层花朵样式作为胸花装饰。

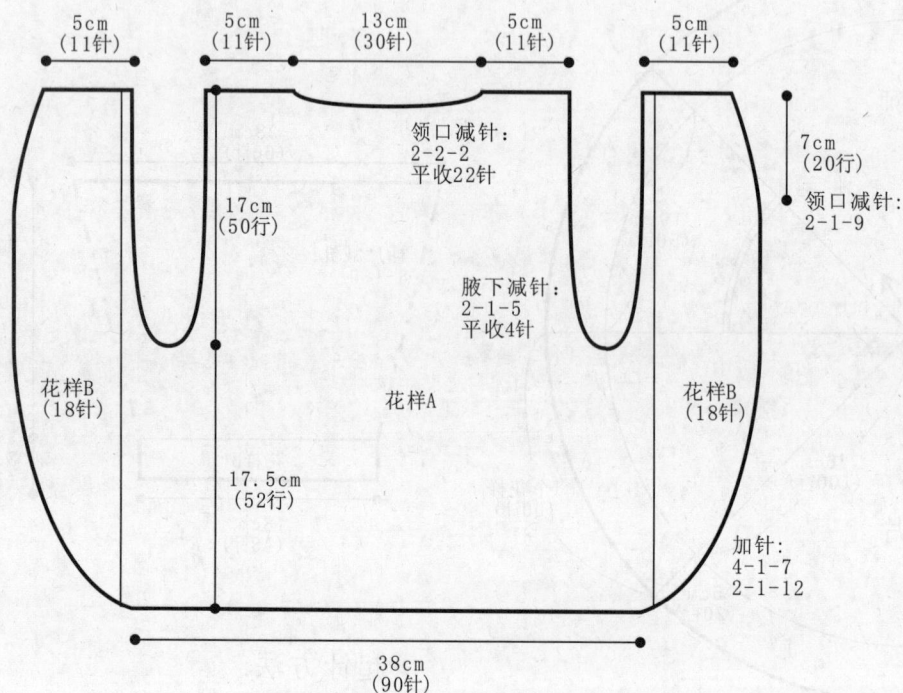

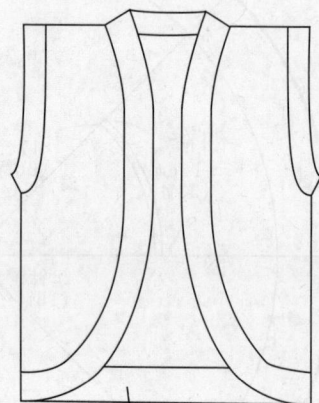

5cm（11针）　5cm（11针）　13cm（30针）　5cm（11针）　5cm（11针）

领口减针：
2-2-2
平收22针

17cm（50行）

7cm（20行）

领口减针：
2-1-9

腋下减针：
2-1-5
平收4针

花样B（18针）

花样A

花样B（18针）

17.5cm（52行）

加针：
4-1-7
2-1-12

38cm（90针）

双罗纹
3.5cm（10行）

花样A

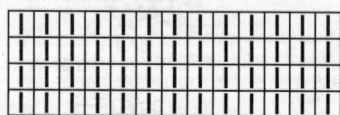

双罗纹

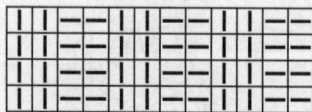

花样B

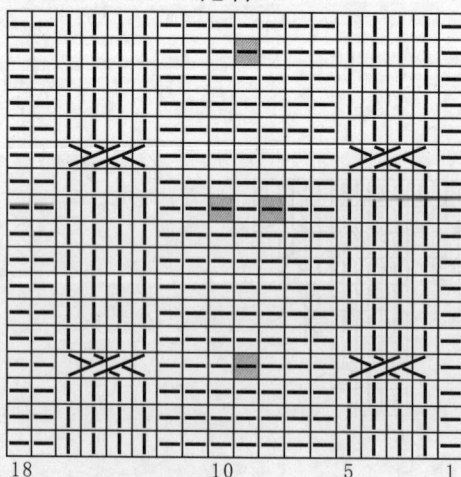

18　　10　　5　1

胸花

针法说明：

⊟ 上针

Ⅰ 下针

☑ 1针中增加7针

⨉⨉ 左上2针交叉

⬛ =

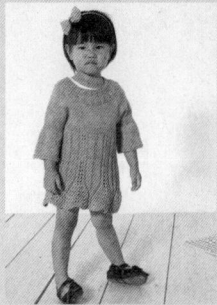

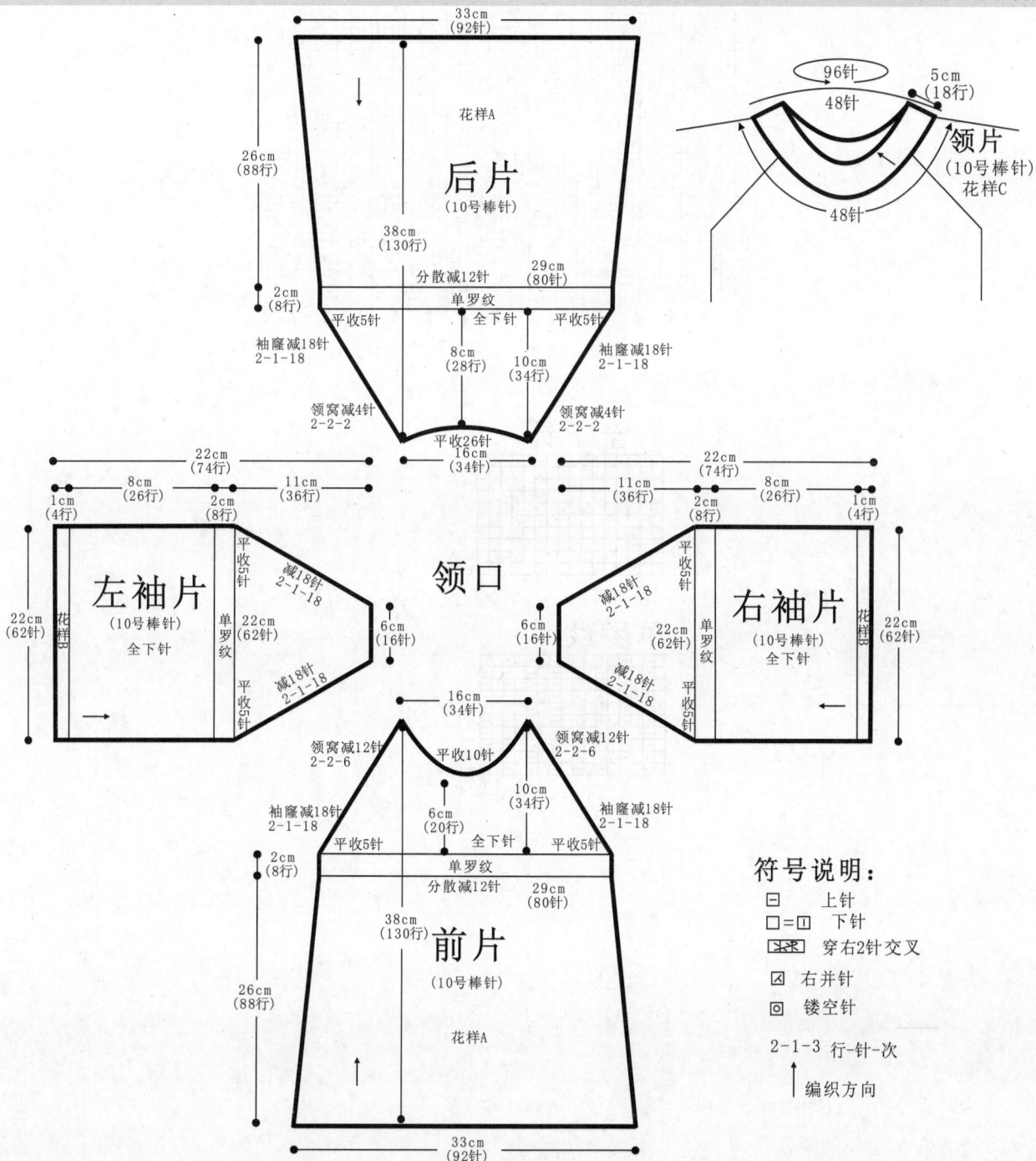

紫色圆领长袖装

【成品规格】衣长38cm，下摆宽33cm
连肩袖长22cm
【工　　具】10号棒针
【编织密度】28针×34行=10cm²
【材　　料】浅紫色羊毛线400g

编织要点：

1.毛衣用棒针编织，由一片前片、一片后片、两片袖片组成，从下往上编织。

2.先编织前片。

(1)用下针起针法，起92针织花样A，侧缝不用加减针，织88行时分散减针12针至80针，再织8行单罗纹，至插肩袖窿。

(2)袖窿以上的编织。两边平收5针后，进行袖窿减针，方法是：每2行减1针减18次，各减18针。

(3)从插肩袖窿算起，织至20行时，在中间平收10针，开始开领窝，两边各减12针，方法是：每2行减2针减6次，织至两边肩部全部针数收完。

3.编织后片。

(1)插肩袖窿和袖窿以下的编织方法与前片插肩袖窿一样。

(2)从插肩袖窿算起，织至28行时，中间平收26针，领窝减针，方法是：每2行减2针减2次，织至两边肩部全部针数收完。

4.编织袖片。用下针起针法，起62针，织4行花样B后，改织26行全下针，再改织8行单罗纹，然后两边平收5针后，进行插肩袖山减针，方法是：每2行减1针减18次，至肩部余16针，用同样方法编织另一袖。

5.缝合。将前片的侧缝与后片的侧缝对应缝合。袖片的袖下分别缝合，袖片的插肩部与衣片的插肩部缝合。

6.领圈挑96针，圈织18行花样C，形成圆领。编织完成。

后片
33cm (92针)

花样A

后片
(10号棒针)

26cm (88行)

38cm (130行)

分散减12针
单罗纹
平收5针　　全下针　　平收5针
29cm (80针)

2cm (8行)

8cm (28行)　　10cm (34行)

袖窿减18针
2-1-18　　　　　　　　　　袖窿减18针 2-1-18

领窝减4针 2-2-2　　　　领窝减4针 2-2-2

平收26针
16cm (34针)

领片
96针　　5cm (18行)
48针

领片
(10号棒针)
花样C

48针

左袖片
22cm (74针)
8cm (26行)　　11cm (36行)
1cm (4行)　　2cm (8行)

左袖片
(10号棒针)
全下针

花样B
22cm (62针)

平收5针
单罗纹
平收5针

减18针 2-1-18
减18针 2-1-18
22cm (62针)

领口
6cm (16针)

右袖片
22cm (74针)
11cm (36行)　　8cm (26行)
2cm (8行)　　1cm (4行)

右袖片
(10号棒针)
全下针

减18针 2-1-18
减18针 2-1-18
花样B
22cm (62针)

平收5针
单罗纹
平收5针
22cm (62针)

6cm (16针)

前片
16cm (34针)
领窝减12针 2-2-6　　平收10针　　领窝减12针 2-2-6
10cm (34行)

袖窿减18针 2-1-18　　6cm (20行)　　全下针　　袖窿减18针 2-1-18

平收5针　　单罗纹　　平收5针

2cm (8行)
分散减12针
29cm (80针)

38cm (130行)

前片
(10号棒针)

26cm (88行)

花样A

33cm (92针)

符号说明：

☐　上针
☐=Ⅰ　下针
>X<　穿右2针交叉
☒　右并针
▢　镂空针

2-1-3　行-针-次

↑　编织方向

花样B 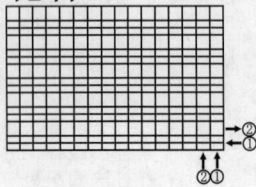 花样C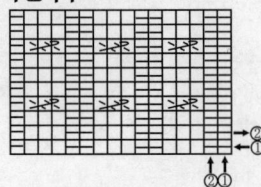

花样A

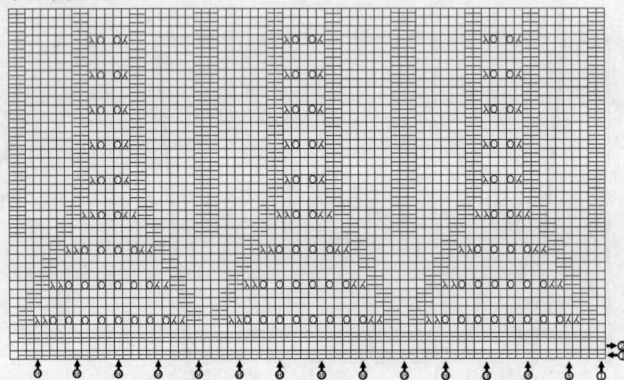

全下针

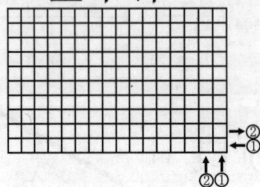

单罗纹

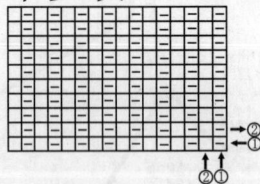

灰色经典短袖装

【成品规格】衣长32cm，下摆宽28cm，袖长10cm

【工　　具】10号棒针4支，缝衣针1支

【编织密度】26针×38行=10cm²

【材　　料】浅灰羊毛线400g
深灰色线少许
纽扣4枚

编织要点：

1.毛衣用棒针编织，由两片前片、一片后片、两片袖片组成，从下往上编织。

2.先编织前片。分右前片和左前片编织。

(1)右前片：用下针起针法，起36针，先用深灰色线织6行花样A后，改用浅灰色线继续织完16行花样A后，改织全下针，侧缝不用加减针，织至42行至袖隆。

(2)袖隆以上的编织。右侧袖隆减8针，方法是：每2行减2针减4次，平织56行。

(3)同时从袖隆算起织至26行时，开始开领窝，先平收3针，然后领窝减针，方法是：每2行减1针减13次，平织4行至肩部余12针。

(4)相同的方法，相反的方向编织左前片。

3.编织后片。

(1)用下针起针法，起72针，先用深灰色线织6行花样A后，改用浅灰色线继续织完16行花样A后，改织全下针，侧缝不用加减针，织42行至袖隆。

(2)袖隆以上编织。袖隆开始减针，方法与前片袖隆一样。

(3)织至从袖隆算起50行时，开后领窝，中间平收26针，两边各减3针，方法是：每2行减1针减3次，织至两边肩部余12针。

4.编织袖片。从袖口织起，用下针起针法，起52针，先用深灰色线织6行花样A后，改用浅灰色线继续织完10行花样A，开始袖山减针，方法是：两边分别每2行减1针减9次，编织完22行后余34针，收针断线。用同样方法编织另一袖片。

5.缝合。将前片的侧缝与后片的侧缝对应缝合，前后片的肩部对应缝合，再将两袖片的袖山边线与衣身的袖隆边对应缝合。

6.门襟编织。两边门襟用深灰色线，分别挑90针，织8行花样B，右片每隔20针，均匀地开一个纽扣孔，共3个。

7.领子编织。领圈边用深灰色线，挑84针，织8行花样B，并在前端开一个纽扣孔，形成开襟圆领。

8.用缝衣针缝上纽扣，衣服完成。

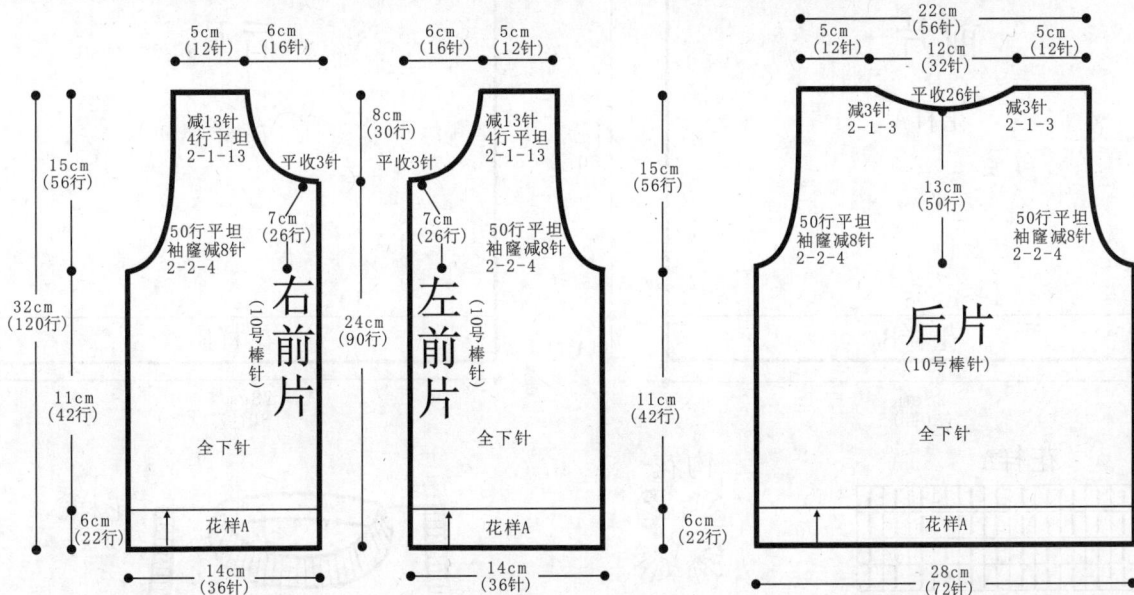

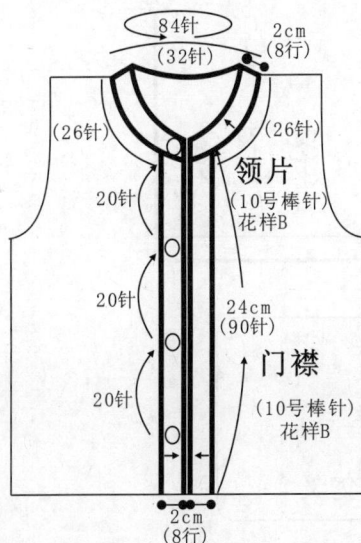

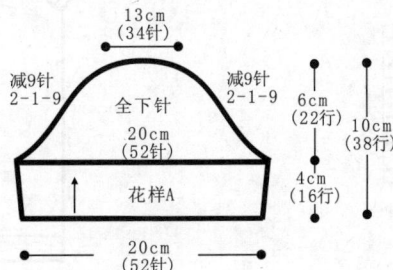

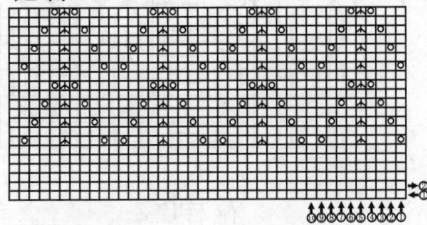

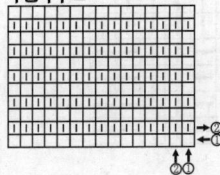

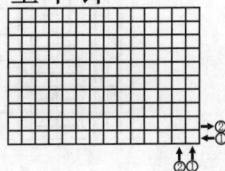

符号说明：

⬛	中上3针并1针		
⊟	上针	2-1-3	行-针-次
□=⊡	下针		
◎	镂空针	↑	编织方向

太阳花小背心

【成品规格】胸围50cm，衣长35cm

【工　具】3.25mm棒针

【编织密度】28针×33行=10cm²

【材　料】毛线700g

编织要点：

1.前片：起针80针，编织花样B4cm。完成后改织花样A。腋下及领口位置按图示进行减针编织。编织袖隆2行后开始配色编织，每色4行。

2.后片：编织方法同前片一致。

3.领边、袖边：前后片缝合后挑针编织领边及袖边。均为花样C。

4.装饰花：整衣完成后按图示形状在合适位置绣花装饰。三朵花为钩花，缝制在衣上。

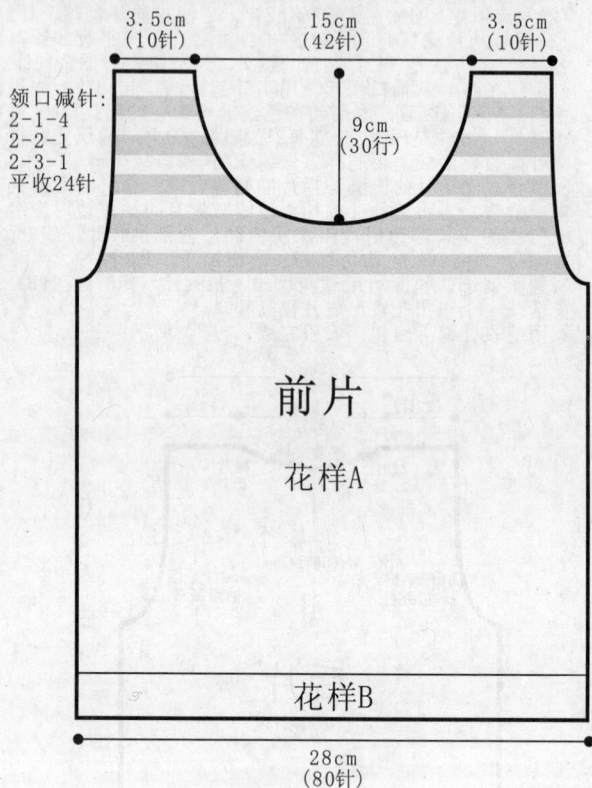

3.5cm　　15cm　　3.5cm
(10针)　　(42针)　　(10针)

领口减针：
2-1-4
2-2-1
2-3-1
平收24针

9cm
(30行)

13cm
(42行)

前片

花样A

18cm
(60行)

花样B

4cm
(14行)

28cm
(80针)

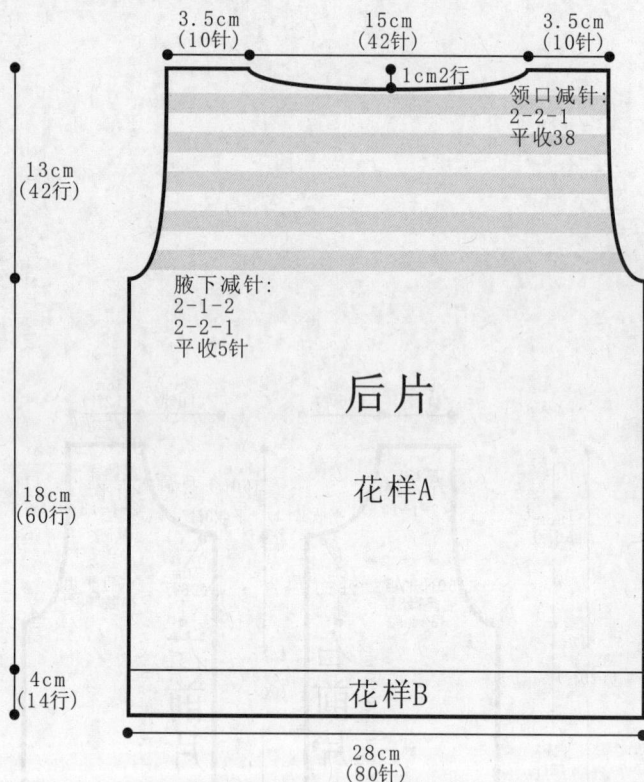

3.5cm　　15cm　　3.5cm
(10针)　　(42针)　　(10针)

1cm2行

领口减针：
2-2-1
平收38

腋下减针：
2-1-2
2-2-1
平收5针

后片

花样A

花样B

28cm
(80针)

花样A

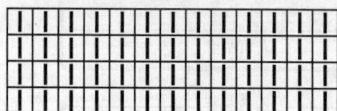

钩花

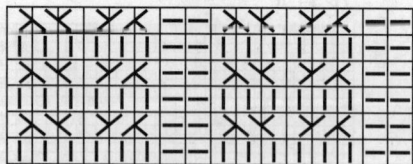

花样B

花样C

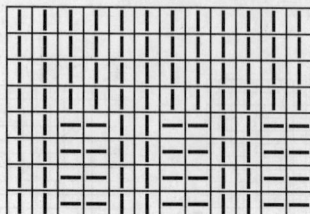

花样C

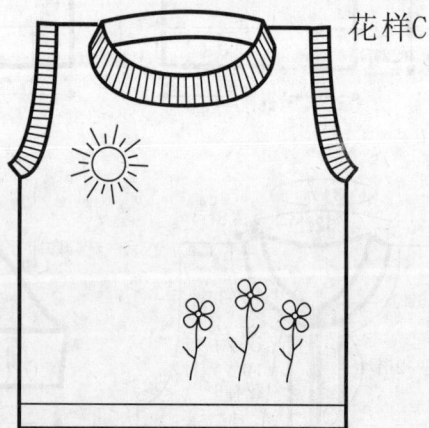

针法说明：
⊟ 上针
Ⅱ 下针
╳╳ 左上2针右1针交叉

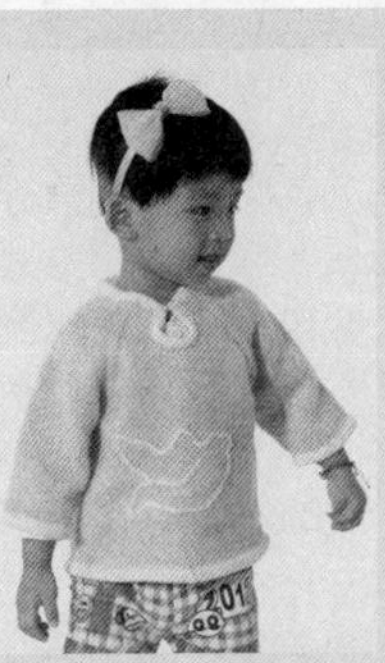

和平鸽图案毛衣

【成品规格】胸围60cm，衣长32cm

【工　　具】3.25mm棒针

【编织密度】23针×34行=10cm²

【材　　料】毛线400g

编织要点：

1.前片：起针68针，编织全下针。编织3cm10行后对折并针继续向上编织。到达插肩位置时，平收7针后均匀减针。领口位置按图示方法加减针，形成葫芦形领口。

2.后片：编织方法与前片相同。领口位置保持不变。

袖片：起针48针，编织全下针，3cm10行后对折并针继续向上编织。两侧均匀加针5针。15cm后达到58针，然后开始两侧减针编织袖山。

3.领口：前后片缝合后按图示方法编织衣领包边。

4.装饰：用白色线在前片合适位置，用轮廓绣法绣出鸽子图形进行装饰。

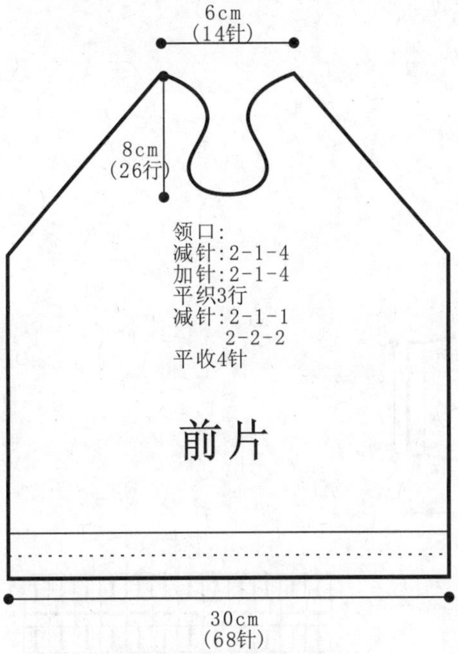

6cm
(14针)

8cm
(26行)

领口：
减针：2-1-4
加针：2-1-4
平织3行
减针：2-1-1
　　　2-2-2
平收4针

前片

12cm
(40行)

17cm
(56行)

3cm
(10行)

30cm
(68针)

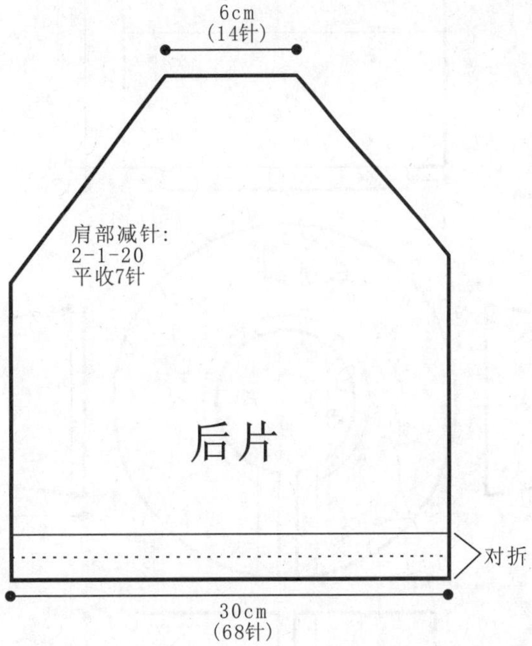

6cm
(14针)

肩部减针：
2-1-20
平收7针

后片

对折

30cm
(68针)

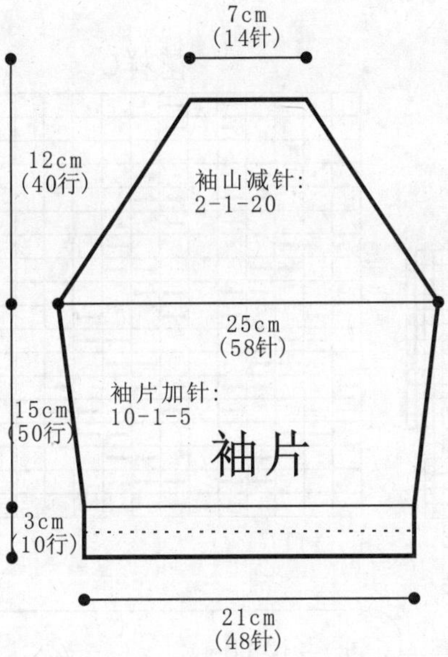

7cm
(14针)

12cm
(40行)

袖山减针：
2-1-20

25cm
(58针)

袖片加针：
10-1-5

袖片

15cm
(50行)

3cm
(10行)

21cm
(48针)

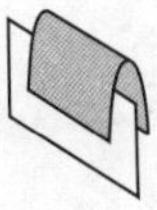

衣领包边：
在衣领外侧挑针编织7行下针，
向外对折将衣领包缝在里面。

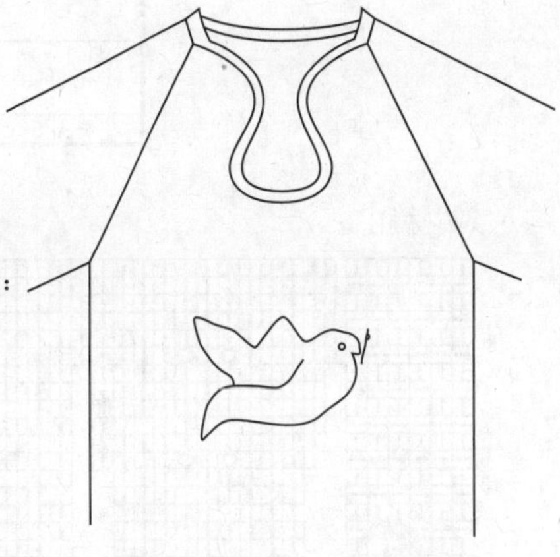

轮廓绣法：

花样A

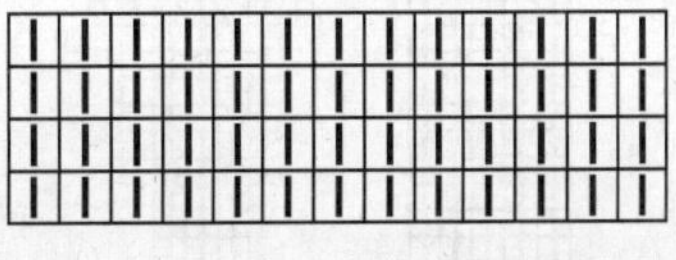

绿色长袖装

【成品规格】胸围55cm，衣长33cm
【工　　具】3.25mm棒针
【编织密度】34针×27行=10cm²
【材　　料】毛线450g，扣子5枚

编织要点：
1.此款为从上往下编织的对襟款式。
2.起针81针，编织花样A，5行后改织花样B。左右两边各留6针编织花样A作为门襟，并按图示方法留出扣眼。按照图示方式编织花样B，加针6次并编织5行后开始分片编织。一侧编织到82针后，中间61针作为后片继续向下编织7行全下针。第8行两侧各添加10针，然后跳过袖子的47针，将前片35针连在一起编织。门襟处保持6针花样A。编织40行后开始编织花样C，最后6行花样A作为底边结束衣身的编织。
3.袖子挑针64针，每隔10行腋下中心线两侧各减针一次。60行后改织花样A6行，完成编织。

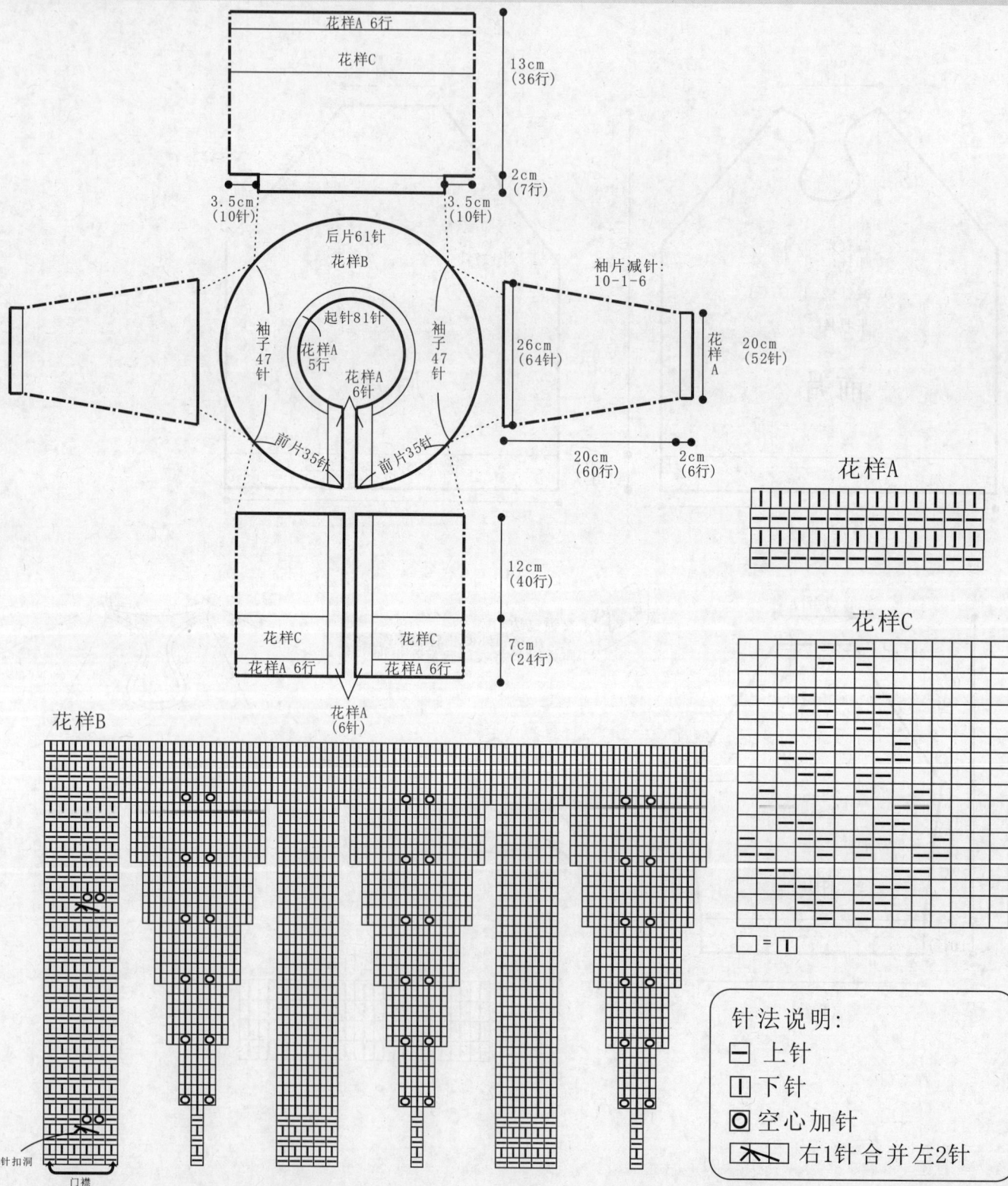

花样A 6行

花样C

13cm
(36行)

2cm
(7行)

3.5cm
(10针)　　　3.5cm
(10针)

后片61针
花样B

起针81针
花样A
5行

花样A
6行

袖子
47针

袖子
47针

前片35针　　前片35针

袖片减针：
10-1-6

26cm
(64针)

花样
A

20cm
(52针)

20cm
(60行)　　2cm
(6行)

12cm
(40行)

7cm
(24行)

花样C　　　花样C
花样A 6行　　花样A 6行

花样A
(6针)

花样A

花样C

□ = Ⅰ

花样B

2针扣洞

门襟

针法说明：
− 上针
Ⅰ 下针
O 空心加针
⧄ 右1针合并左2针

蝴蝶结吊带装

【成品规格】胸围70cm，衣长42.5cm

【工　　具】3.25mm棒针

【编织密度】27针×34行=10cm²

【材　　料】毛线150g

编织要点：

1. 前/后片：灰色线起针98针，编织单罗纹12行。中间4行换红色线编织。完成后改织花样A。在图示位置用红线配色编织花样。长度达21cm后，均匀减针10针，改织花样B、花样E，按图示位置排花，长度为4cm。完成后，将花样B收针结束编织，花样E则继续向上编织26cm后与后片缝合。

2. 蝴蝶结：共需1大4小5个蝴蝶结。按图示另用红线起针编织花样C，编织蝴蝶结。完成后，用毛线在中间缠绕打结。将大蝴蝶结两侧缝制在后片肩带上。4个小蝴蝶结分别固定在前、后片肩带开始处。

3. 装饰纱：整衣完成后，选择合适装饰花边，打褶缝制在背心底边处，起装饰作用。

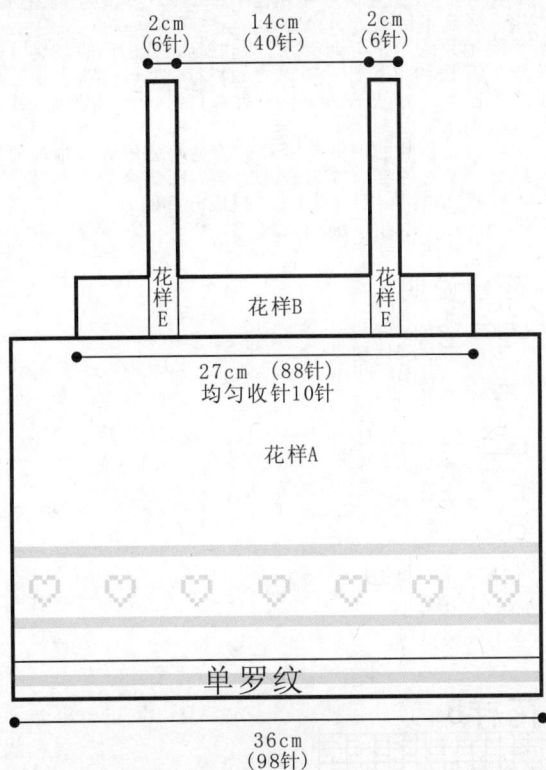

2cm（6针）　14cm（40针）　2cm（6针）

花样E　花样B　花样E

27cm（88针）
均匀收针10针

花样A

单罗纹

36cm（98针）

13cm（44行）

4cm（14行）

21.5cm（74行）

4cm（12行）

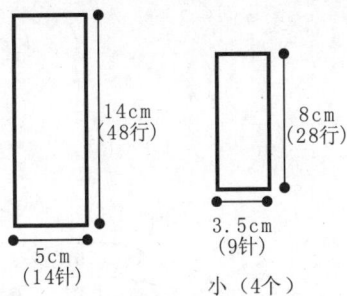

14cm（48行）

5cm（14针）

大

8cm（28行）

3.5cm（9针）

小（4个）

蝴蝶结
花样C

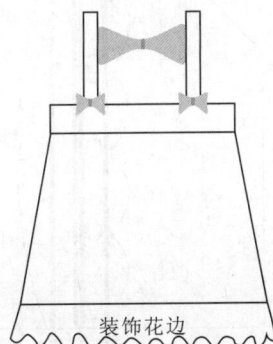

装饰花边

花样A

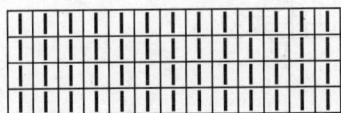

花样B

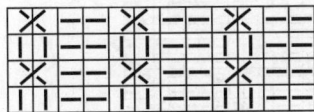

花样C

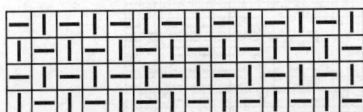

单罗纹

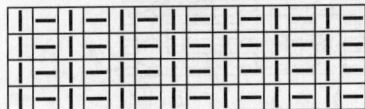

花样E

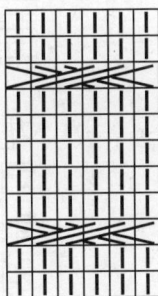

花样D

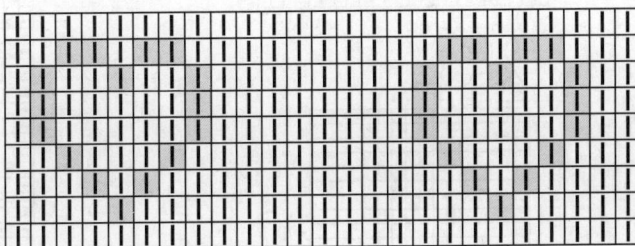

针法说明：

□ 上针

Ⅱ 下针

⊠ 左上1针交叉

左上3针交叉

99

深橙色小外套

【成品规格】衣长29cm，下摆宽30cm，连肩袖长26cm

【工　　具】10号棒针；绣花针1支

【编织密度】30针×40行=10cm²

【材　　料】深橙色羊毛线400g
纽扣3枚

编织要点：

1.毛衣用棒针编织，由两片前片、一片后片、两片袖片组成，从下往上编织。

2.先编织前片。

(1)左前片。用下针起针法，起44针，织8行花样B后，门襟处留6针继续织花样B，并均匀地开纽扣孔，其余织全下针，侧缝不用加减针，织60行至插肩袖窿。

(2)袖窿以上的编织。织片打皱褶后，针数为36针，并改织花样A，袖窿平收6针后，减12针，方法是：每2行减1针减12次。

(3)同时从插肩袖窿算起，织至32行时，领窝平收6针，开始领窝减12针，方法是：每2行减2针减6次，织至肩部全部针数收完。同样方法编织右前片。

3.编织后片。

(1)用下针起针法，起88针，织8行花样B后，改织全下针，侧缝不用加减针，织60行至插肩袖窿。

(2)袖窿以上的编织。织片在中间打皱褶后，针数为72针，并改织花样C，两边袖窿平收6针后减12针，方法是：每2行减1针减12次。领窝不用减针，余36针。

4.编织袖片。用下针起针法，起52针，织8行花样B后，改织全下针，两边袖下加针，方法是：每8行加1针加6次，织至48行开始插肩减针，方法是：每2行减1针减12次，至肩部余28针，用同样方法编织另一袖。

5.缝合。将前片的侧缝与后片的侧缝对应缝合。袖片的袖下分别缝合，袖片的插肩部与衣片的插肩部缝合。

6.领圈挑136针，织4行花样B，形成开襟圆领。

7.装饰：缝上纽扣，编织完成。

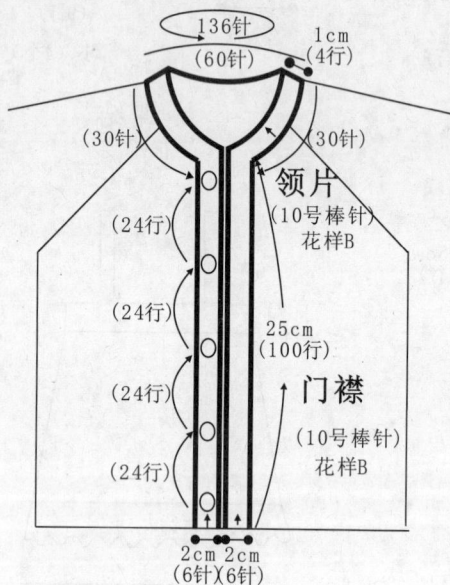

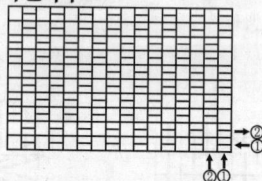

符号说明：

▨▨▨	右上2针与左下2针交叉
▨	右上1针与左下1针交叉
▨▨	右上2针与左下1针交叉
⊟	上针
□=□	下针

2-1-3　行-针-次

↑　编织方向

花样A

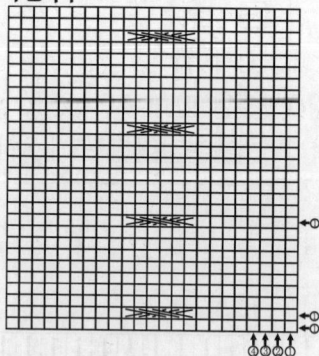

全下针

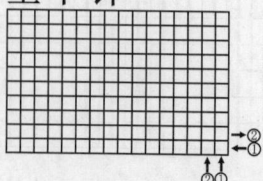

花样B

花样C

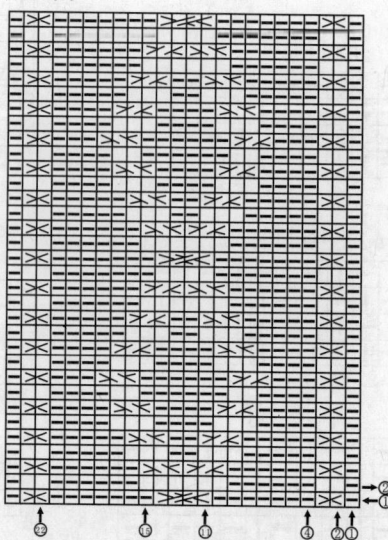

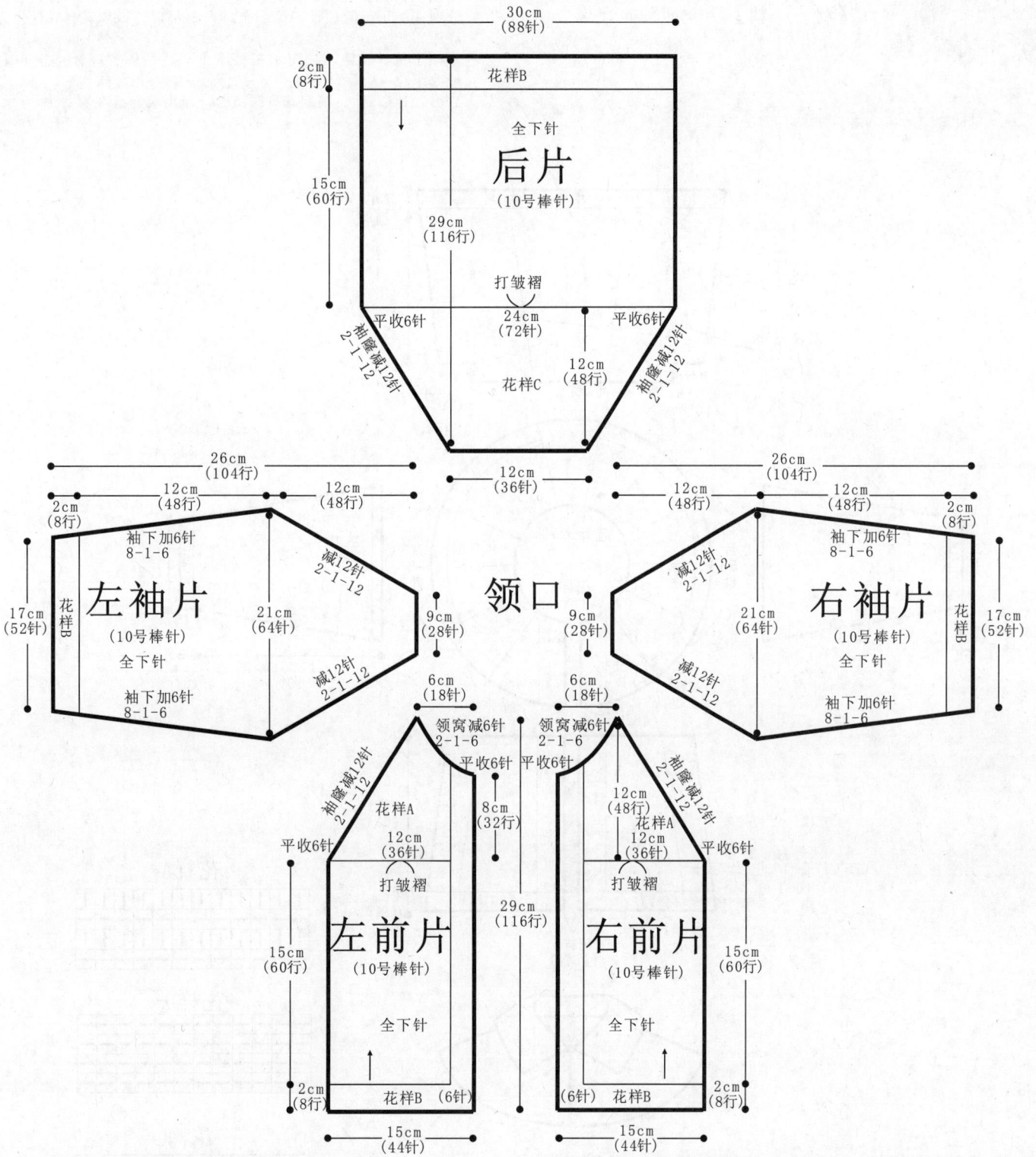

30cm
(88针)

2cm
(8行)

花样B

全下针

↓

后片
(10号棒针)

15cm
(60行)

29cm
(116行)

打皱褶

平收6针

24cm
(72针)

平收6针

12cm
(48行)

袖窿减12针
2-1-12

花样C

袖窿减12针
2-1-12

12cm
(36针)

26cm
(104行)

12cm
(48行)

12cm
(48行)

2cm
(8行)

26cm
(104行)

12cm
(48行)

12cm
(48行)

2cm
(8行)

袖下加6针
8-1-6

减12针
2-1-12

袖下加6针
8-1-6

减12针
2-1-12

花样B

左袖片
(10号棒针)

全下针

21cm
(64针)

17cm
(52针)

9cm
(28针)

领口

9cm
(28针)

21cm
(64针)

右袖片
(10号棒针)

全下针

花样B

17cm
(52针)

减12针
2-1-12

袖下加6针
8-1-6

减12针
2-1-12

袖下加6针
8-1-6

6cm
(18针)

6cm
(18针)

领窝减6针
2-1-6

领窝减6针
2-1-6

袖窿减12针
2-1-12

平收6针

平收6针

平收6针

平收6针

袖窿减12针
2-1-12

花样A

8cm
(32行)

12cm
(48行)

花样A

12cm
(36针)

打皱褶

12cm
(36针)

打皱褶

左前片
(10号棒针)

全下针

29cm
(116行)

右前片
(10号棒针)

全下针

15cm
(60行)

15cm
(60行)

2cm
(8行)

花样B

(6针)

(6针)

花样B

2cm
(8行)

15cm
(44针)

15cm
(44针)

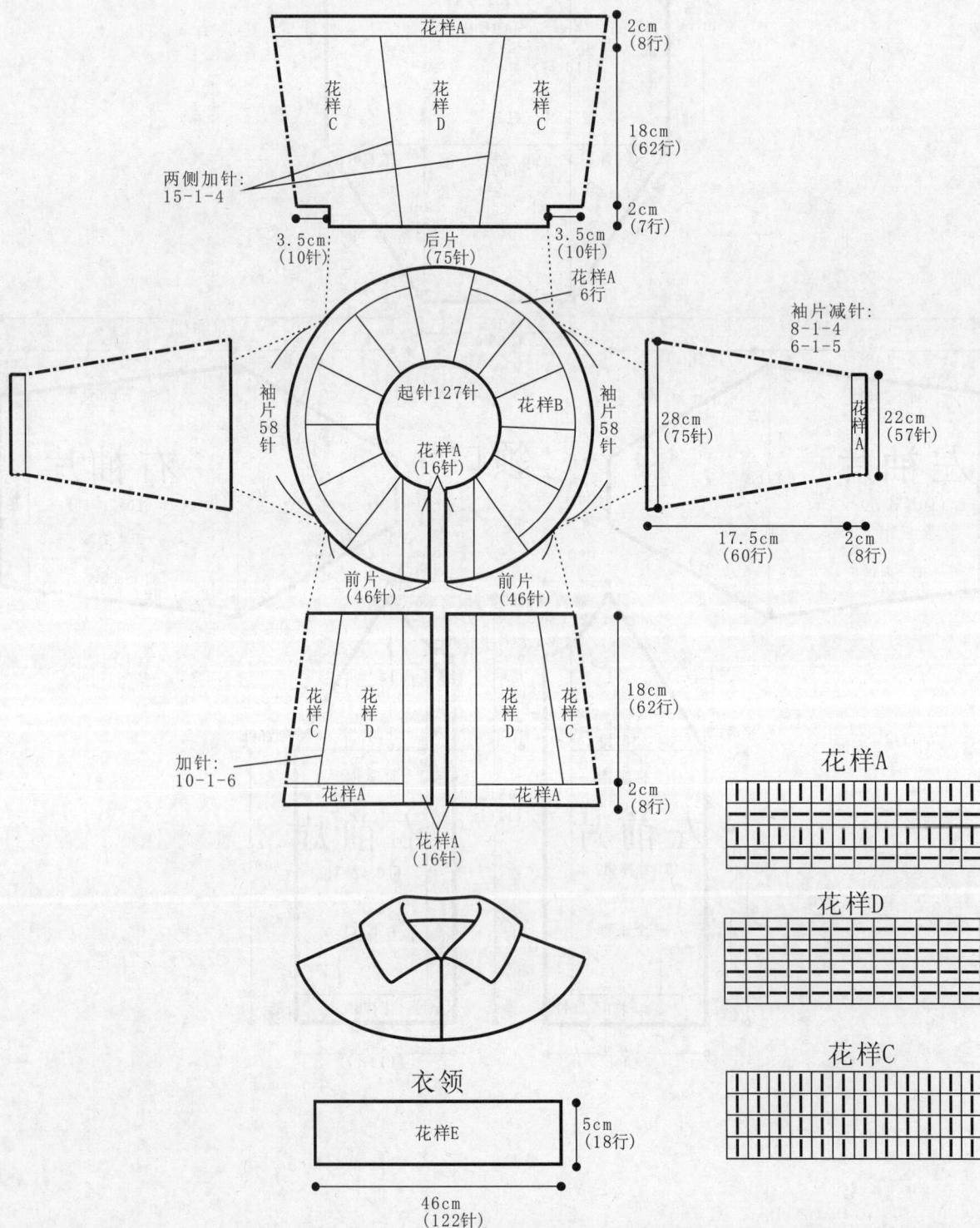

经典双排扣外套

【成品规格】 胸围56cm，衣长34cm

【工　　具】 3.25mm棒针

【编织密度】 34针×26行＝10cm²

【材　　料】 毛线450g，扣子6枚

编织要点：

1. 此款为从上往下编织的对襟款式。

2. 起针127针，左右两边各留16针编织花样A作为门襟。其余按照图示方式编织花样B，加针6次并编织3行后在图示位置改织花样A6行。然后开始分片编织。一侧编织到104针后，中间75针作为后片继续向下编织7行，注意按图示更改花样。第8行两侧各添加10针，然后跳过袖子的58针，将前片46针连在一起编织。门襟处保持16针花样A。在衣身编织过程中，前、后片分别在图示位置加针。编织至18cm62行时，改织花样A8行作为底边。

3. 袖子挑针75针，按图示在腋下中心线两侧各减针9次。60行后改织花样A8行。

4. 另起针122针，编织花样E共5cm，作为衣领缝在衣身上。

花样A　2cm（8行）

花样C　花样D　花样C

18cm（62行）

两侧加针：15-1-4

2cm（7行）

3.5cm（10针）　后片（75针）　3.5cm（10针）

花样A 6行

袖片减针：8-1-4　6-1-5

袖片58针　起针127针　花样B　袖片58针　28cm（75针）　花样A　22cm（57针）

花样A（16针）

17.5cm（60行）　2cm（8行）

前片（46针）　前片（46针）

18cm（62行）

加针：10-1-6

花样C　花样D　花样D　花样C

花样A　花样A　2cm（8行）

花样A（16针）

衣领　花样E　5cm（18行）

46cm（122针）

花样A

花样D

花样C

花样B

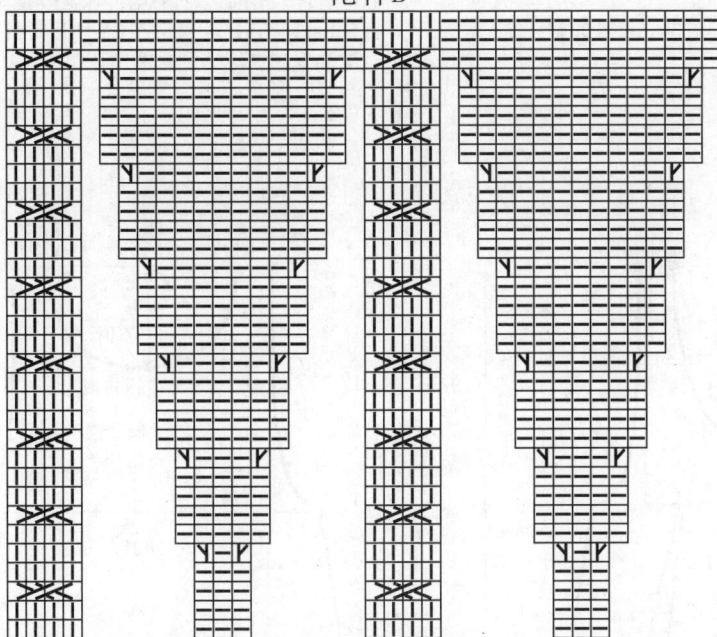

花样E

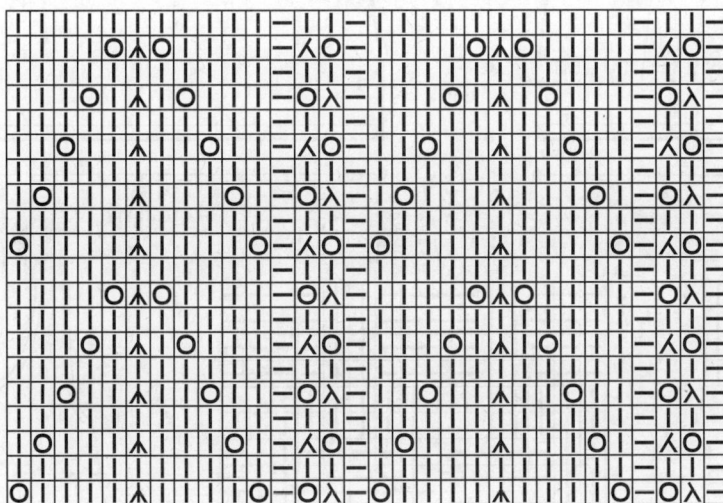

针法说明：

─ 上针　　乀 右针压左针，2针合并

Ⅰ 下针　　丿 左针压右针，2针合并

Ｏ 空心加针　丄 中上3针并1针

右上2针交叉　　右侧加针

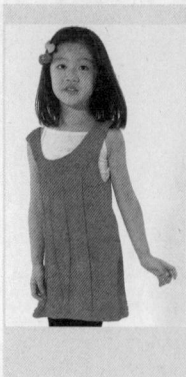

红色背心裙

【成品规格】 胸围60cm，衣长56cm

【工　　具】 3mm棒针

【编织密度】 34针×40行=10cm²

【材　　料】 细羊毛线250g

编织要点：

1.前片：起针135针，编织花样A12行对折合并后继续向上编织。改织花样C12行。完成后改织花样A、花样B。注意在"人"标注位置按图示将上针改织为下针。在"★"标注位置按图示减针收袖隆。同时中心位置改织花样D。18行后开始减针编织领口。直至31cm后收至30cm103针，开始减针收袖隆。同时中心位置改织花样D。18行后开始减针编织领口。

后片：起针135针，编织花样A12行对折合并后继续向上编织。

2.后片整体编织下针。两侧按图示减针。

3.领边、袖边：前后片缝合后挑针编织领边及袖边。均为4行花样B。

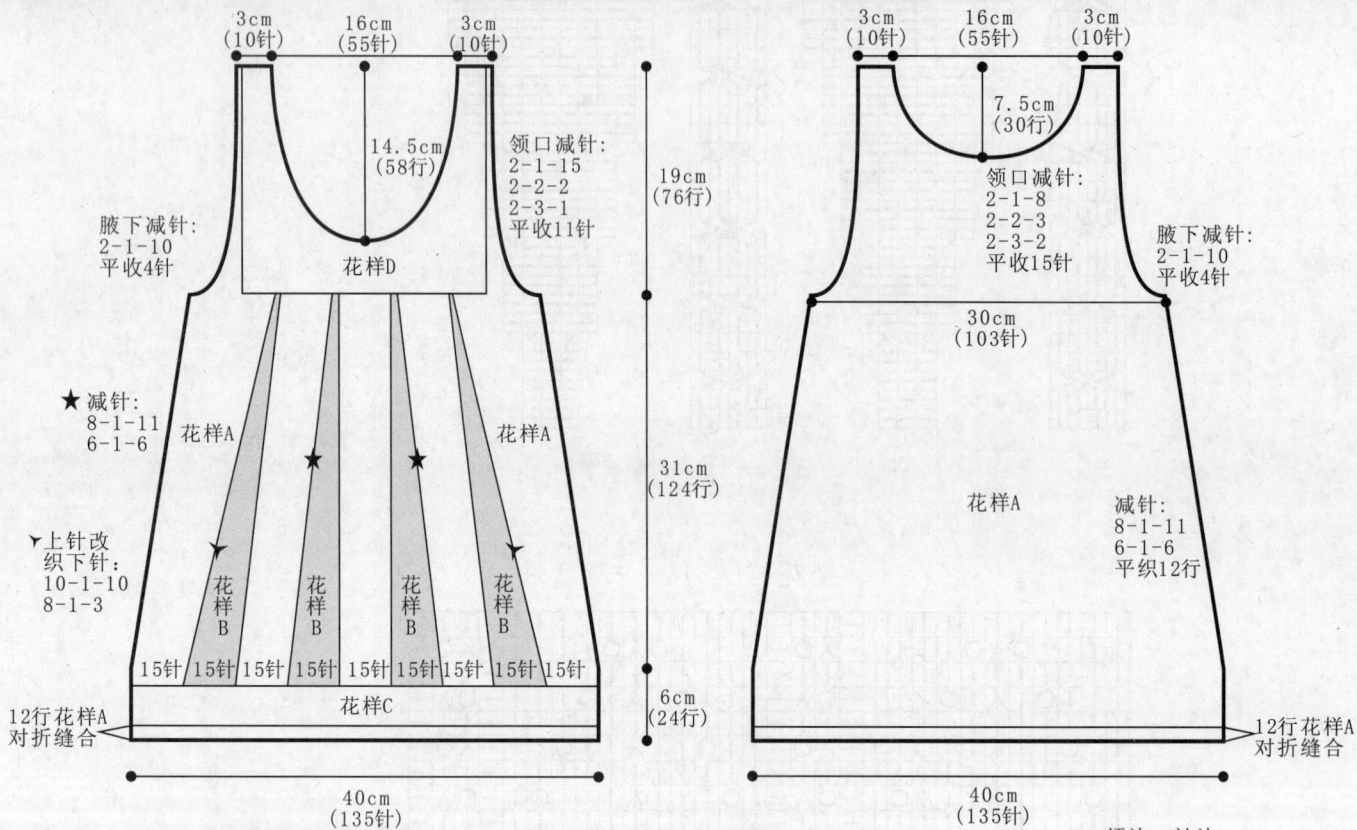

前片（左）：

3cm（10针）　16cm（55针）　3cm（10针）

14.5cm（58行）

花样D

领口减针：
2-1-15
2-2-2
2-3-1
平收11针

19cm（76行）

腋下减针：
2-1-10
平收4针

★减针：
8-1-11
6-1-6

花样A

人上针改织下针：
10-1-10
8-1-3

花样B

31cm（124行）

15针 15针 15针 15针 15针 15针 15针 15针 15针

花样C

6cm（24行）

12行花样A对折缝合

40cm（135针）

后片（右）：

3cm（10针）　16cm（55针）　3cm（10针）

7.5cm（30行）

领口减针：
2-1-8
2-2-3
2-3-2
平收15针

腋下减针：
2-1-10
平收4针

30cm（103针）

花样A

减针：
8-1-11
6-1-6
平织12行

12行花样A对折缝合

40cm（135针）

花样A

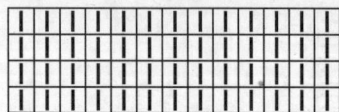

花样B

花样C

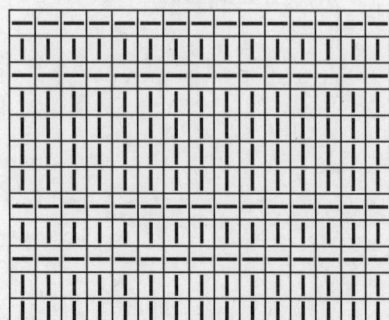

花样D

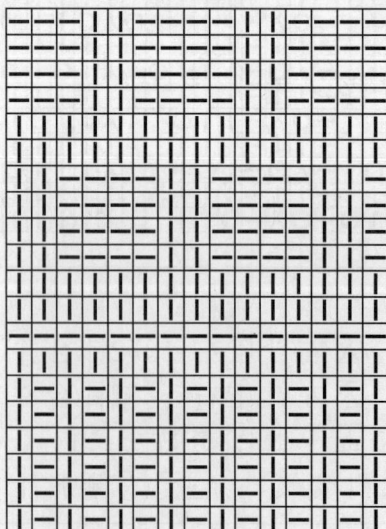

领边、袖边：
花样B 4行

针法说明：

⊟ 上针

Ⅰ 下针

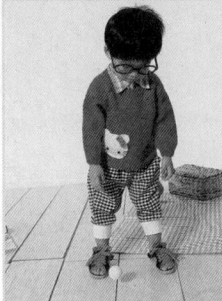

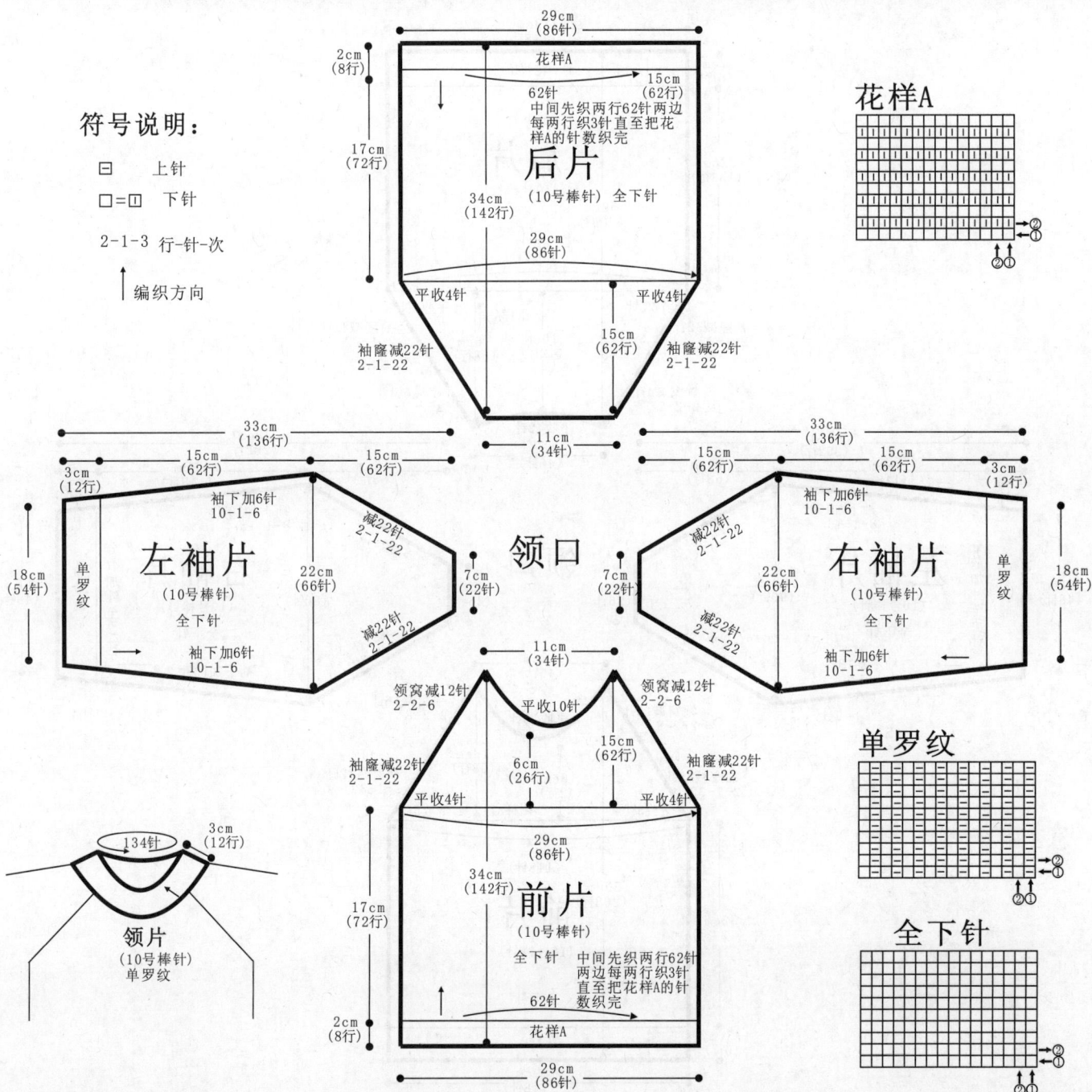

红色kitty猫装

【成品规格】 衣长34cm，下摆宽29cm，连肩袖长33cm

【工　　具】 10号棒针4支

【编织密度】 30针×42行=10cm²

【材　　料】 红色羊毛线400g，白色线少许

编织要点：

1.毛衣用棒针编织，由一片前片、一片后片、两片袖片组成，从下往上编织。

2.先编织前片。

(1)用下针起针法，起86针，织8行花样A后，改织全下针，中间的62针先织两行，然后在余下的针数，每织两行织3针，直至把花样A的针数织完，形成圆角的下摆，侧缝不用加减针，织72行至插肩袖窿。

(2)袖窿以上的编织。两边平收4针后，进行袖窿减针，方法是：每2行减1针减22次，各减22针。

(3)从插肩袖窿算起，织至26行时，在中间平收10针，开始开领窝，两边各减12针，方法是：每2行减2针减6次，织至两边肩部全部针数收完。

3.编织后片。插肩袖窿和袖窿以下的编织方法与前片插肩袖窿一样。不用开领窝，织至62行余34针，收针断线。

4.编织袖片。用下针起针法，起54针，织12行单罗纹后，两边袖下加针，方法是：每10行加1针加6次，织至62行开始插肩减针，方法是：每2行减1针减22次，至肩部余22针，用同样方法编织另一袖片。

5.缝合。将前片的侧缝与后片的侧缝对应缝合。袖片的袖下分别缝合，袖片的插肩部与衣片的插肩部缝合。

6.领圈挑134针和圈织12行单罗纹，形成圆领。

7.用钩针，白色线钩织动物图案。编织完成。

符号说明：

□　　上针

□=|1|　下针

2-1-3　行-针-次

↑　编织方向

后片

29cm（86针）

2cm（8行） 花样A

62针 15cm（62行）

中间先织两行62针两边每两行织3针直至把花样A的针数织完

17cm（72行）

34cm（142行）

后片（10号棒针）全下针

29cm（86针）

平收4针　平收4针

袖窿减22针 2-1-22　袖窿减22针 2-1-22

15cm（62行）

花样A

左袖片

33cm（136行）

15cm（62行）　15cm（62行）

3cm（12行）

袖下加针 10-1-6

减22针 2-1-22

18cm（54针）

单罗纹

左袖片（10号棒针）全下针

22cm（66针）

袖下加针 10-1-6

减22针 2-1-22

7cm（22针）

领口

11cm（34针）

右袖片

33cm（136行）

15cm（62行）　15cm（62行）

3cm（12行）

袖下加针 10-1-6

减22针 2-1-22

22cm（66针）

右袖片（10号棒针）全下针

单罗纹

18cm（54针）

7cm（22针）

袖下加针 10-1-6

减22针 2-1-22

前片

11cm（34针）

领窝减12针 2-2-6　平收10针　领窝减12针 2-2-6

袖窿减22针 2-1-22　6cm（26行）　15cm（62行）　袖窿减22针 2-1-22

平收4针　平收4针

29cm（86针）

34cm（142行）

前片（10号棒针）全下针 中间先织两行62针两边每两行织3针直至把花样A的针数织完

62针

17cm（72行）

2cm（8行） 花样A

29cm（86针）

领片

134针　3cm（12行）

领片（10号棒针）单罗纹

单罗纹

全下针

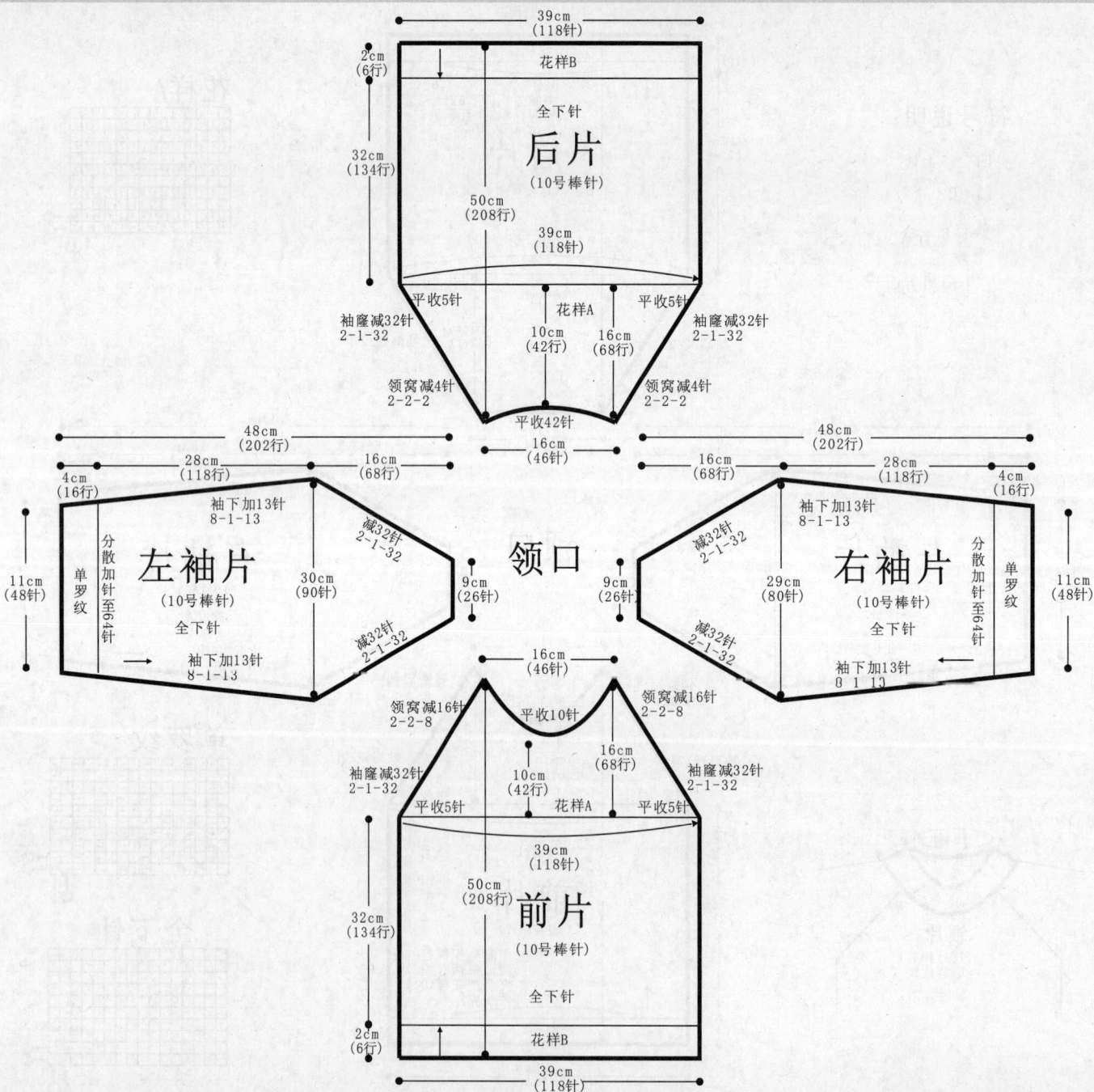

韩版长袖装

【成品规格】衣长50cm，下摆宽39cm，连肩袖长48cm

【工　　具】10号棒针，绣花针1支

【编织密度】30针×42行=10cm²

【材　　料】白色羊毛线400g，红色线、绿色长毛线少许

编织要点：

1.毛衣用棒针编织，由一片前片、一片后片、两片袖片组成，从下往上编织。

2.先编织前片。
(1)用下针起针法，起118针，织6行花样B后，改织全下针，并编入图案，侧缝不用加减针，织134行至插肩袖窿。
(2)袖窿以上的编织。两边平收5针后，进行袖窿减针，方法是：每2行减1针减32次，各减32针。
(3)从插肩袖窿算起，织至42行时，在中间平收10针，开始开领窝，两边各减16针，方法是：每2行减2针减8次，织至两边肩部全部针数收完。

3.编织后片。
(1)插肩袖窿和袖窿以下的编织方法与前片插肩袖窿一样。
(2)从插肩袖窿算起，织至42行，中间平收42针，领窝减针，方法是：每2行减2针减2次，织至两边肩部全部针数收完。

4.编织袖片。先用红色线，用下针起针法，起48针，织16行单罗纹后，改用白色线，分散加16针至64针，两边袖下加针，方法是：每8行加1针加13次，织至118行开始插肩减针，方法是：每2行减1针减32次，至肩部余26针，用同样方法编织另一袖片，收针。

5.缝合。将前片的侧缝与后片的侧缝对应缝合。袖片的袖下分别缝合，袖片的插肩部与衣片的插肩部缝合。

6.领圈用红色线挑124针，圈织16行单罗纹，形成圆领。

7.装饰：缝上绿色长毛线装饰。编织完成。

后片

- 39cm（118针）
- 2cm（6行） 花样B
- 32cm（134行） 全下针（10号棒针）
- 50cm（208行）
- 39cm（118针）
- 平收5针　花样A　平收5针
- 袖窿减32针 2-1-32
- 袖窿减32针 2-1-32
- 10cm（42行）　16cm（68行）
- 领窝减4针 2-2-2　领窝减4针 2-2-2
- 平收42针
- 16cm（46针）

左袖片

- 48cm（202行）
- 28cm（118行）　16cm（68行）
- 4cm（16行）
- 袖下加13针 8-1-13
- 减32针 2-1-32
- 11cm（48针）
- 单罗纹
- 左袖片（10号棒针）　全下针
- 分散加针至64针
- 30cm（90针）
- 减32针 2-1-32
- 袖下加13针 8-1-13

领口

- 9cm（26针）　9cm（26针）

右袖片

- 48cm（202行）
- 16cm（68行）　28cm（118行）
- 4cm（16行）
- 减32针 2-1-32
- 袖下加13针 8-1-13
- 29cm（80针）
- 分散加针至64针
- 单罗纹
- 11cm（48针）
- 右袖片（10号棒针）　全下针
- 减32针 2-1-32
- 袖下加13针 8-1-13

前片

- 16cm（46针）
- 领窝减16针 2-2-8　平收10针　领窝减16针 2-2-8
- 10cm（42行）　16cm（68行）
- 袖窿减32针 2-1-32　袖窿减32针 2-1-32
- 平收5针　花样A　平收5针
- 39cm（118针）
- 32cm（134行）
- 50cm（208行）
- 前片（10号棒针）
- 全下针
- 2cm（6行）　花样B
- 39cm（118针）

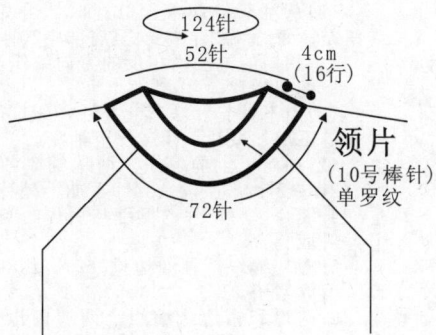

124针
52针
4cm
(16行)

领片
(10号棒针)
单罗纹

72针

符号说明：

□ 上针

□=□ 下针

元宝针

2-1-3 行-针-次

编织方向

花样A

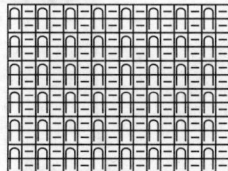

单罗纹

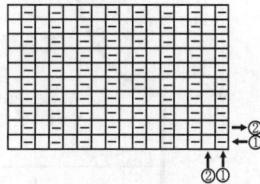

② ←
① ←
② ①

花样B

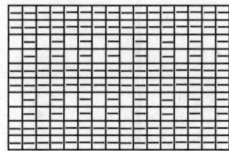

全下针

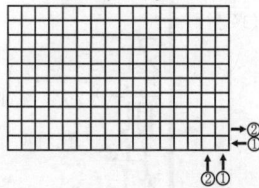

② ←
① ←
② ①

图案

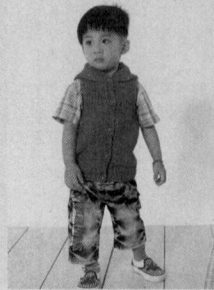

帅气连帽装

【成品规格】衣长33cm，下摆宽28cm，
3cm，下摆宽28cm

【工　　具】10号棒针4支，缝衣针1支

【编织密度】28针×40行=10cm²

【材　　料】红色羊毛线400g，纽扣5枚

编织要点：

1. 毛衣用棒针编织，由两片前片、一片后片组成，从下往上编织。

2. 先编织前片。分右前片和左前片编织。

(1)右前片：用下针起针法，起40针，织16行双罗纹后，改织花样A，侧缝不用加减针，织72行至袖窿。

(2)袖窿以上的编织。右侧袖窿平收6针，然后减针，方法是：每织2行减2针减3次。平织46行。

(3)从袖窿算起织至36行时，开始开领窝，领窝减针，方法是：每2行减2针减8次至肩部余20针。

(4)相同的方法，相反的方向编织左前片。

3. 编织后片。

(1)用下针起针法，起78针，织16行双罗纹后，改织花样A，侧缝不用加减针，织72行至袖窿。

(2)袖窿以上的编织。两边袖窿各平收6针后减针，方法是：每2行减2针减3次，余84针不加不减织52行，收针断线。

4. 缝合。将前片的侧缝与后片的侧缝对应缝合，前后片的肩部对应缝合。

5. 帽片编织。领圈边挑96针，织80行双罗纹，顶部A与B缝合，形成帽子。

6. 门襟和帽边缘编织。两边门襟至帽缘挑286针，织8行双罗纹，右片每隔24针，均匀地开一个纽扣孔，共5个。

7. 用缝衣针缝上纽扣，衣服完成。

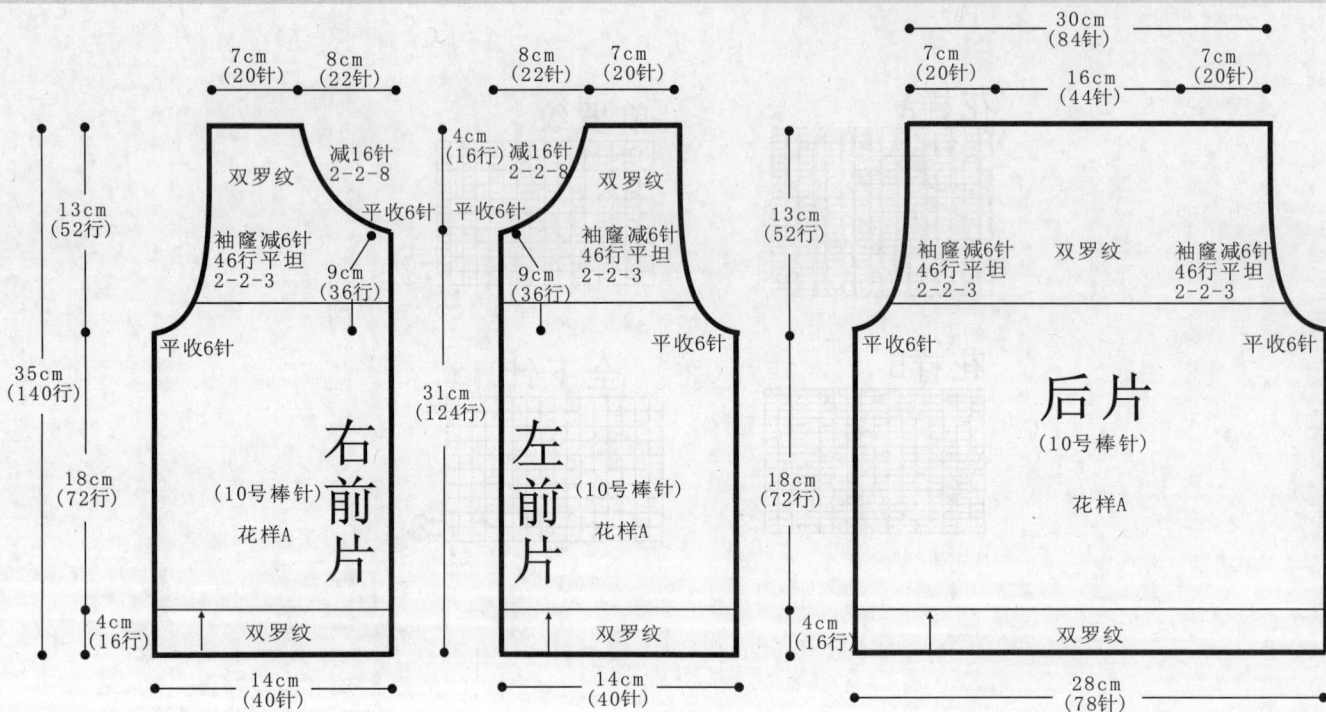

右前片
- 7cm（20针）　8cm（22针）
- 双罗纹
- 减16针 2-2-8
- 平收6针
- 袖窿减6针 46行平坦 2-2-3
- 9cm（36行）
- 平收6针
- 13cm（52行）
- 35cm（140行）
- 18cm（72行）
- 右前片（10号棒针）
- 花样A
- 4cm（16行）双罗纹
- 14cm（40针）

左前片
- 8cm（22针）　7cm（20针）
- 4cm（16行）
- 双罗纹
- 减16针 2-2-8
- 平收6针
- 袖窿减6针 46行平坦 2-2-3
- 9cm（36行）
- 平收6针
- 31cm（124行）
- 左前片（10号棒针）
- 花样A
- 双罗纹
- 14cm（40针）

后片
- 30cm（84针）
- 7cm（20针）　16cm（44针）　7cm（20针）
- 袖窿减6针 46行平坦 2-2-3
- 双罗纹
- 袖窿减6针 46行平坦 2-2-3
- 平收6针
- 平收6针
- 13cm（52行）
- 18cm（72行）
- 后片（10号棒针）
- 花样A
- 4cm（16行）双罗纹
- 28cm（78针）

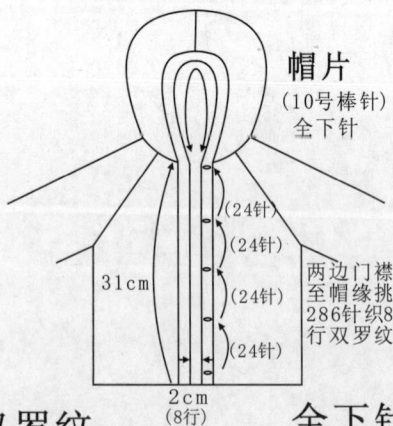

帽片（10号棒针）全下针
- （24针）
- （24针）
- （24针）
- （24针）
- 31cm
- 两边门襟至帽缘挑286针织8行双罗纹
- 2cm（8行）

帽片　全下针
- A　B
- 20cm（80行）
- 17cm（48针）　17cm（48针）

花样A

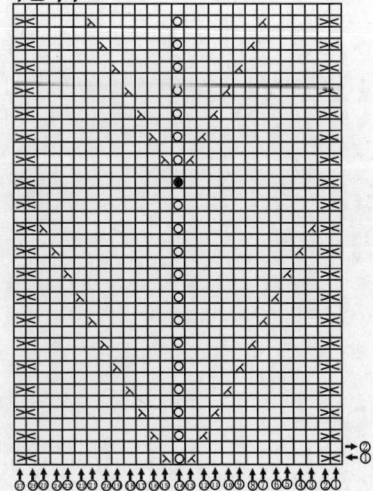

符号说明：

- □　上针
- □=囗　下针
- ⊠　右上1针与左下1针交叉
- ⊠　左并针
- ⊠　右并针
- ⊡　镂空针
- 2-1-3　行-针-次
- ↑　编织方向

双罗纹

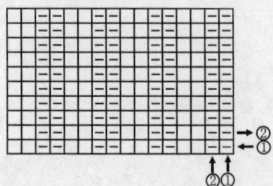

全下针

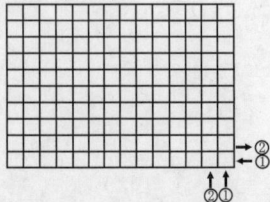

灰色吊带装

【成品规格】衣长30cm，胸围50cm

【工　　具】3mm棒针

【编织密度】28针×36行=10cm²

【材　　料】细羊毛线250g

编织要点：

1.前后片：此款前后片编织方法一致。
起针95针，编织花样C，共22行，完成后改织花样B。长度达20cm后换咖啡色线编织4行花样D。均匀收针25针，减至25cm70针改织花样A。并在第2行均匀留出串线孔6个。10cm后换咖啡色线编织4行花样D。

2.肩带：起针8针，编织花样E。长度达26cm。编织两条。完成后分别与前后片缝合在一起，形成肩带样式。

3.腰带：圈织，起针12针，编织下针，4行后每3针收成1针，减至4针继续圈织。注意每一行开始时将毛线拉紧。长度达90cm后，每1针加3针，增至12针，编织4行后收针。

4.完成后将两开口缝合。

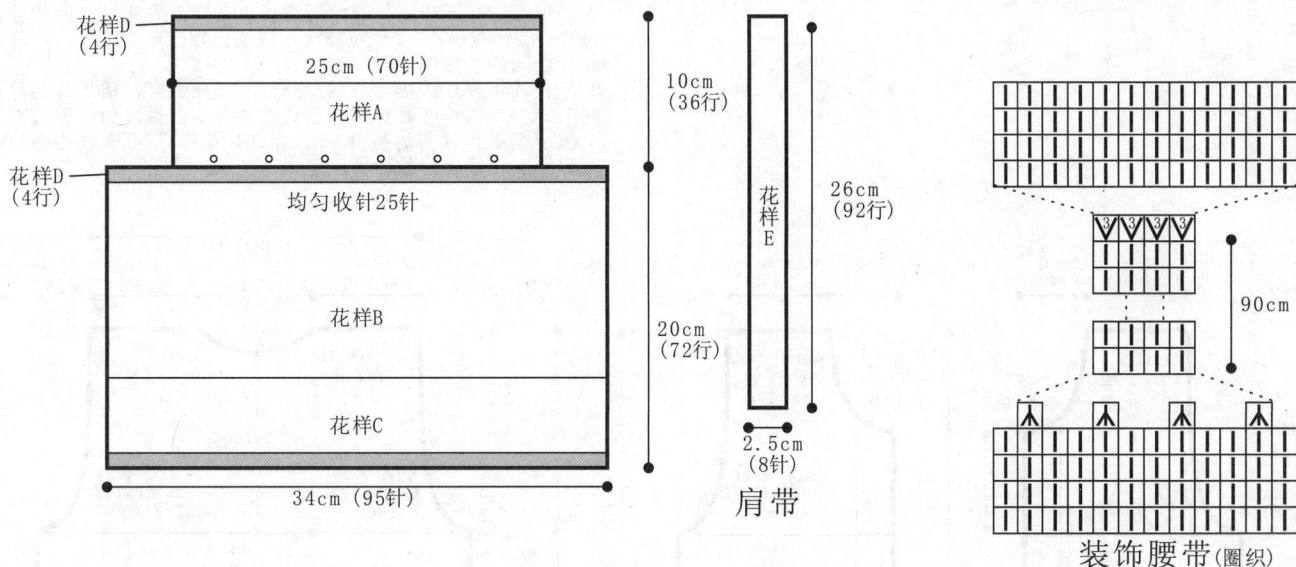

花样D（4行）
25cm（70针）
花样A
花样D（4行）
均匀收针25针
花样B
花样C
34cm（95针）

10cm（36行）
20cm（72行）

花样E
26cm（92行）
2.5cm（8针）
肩带

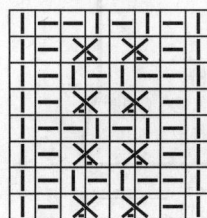

90cm

装饰腰带（圈织）

花样A
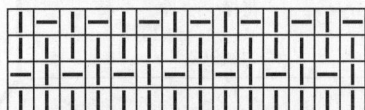

花样B
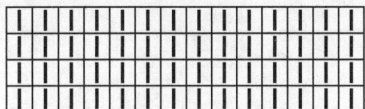

花样D
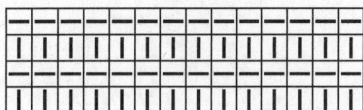

花样C
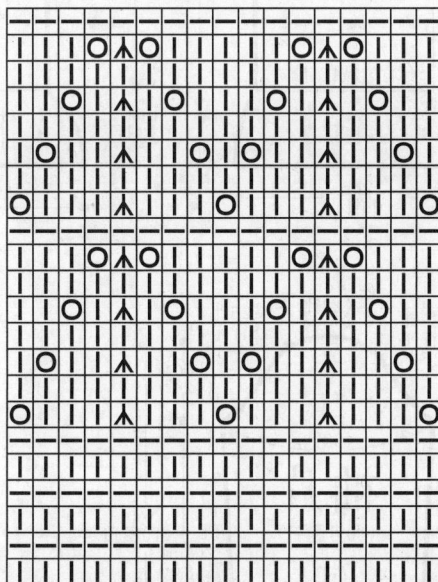

花样E

针法说明：

一	上针
I	下针
⋀	中上3针并1针
⤬	右1针压左1上针
⤬	左1针压右1上针

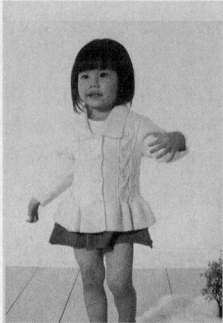

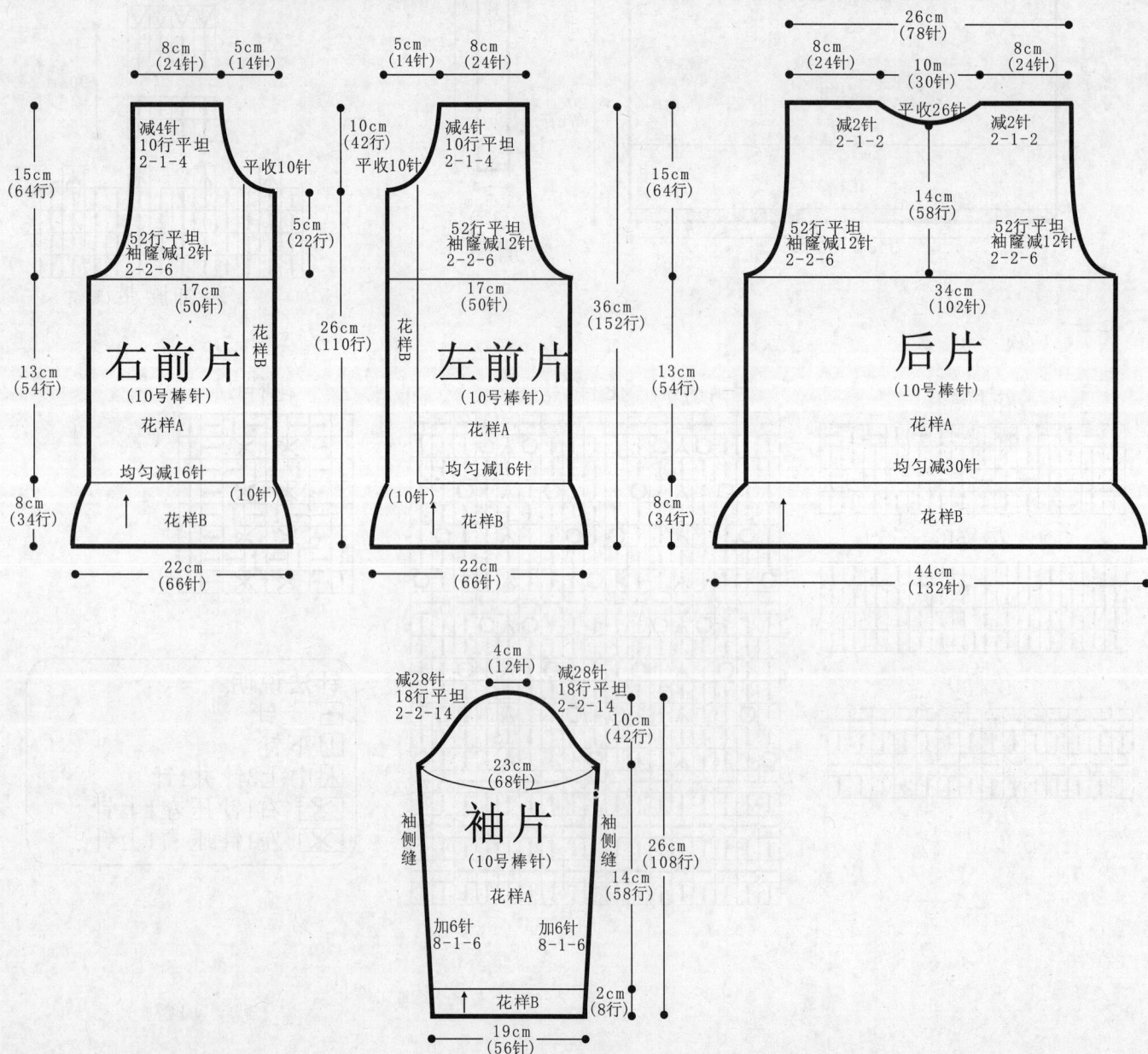

白色小翻领装

【成品规格】 衣长36cm，胸宽34cm，袖长26cm

【工　　具】 10号棒针4支，缝衣针1支

【编织密度】 30针×42行=10cm²

【材　　料】 白色羊毛线400g，纽扣8枚

编织要点：

1. 毛衣用棒针编织，由两片前片、一片后片、两片袖片组成，从下往上编织。

2. 先编织前片。分右前片和左前片编织。

(1) 右前片：用下针起针法起66针，织34行花样B后，改织花样A，门襟留6针继续织花样B，并开纽扣孔，间隔26行，其余针数均匀减16针，侧缝不用加减针，织至54行至袖隆。

(2) 袖隆以上的编织。右侧袖隆减针，方法是：每2行减2针减6次，共减12针，平织52行。

(3) 同时从袖隆算起织至22行时，开始开领窝，先平收10针，然后领窝减针，方法是：每2行减1针减4次，平织10行至肩部余24针。

(4) 相同的方法，相反的方向编织左前片。

3. 编织后片。

(1) 用下针起针法，起132针，织34行花样B后，改织花样A，然后均匀减30针，侧缝不用加减针，织54行至袖隆。

(2) 袖隆以上的编织。袖隆开始减针，方法与前片袖隆一样。

(3) 同时织至从袖隆算起58行时，开后领窝，中间平收26针，两边各减2针，方法是：每2行减1针减2次，织至两边肩部余24针。

4. 编织袖片。从袖口织起，用下针起针法，起56针，织8行花样B后，改织花样A，袖侧缝加6针，方法是：每8行加1针加6次，编织58行至袖隆。开始两边袖山减针，方法是：两边分别每2行减2针减14次，平织18行，编织完42行后余12针，收针断线。用同样方法编织另一袖片。

5. 缝合。将前片的侧缝与后片的侧缝对应缝合，前后片的肩部对应缝合，再将两袖片的袖山边线与衣身的袖隆边对应缝合。

6. 领子编织。领圈边挑110针，织20行花样B，形成开襟翻领。

7. 用缝衣针缝上纽扣，衣服完成。

右前片（10号棒针）

8cm（24针）　5cm（14针）

减4针 10行平坦 2-1-4

平收10针

15cm（64行）

52行平坦 袖隆减12针 2-2-6

17cm（50针）

花样B

花样A

均匀减16针

（10针）

8cm（34行）

花样B

22cm（66针）

5cm（22行）

26cm（110行）

左前片（10号棒针）

5cm（14针）　8cm（24针）

10cm（42行）

减4针 10行平坦 2-1-4

平收10针

52行平坦 袖隆减12针 2-2-6

17cm（50针）

花样B

花样A

均匀减16针

（10针）

花样B

22cm（66针）

36cm（152行）

15cm（64行）

13cm（54行）

8cm（34行）

后片（10号棒针）

26cm（78针）

8cm（24针）　10m（30针）　8cm（24针）

减2针 2-1-2　平收26针　减2针 2-1-2

14cm（58行）

52行平坦 袖隆减12针 2-2-6　　52行平坦 袖隆减12针 2-2-6

34cm（102针）

花样A

均匀减30针

花样B

44cm（132针）

15cm（64行）

13cm（54行）

8cm（34行）

袖片（10号棒针）

4cm（12针）

减28针 18行平坦 2-2-14　　减28针 18行平坦 2-2-14

10cm（42行）

23cm（68针）

袖侧缝　　袖侧缝

花样A

加6针 8-1-6　　加6针 8-1-6

花样B

2cm（8行）

19cm（56针）

26cm（108行）

14cm（58行）

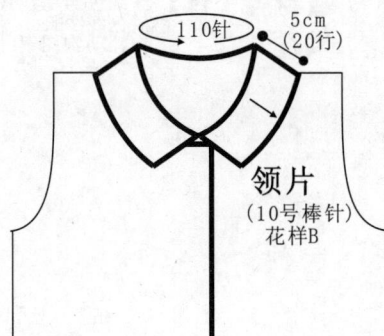

110针 5cm (20行)

领片
(10号棒针)
花样B

花样A

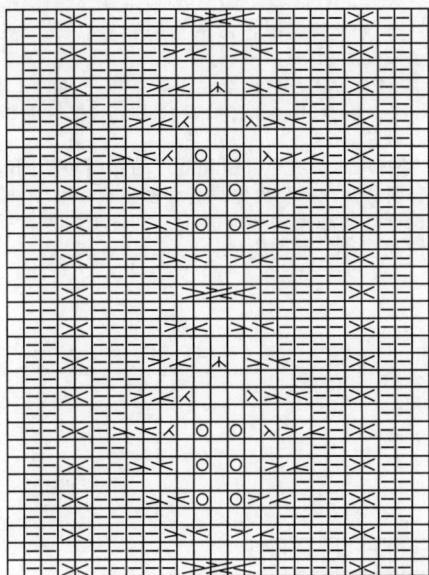

花样B

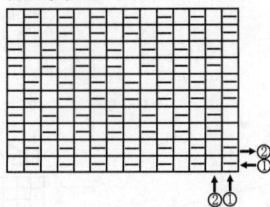

全下针

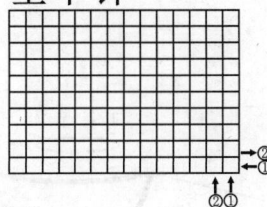

符号说明：

□ 上针

□=□ 下针

☒ 右并针

⊙ 镂空针

⚠ 中上3针并1针

⊠ 右上1针与
左下1针交叉

2-1-3 行-针-次

↑ 编织方向

⊠☒ 右上2针与
左下2针交叉

⊠ 右上2针与
左下1针交叉

⊠ 右上1针与
左下1针交叉

红色七分连体裤

【成品规格】衣长48cm，胸宽29cm，
连肩袖长27cm

【工　　具】10号棒针4支，缝衣针1支

【编织密度】28针×38行=10cm²

【材　　料】深红色羊毛线400g，
黑色线少许，
钩针动物图案1枚

编织要点：

1.毛衣用棒针编织，由两片前片、一片后片、两片袖片组成，从上往下编织。

2.先织领口环形片：用下针起针法起42针，片织全下针，并开始分前后片和两边袖片，每分片的中间留4针径，按花样A加针，同时两前片门襟加针，方法是：每2行加2针加13次，织52环形片完成。此时织片的针数为288针。

3.开始分出两边前片、后片和两片袖片。右前片：分出54针，继续编织，至门襟处10行时，门襟减针，方法是：每2行减1针减10次，余44针，侧缝同时减3针，再加3针，形成收腰，织至58行时，开始织裤腿，裤裆处平收6针后，内侧裤腿减针，方法是：每2行减1针减4次，织至72行后余34针，收针断线。用同样方法编织左前片。

4.后片：分出80针，织全下针，侧缝两边减3针后，再加3针，形成收腰，织至58行时，中间平收4针，开始编织裤腿，两边裤腿各38针分别继续编织，内侧裤腿减针，方法与前片裤腿一样，织至72行后余34针，收针断线。

5.袖片：左袖片分出78针，织全下针，袖下减针，方法是：每6行减1针减6次，织至36行时，袖口余66针，收针断线。用同样方法编织右袖片。

6.缝合：将前片的侧缝至裤腿和后片的侧缝至裤腿缝合。两袖片的袖下分别缝合。裤腿内侧只缝合裤腿口5cm，形成开档裤。

7.缝上钩针动物图案和装饰绳子，领边至门襟和袖口、裤腿口用钩针钩织花边。编织完成。

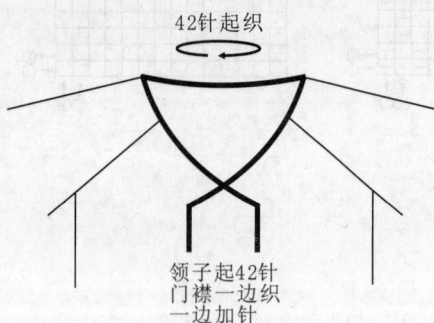

42针起织

领子起42针
门襟一边织
一边加针

花样A

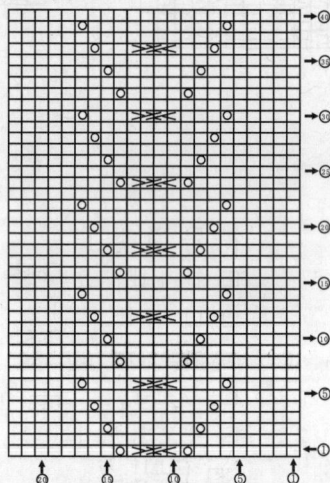

符号说明：

□　上针

□=□　下针

▨　左上2针与
右下2针交叉

2-1-3　行-针-次

↑ 编织方向

全下针

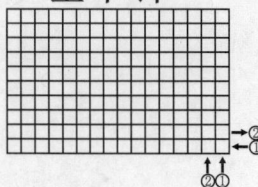

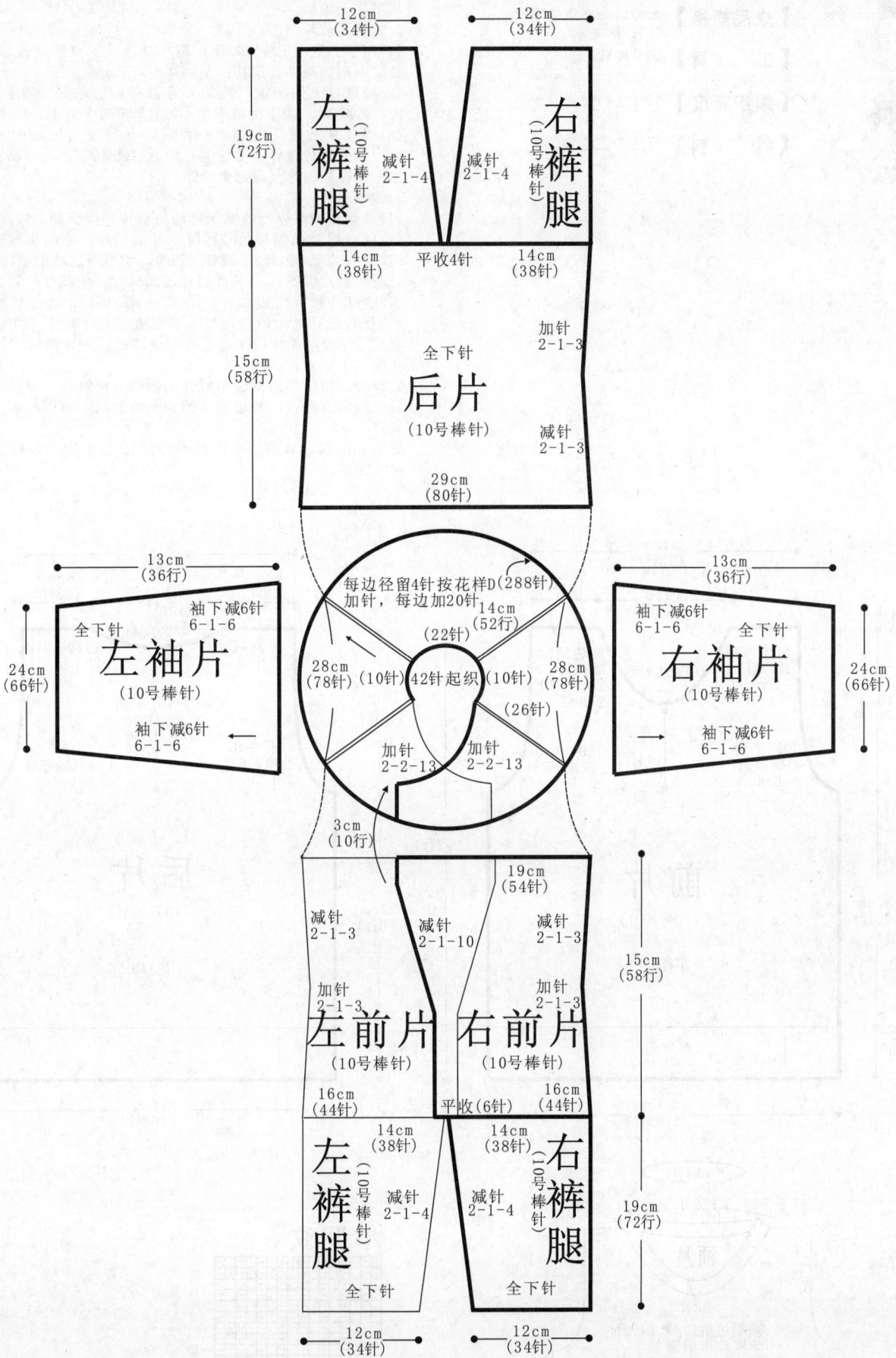

12cm
(34针)

12cm
(34针)

19cm
(72行)

左裤腿
(10号棒针)

减针
2-1-4

减针
2-1-4

右裤腿
(10号棒针)

14cm
(38针)

平收4针

14cm
(38针)

15cm
(58行)

全下针

后片
(10号棒针)

加针
2-1-3

减针
2-1-3

29cm
(80针)

13cm
(36行)

袖下减6针
6-1-6

全下针

左袖片
(10号棒针)

24cm
(66针)

袖下减6针
6-1-6

每边径留4针按花样D(288针)
加针，每边加20针

14cm
(22针) (52行)

28cm
(78针)

(10针)

42针起织

(10针)

28cm
(78针)

(26针)

加针
2-2-13

加针
2-2-13

13cm
(36行)

袖下减6针
6-1-6

全下针

右袖片
(10号棒针)

24cm
(66针)

袖下减6针
6-1-6

3cm
(10行)

19cm
(54针)

减针
2-1-3

减针
2-1-10

减针
2-1-3

15cm
(58行)

加针
2-1-3

加针
2-1-3

左前片
(10号棒针)

右前片
(10号棒针)

16cm
(44针)

平收(6针)

16cm
(44针)

左裤腿
(10号棒针)

14cm
(38针)

14cm
(38针)

右裤腿
(10号棒针)

减针
2-1-4

减针
2-1-4

19cm
(72行)

全下针

全下针

12cm
(34针)

12cm
(34针)

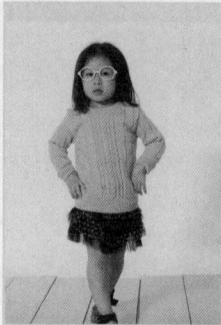

天蓝色打底衫

【成品规格】 衣长44cm，下摆宽34cm，肩宽31cm

【工　　具】 10号棒针4支

【编织密度】 30针×44行=10cm²

【材　　料】 蓝色羊毛线400g

编织要点：

1.毛衣用棒针编织，由一片前片、一片后片、两片袖片组成，从下往上编织。

2.先编织前片。

(1)用下针起针法起102针，编织26行单罗纹后，改织花样A，侧缝不用加减针，织96行至袖隆。

(2)袖隆以上的编织。两边袖隆减针，方法是：每2行减1针减5次，各减5针，余下针数不加不减织60行至肩部。

(3)同时从袖隆算起织至44行时，开始开领窝，中间平收32针，然后两边减针，方法是：每2行减2针减6次，各减12针，不加不减织14行至肩部余18针。

3.编织后片。

(1)袖隆和袖隆以下的编织方法与前片袖隆一样。编织花样B。

(2)同时织至袖隆算起62行时，开后领窝，中间平收50针，两边减针，方法是：每2行减1针减3次，织至两边肩部余18针。

4.两片袖片编织。用下针起针法起56针，织22行单罗纹后，改织花样B，袖下两边加针，方法是：每10行加1针加10次，织至102行时进行袖山两边减针，方法是：每2行减2针减4次，每2行减3针减8次，各减32针，至肩部余12针，收针断线。用同样方法编织另一袖片。

5.缝合。将前片的侧缝与后片的侧缝对应缝合。前片的肩部与后片的肩部缝合，两边袖片的袖下缝合后，分别与衣片的袖边缝合。

6.领片编织。领圈边挑114针，圈织12行单罗纹，形成圆领。编织完成。

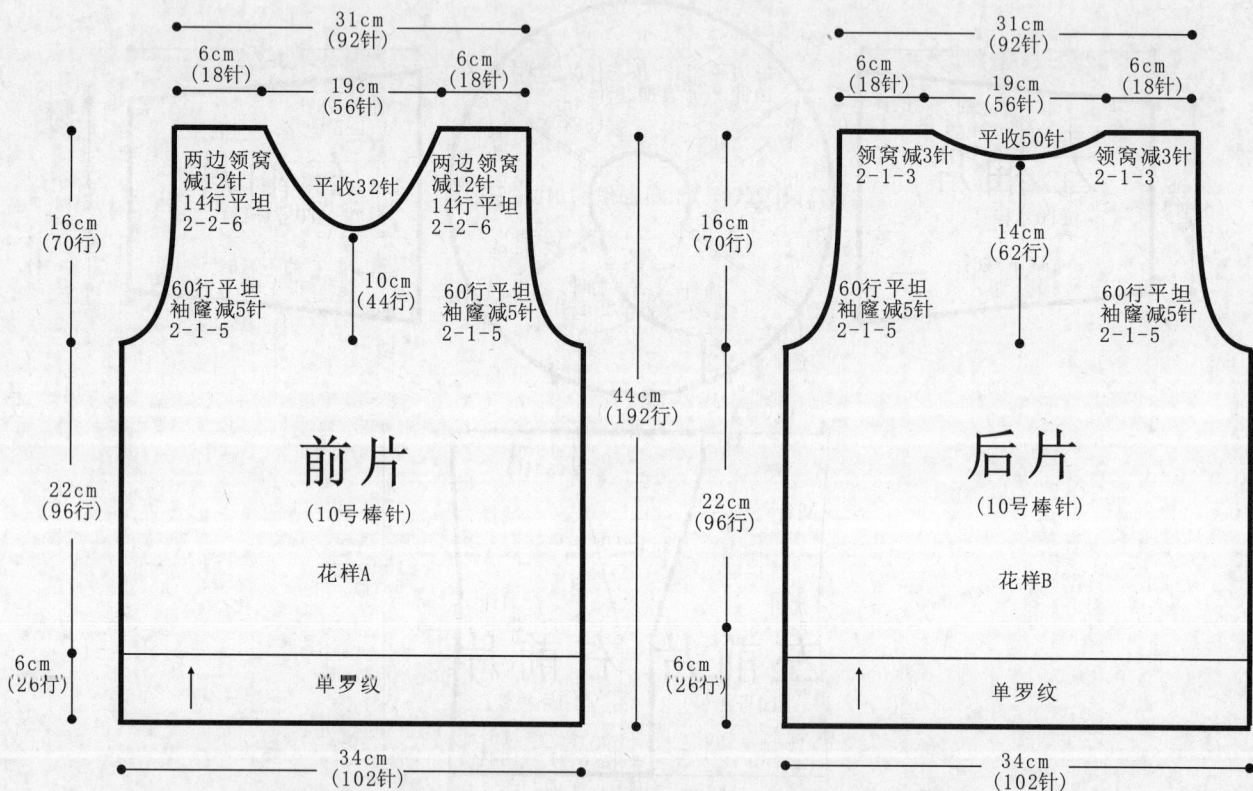

前片 (10号棒针) 花样A

31cm（92针）
6cm（18针）　19cm（56针）　6cm（18针）
两边领窝减12针 14行平坦 2-2-6　平收32针　两边领窝减12针 14行平坦 2-2-6
16cm（70行）
10cm（44行）
60行平坦 袖隆减5针 2-1-5
22cm（96行）
44cm（192行）
单罗纹
6cm（26行）
34cm（102针）

后片 (10号棒针) 花样B

31cm（92针）
6cm（18针）　19cm（56针）　6cm（18针）
平收50针
领窝减3针 2-1-3　　领窝减3针 2-1-3
16cm（70行）
14cm（62行）
60行平坦 袖隆减5针 2-1-5
22cm（96行）
单罗纹
6cm（26行）
34cm（102针）

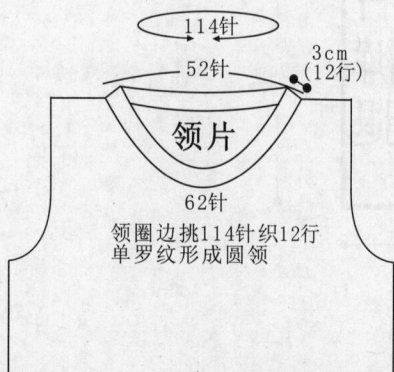

领片
114针
52针　3cm（12行）
62针
领圈边挑114针织12行单罗纹形成圆领

单罗纹

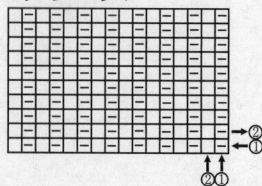

②①
②①

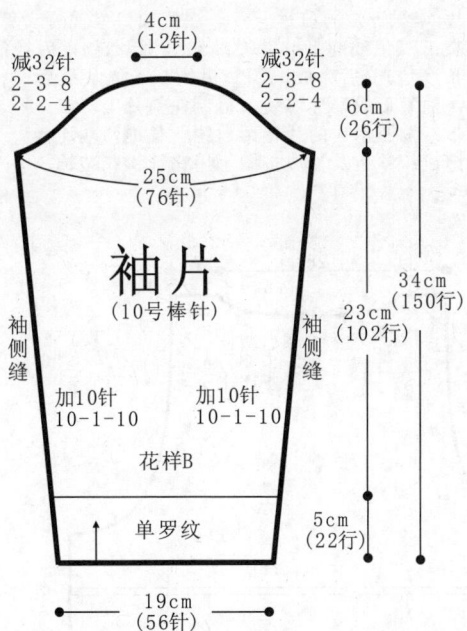

袖片
(10号棒针)

4cm
(12针)

减32针
2-3-8
2-2-4

减32针
2-3-8
2-2-4

25cm
(76针)

6cm
(26行)

34cm
(150行)

23cm
(102行)

袖侧缝

袖侧缝

加10针
10-1-10

加10针
10-1-10

花样B

单罗纹

5cm
(22行)

19cm
(56针)

符号说明:

□　上针

□=□　下针

●=↑

▷|◁　右上2针与
左下1针交叉

▷|◁　右上3针与
左下3针交叉

2-1-3 行-针-次

↑　编织方向

花样A

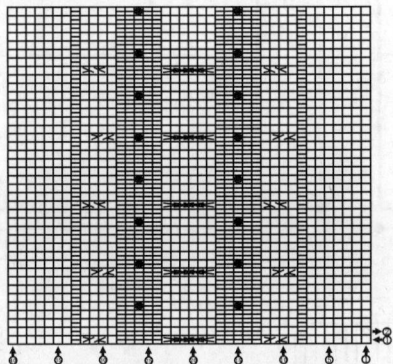

花样B

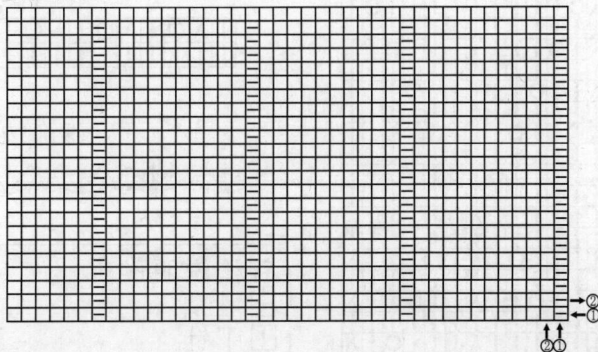

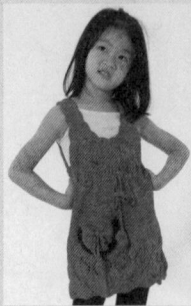

深圆领背心裙

【成品规格】 胸围60cm，衣长51cm

【工　　具】 3.75mm棒针

【编织密度】 20针×28行=10cm²

【材　　料】 棉线250g

编织要点：
1. 前片：起针70针，编织花样A，共32行，完成后改织下针。长度达30cm后编织1行花样B，留做穿绳孔。继续编织4cm后两侧按图示收针形成袖窿。织8行后在中心位置平收6针，开始减针编织领口。
2. 后片：编织方法同前片一致。注意领口位置的改变。
3. 口袋：深色线起针44针，编织全上针，4行后换线编织全下针。长度达5cm后完成编织。另钩一长绳从最后一行编织孔中穿过，抽紧形成扇形口袋，缝制在前片上。
4. 腰带：按图示钩两片花朵，钩一长绳两端连接。
5. 装饰边：领边及袖边按图示用钩针钩花装饰。

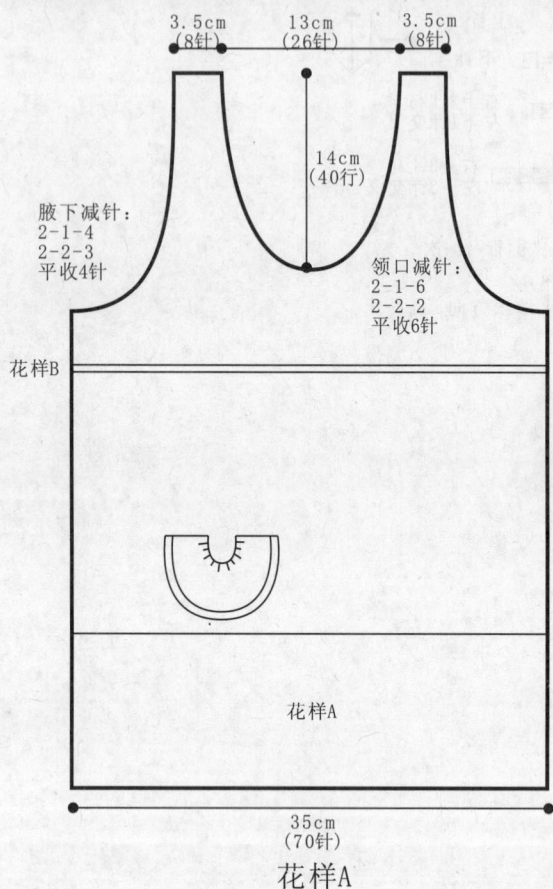

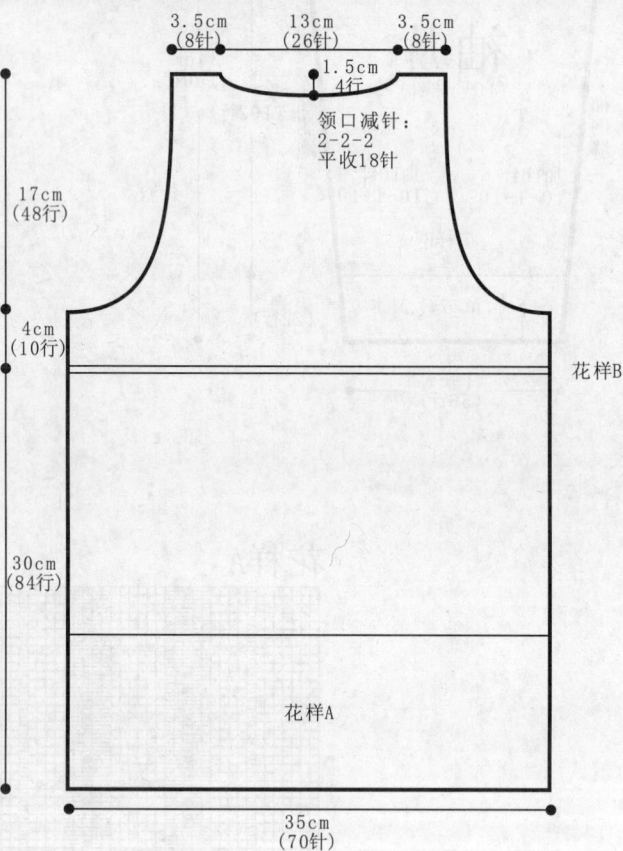

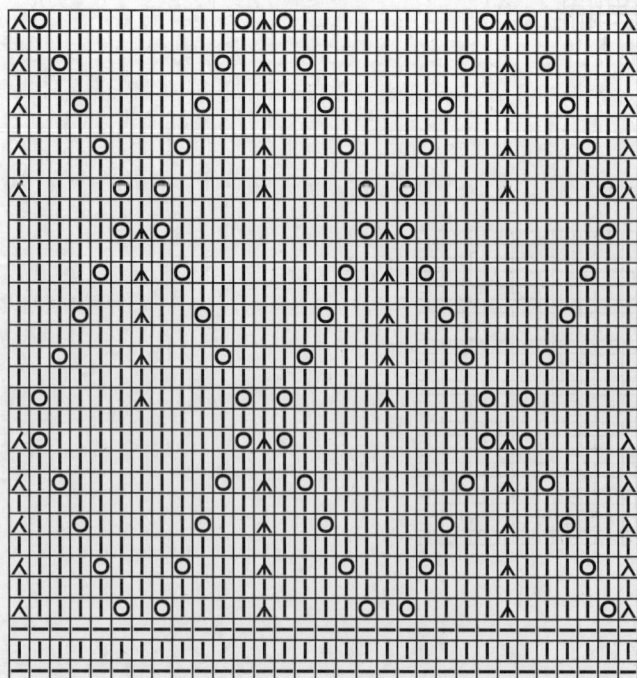

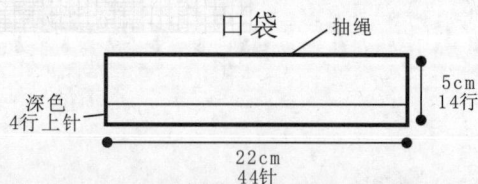

前片：

3.5cm (8针)　13cm (26针)　3.5cm (8针)

14cm (40行)

腋下减针：
2-1-4
2-2-3
平收4针

领口减针：
2-1-6
2-2-2
平收6针

花样B

花样A

35cm (70针)

后片：

3.5cm (8针)　13cm (26针)　3.5cm (8针)

1.5cm 4行

领口减针：
2-2-2
平收18针

17cm (48行)

4cm (10行)

30cm (84行)

花样B

花样A

35cm (70针)

花样A

口袋

抽绳

深色
4行上针

5cm 14行

22cm 44针

花样B

装饰边

针法说明：
- ⊐ 上针
- | 下针
- ⋀ 中上3针并1针
- ⋋ 右针压左针，2针合并
- ⋌ 左针压右针，2针合并

腰带钩花
2枚

116

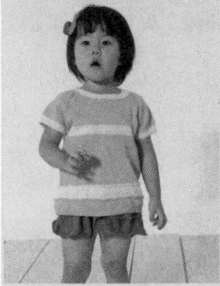

韩式配色短袖装

【成品规格】 衣长34cm，下摆宽32cm，连肩袖长13cm

【工　　具】 10号棒针

【编织密度】 34针×48行=10cm²

【材　　料】 粉红色羊毛线400g，浅黄色线少许

编织要点：

1. 毛衣用棒针编织，由一片前片，一片后片，两片袖片组成，从下往上编织。

2. 先编织前片。
（1）用下针起针法，起110针，织38行花样A后，改织全下针，并配色，侧缝不用加减针，织72行至插肩袖窿。
（2）袖窿以上的编织。两边平收5针后，进行袖窿减针，方法是：每2行减1针减26次，各减26针。
（3）从插肩袖窿算起，织至32行时，在中间平收16针，开始开领窝，两边各减16针，方法是：每2行减2针减8次，织至两边肩部全部针数收完。

3. 编织后片。
（1）插肩袖窿和袖窿以下的编织方法与前片插肩袖窿一样。
（2）从插肩袖算起，织至32行，中间平收44针，领窝减针，方法是：每2行减2针减2次，织至两边肩部全部针数收完。

4. 编织袖片。先用浅黄色线，用下针起针法，起74针，织10行单罗纹后，改用粉红色线织全下针，两边开始插肩减针，方法是：每2行减1针减26次，至肩部余12针，用同样方法编织另一袖片。

5. 缝合。将前片的侧缝与后片的侧缝对应缝合。袖片的插肩部与衣片的插肩部缝合。

6. 领圈用浅黄色线挑130针，圈织10行单罗纹，形成圆领。编织完成。

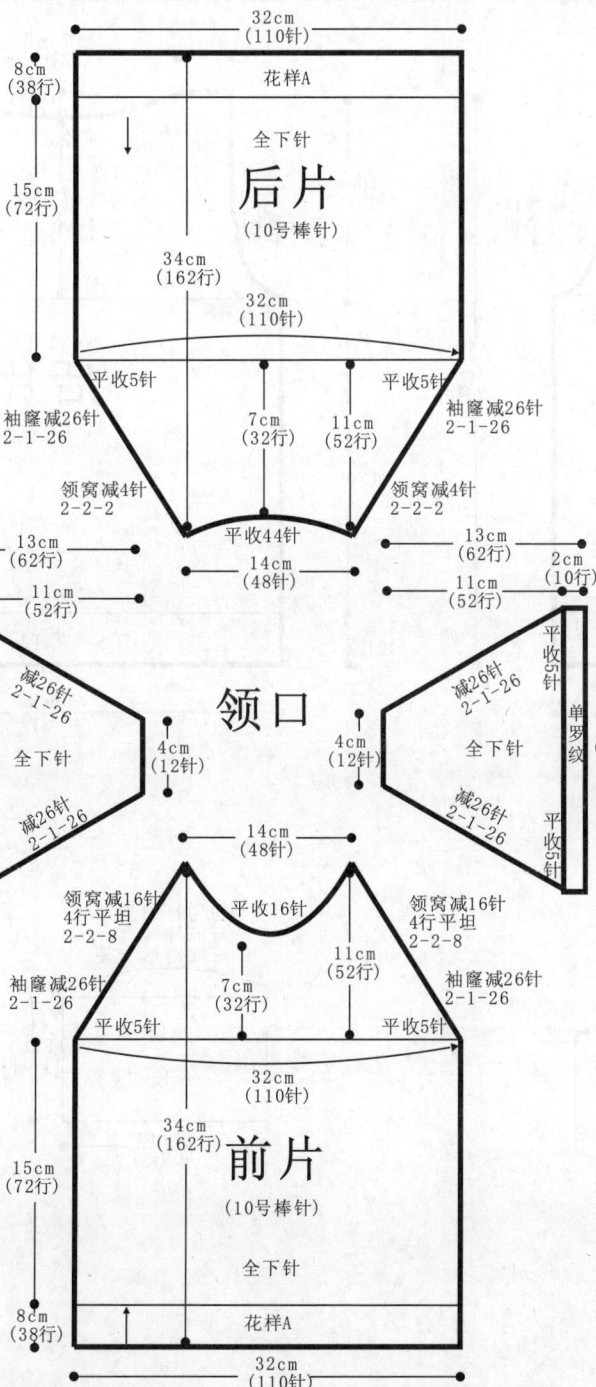

8cm
(38行)

32cm
(110针)

花样A

全下针

后片
(10号棒针)

15cm
(72行)

34cm
(162行)

32cm
(110针)

平收5针　　平收5针

袖窿减26针
2-1-26

袖窿减26针
2-1-26

7cm
(32行)　　11cm
(52行)

领窝减4针
2-2-2

领窝减4针
2-2-2

平收44针

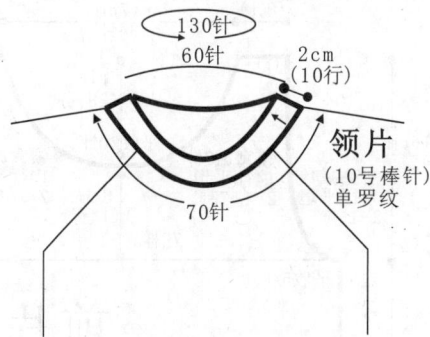

130针
60针　　2cm
(10行)

领片
(10号棒针)
单罗纹

70针

13cm
(62行)　　2cm
(10行)

14cm
(48针)

13cm
(62行)　　2cm
(10行)

11cm
(52行)

11cm
(52行)

右袖片
(10号棒针)

22cm
(74针)

单罗纹

减26针
2-1-26

全下针

减26针
2-1-26

领口

4cm
(12针)　　4cm
(12针)

减26针
2-1-26

全下针

减26针
2-1-26

左袖片
(10号棒针)

22cm
(74针)

单罗纹

平收5针

平收5针

平收5针

平收5针

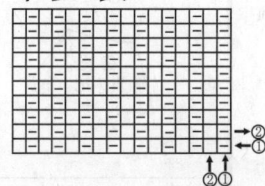

单罗纹

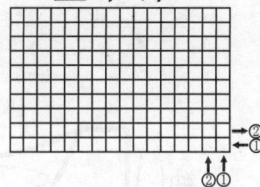

全下针

14cm
(48针)

领窝减16针
4行平坦
2-2-8

平收16针

领窝减16针
4行平坦
2-2-8

袖窿减26针
2-1-26

7cm
(32行)　　11cm
(52行)

袖窿减26针
2-1-26

平收5针　　平收5针

32cm
(110针)

15cm
(72行)

34cm
(162行)

前片
(10号棒针)

全下针

8cm
(38行)

花样A

32cm
(110针)

符号说明：

□　　上针

□=□　下针

元宝针

2-1-3　行-针-次

↑　编织方向

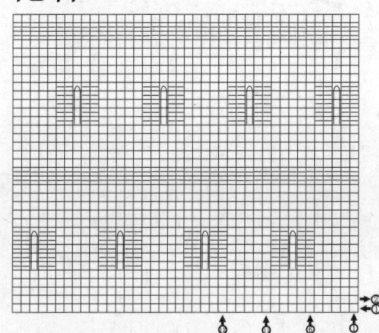

花样A

橘红色背心

【成品规格】衣长48cm，下摆宽36cm，肩宽25cm

【工　　具】10号棒针

【编织密度】20针×26行=10cm²

【材　　料】红色羊毛线400g

编织要点：
1. 毛衣用棒针编织，由一片前片、一片后片组成，从下往上编织。
2. 先编织前片。
(1)用下针起针法，起72针，织12行花样B后，改织全下针，侧缝不用加减针，织70行时，开始袖窿以上的编织。
(2)袖窿两边平收5针，然后减针，方法是：每2行减1针减4次，余下针数不加不减针织8行。
(3)从袖窿算起至14行时，开始开领窝，两边各减7针，方法是：每2行减1针减7次，平织14行，至肩部余8针。
3. 后片编织。袖窿和袖窿以下的织法与前片一样。从袖窿算起织至36行时，开始开领窝，两边各减2针，方法是：每2行减1针减2次，至肩部余8针。
4. 缝合。将前片的侧缝与后片的侧缝对应缝合，前片的肩部与后片的肩部缝合。
5. 袖口编织。两边袖口用钩针钩织花边。
6. 领子编织。领圈边用钩针钩织花边。
7. 衣袋按图另织，与前片缝合。编织完成。

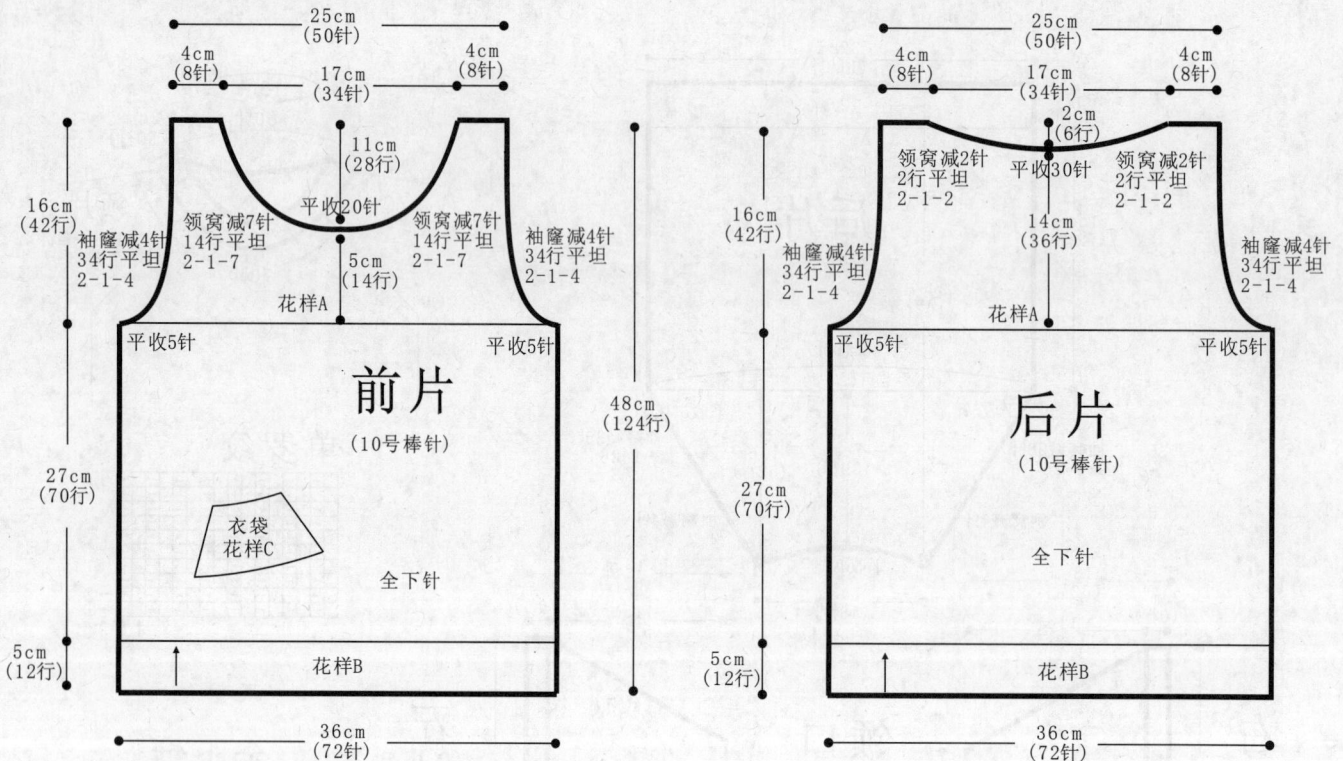

前片

25cm（50针）
4cm（8针）　17cm（34针）　4cm（8针）
11cm（28行）
平收20针
16cm（42行）
领窝减7针 14行平坦 2-1-7
领窝减7针 14行平坦 2-1-7
袖窿减4针 34行平坦 2-1-4
5cm（14行）
花样A
平收5针　平收5针
前片（10号棒针）
48cm（124行）
27cm（70行）
衣袋 花样C
全下针
5cm（12行）
花样B
36cm（72针）

后片

25cm（50针）
4cm（8针）　17cm（34针）　4cm（8针）
2cm（6行）
领窝减2针 2行平坦 2-1-2
平收30针
领窝减2针 2行平坦 2-1-2
16cm（42行）
14cm（36行）
袖窿减4针 34行平坦 2-1-4
袖窿减4针 34行平坦 2-1-4
花样A
平收5针　平收5针
后片（10号棒针）
27cm（70行）
全下针
5cm（12行）
花样B
36cm（72针）

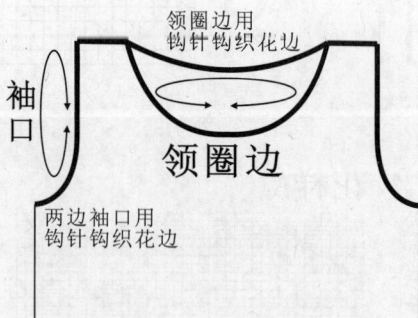

领圈边用钩针钩织花边

袖口

领圈边

两边袖口用钩针钩织花边

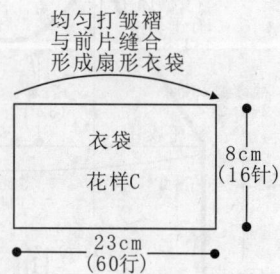

均匀打皱褶与前片缝合形成厨形衣袋

衣袋 花样C

8cm（16针）

23cm（60行）

花样A

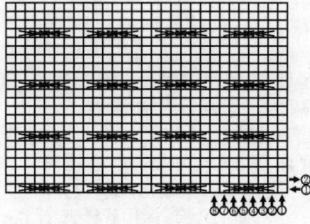

花样B

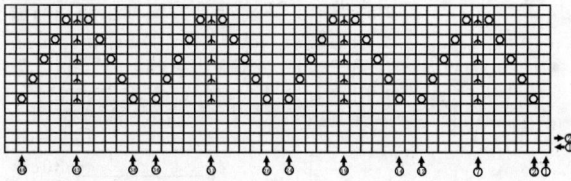

花样C

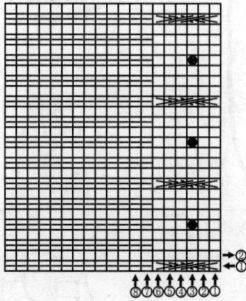

全下针

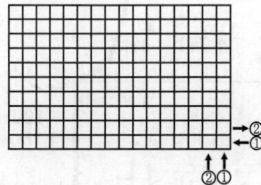

钩针花边

119

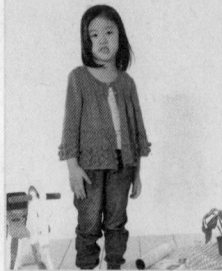

绿色珍珠花开衫

【成品规格】衣长40cm，下摆宽42cm，袖长32cm

【工　　具】10号棒针4支，缝衣针1支

【编织密度】34针×40行=10cm²

【材　　料】绿色羊毛线400g，纽扣5枚

编织要点:

1.毛衣用棒针编织，由两片前片、一片后片、两片袖片组成，从下往上编织。

2.先编织前片。分右前片和左前片编织。

(1)右前片:用下针起针法起70针，织52行花样B后，改织全下针，侧缝不用加减针，织36行至袖窿。

(2)袖窿以上的编织。右侧袖窿平收6针后，减针，方法是:每2行减2针减7次，共减14针。

(3)从袖窿算起织至32行时，开始开领窝，先平收8针，然后领窝减针，方法是:每2行减2针减15次，平织10行至肩部余12针。

(4)相同的方法，相反的方向编织左前片。

3.编织后片。

(1)用下针起针法，起140针，织52行花样B后，改织全下针，侧缝不用加减针，织36行至袖窿。

(2)袖窿以上的编织。袖窿开始减针，方法与前片袖窿一样。

(3)织至从袖窿算起60行时，开后领窝，中间平收62针，两边各减6针，方法是:每2行减1针减6次，织至两边肩部余12针。

4.编织袖片。从袖口织起，用下针起针法，起70针，织40行花样B后，改织全下针，袖侧缝加6针，方法是:每8行加1针加6次，编织48行至袖窿。开始两边平收5针，袖山减针，方法是:两边分别每2行减2针减15次，编织完40行后余12针，收针断线。用同样方法编织另一袖片。

5.缝合。将前片的侧缝与后片的侧缝对应缝合，前后片的肩部对应缝合，再将两袖片的袖山边线与衣身的袖窿边对应缝合。

6.门襟编织。挑102针，织8行花样C。花样自成纽扣孔。

7.领子编织。领圈边挑154针，织8行花样C，形成开襟圆领。

8.用缝衣针缝上纽扣，衣服完成。

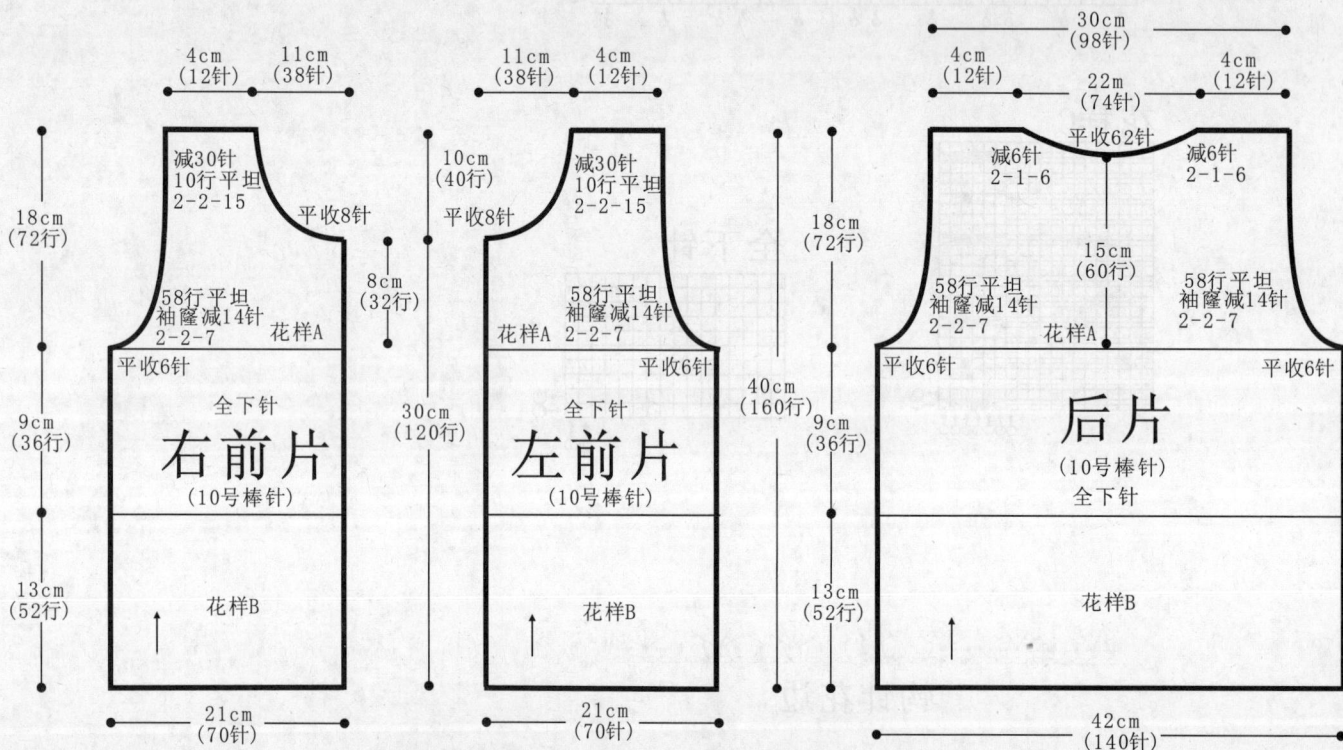

花样A

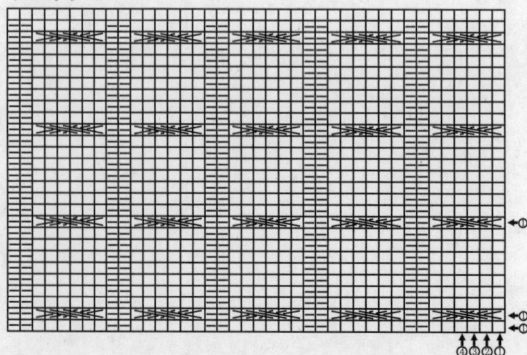

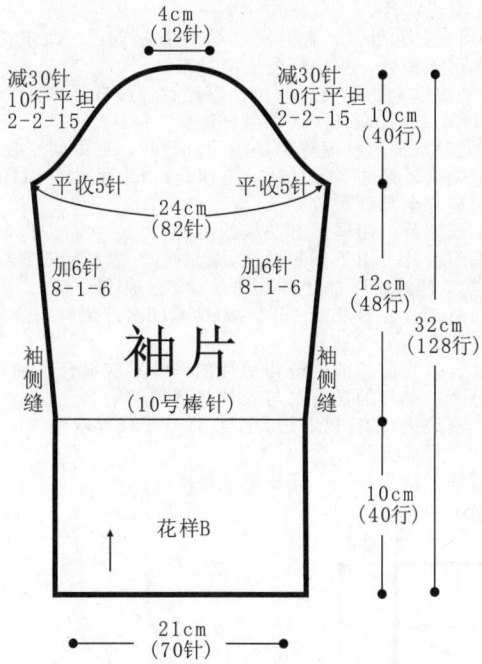

4cm
(12针)

减30针
10行平坦
2-2-15

减30针
10行平坦
2-2-15

10cm
(40行)

平收5针　　平收5针

24cm
(82针)

加6针
8-1-6

加6针
8-1-6

12cm
(48行)

32cm
(128行)

袖片
(10号棒针)

袖
侧
缝

袖
侧
缝

10cm
(40行)

花样B

21cm
(70针)

符号说明：

● =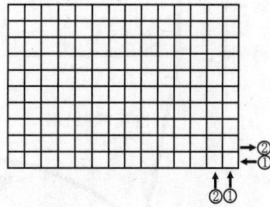

□　　　上针

□=回　下针

☑　　　右并针

⊙　　　镂空针

△　　　中上3针并1针

　　　　右上3针与
　　　　左下3针交叉

2-1-3　行-针-次

↑　编织方向

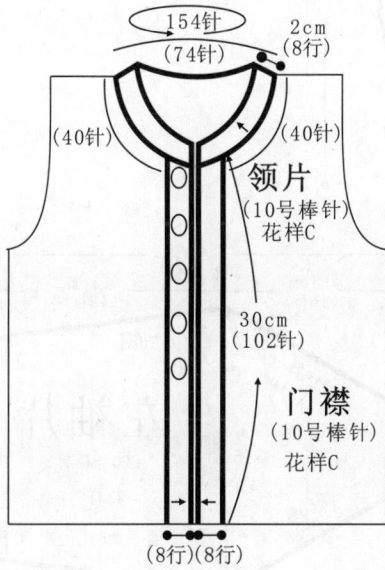

154针
(74针)

2cm
(8行)

(40针)

(40针)

领片
(10号棒针)
花样C

30cm
(102针)

门襟
(10号棒针)
花样C

(8行)(8行)

全下针

花样B

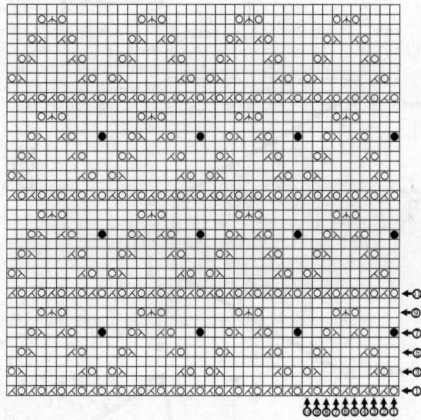

花样C

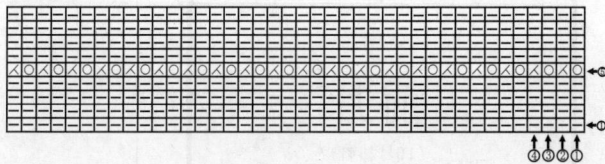

粉色一字领毛衣

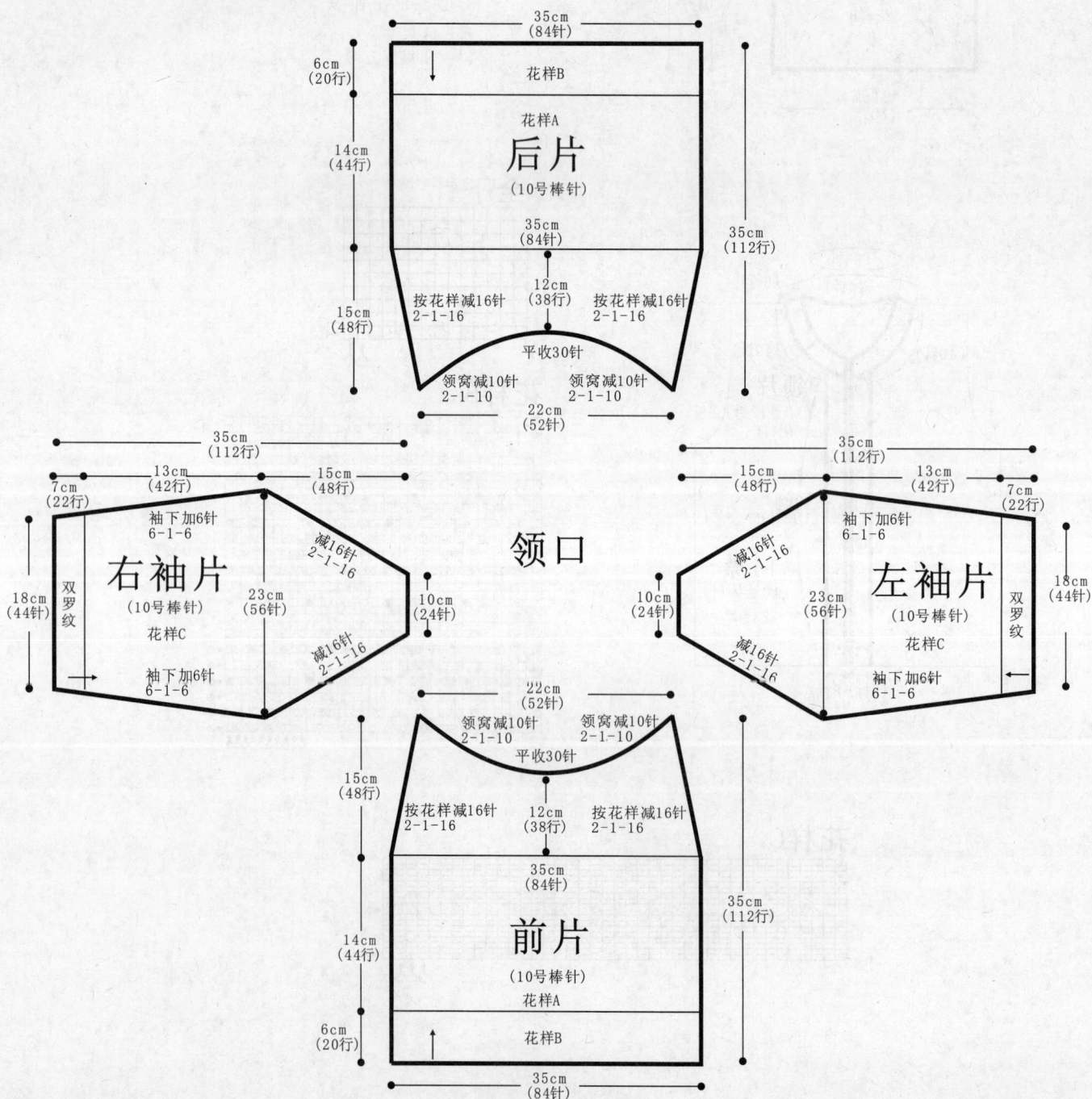

【成品规格】 衣长35cm，下摆宽35cm，
连肩袖长35cm

【工　　具】 10号棒针4支，缝衣针1支

【编织密度】 24针×32行=10cm²

【材　　料】 浅红色羊毛线400g，
纽扣2枚

编织要点：

1.毛衣用棒针编织，由一片前片、一片后片、两片袖片组成，从下往上编织。

2.先编织前片。

(1)用下针起针法，起84针，织20行花样B后，改织花样A，侧缝不用加减针，织44行至插肩袖窿。

(2)袖窿以上的编织。两边袖窿减针，按花样A减针，方法是：每2行减1针减16次，各减16针。

(3)同时从插肩袖窿算起，织至38行时，在中间平收30针，开始开领窝，两边各减10针，方法是：每2行减1针减10次，织至两边肩部全部针数收完。

3.编织后片。用同样方法编织后片。

4.编织袖片。用下针起针法，起44针，织22行双罗纹后，改织花样C，两边袖下加针，方法是：每6行加1针加6次，织至42行开始插肩减针，方法是：每2行减1针减16次，至肩部余24针，用同样方法编织另一袖片。

5.缝合。将前片的侧缝与后片的侧缝对应缝合。袖片的袖下分别缝合，袖片的插肩部与衣片的插肩部缝合。

6.领圈边挑122针以右边为中点，片织18行双罗纹，右边开纽扣孔，形成圆领。

7.装饰：缝上纽扣。完成。

35cm
(84针)

↓ 花样B

花样A

后 片
(10号棒针)

6cm
(20行)

14cm
(44行)

35cm
(84针)

35cm
(112行)

15cm
(48行)

按花样减16针
2-1-16

12cm
(38行)

按花样减16针
2-1-16

平收30针

领窝减10针
2-1-10

领窝减10针
2-1-10

22cm
(52针)

35cm
(112行)

13cm
(42行)

15cm
(48行)

7cm
(22行)

袖下加6针
6-1-6

减16针
2-1-16

右袖片
(10号棒针)

花样C

18cm
(44针)

双罗纹

23cm
(56针)

减16针
2-1-16

10cm
(24针)

领口

袖下加6针
6-1-6

15cm
(48行)

15cm
(48行)

13cm
(42行)

减16针
2-1-16

袖下加6针
6-1-6

左袖片
(10号棒针)

花样C

双罗纹

18cm
(44针)

10cm
(24针)

23cm
(56针)

减16针
2-1-16

袖下加6针
6-1-6

22cm
(52针)

领窝减10针
2-1-10

领窝减10针
2-1-10

平收30针

35cm
(112行)

15cm
(48行)

按花样减16针
2-1-16

12cm
(38行)

按花样减16针
2-1-16

35cm
(84针)

前 片
(10号棒针)

花样A

14cm
(44行)

6cm
(20行)

↑ 花样B

35cm
(84针)

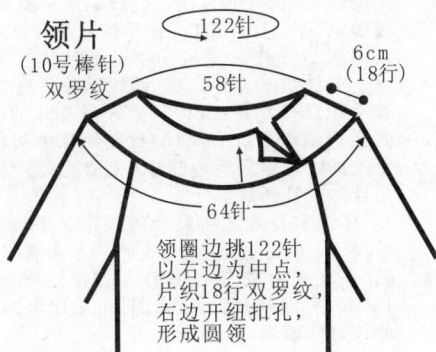

领片
（10号棒针）
双罗纹

122针

58针

6cm
（18行）

64针

领圈边挑122针
以右边为中点，
片织18行双罗纹，
右边开纽扣孔，
形成圆领

符号说明：

□ 　　上针

□=① 　下针

右上2针与
左下2针交叉

右上3针与
左下3针交叉

右上1针与
左下1针交叉

2-1-3 行-针-次

编织方向

花样A

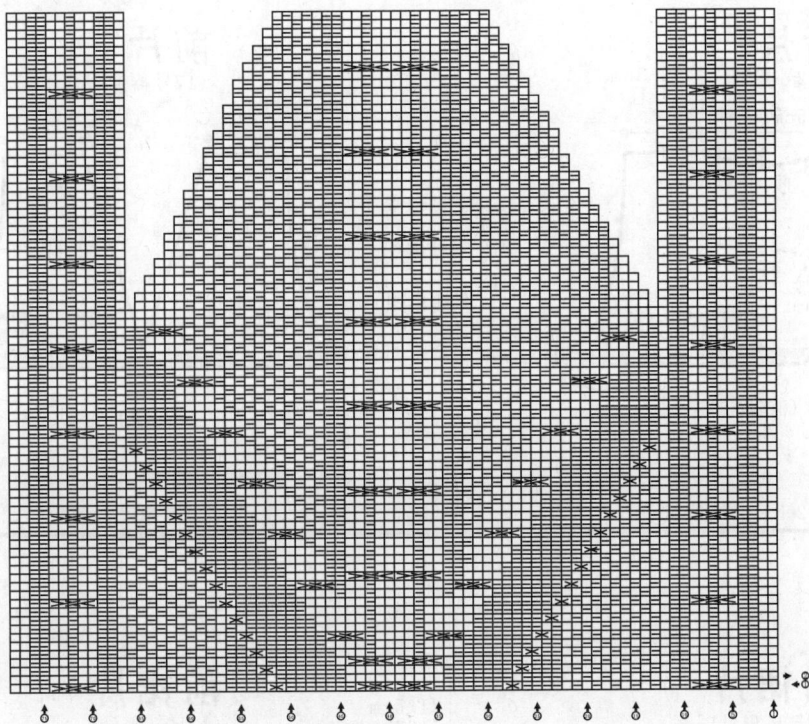

花样B

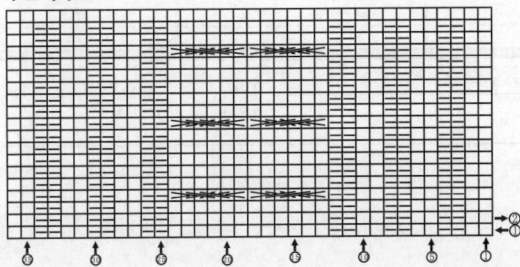

花样C

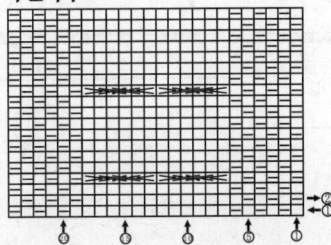

双罗纹

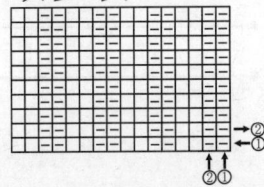

宽松韩版毛衣

【成品规格】胸围54cm，肩宽20.5cm，裙围106cm，裙长46cm

【工　　具】12号棒针，12号环形针

【编织密度】24针×34行=10cm²

【材　　料】浅蓝色绒线300g，红色线50g

编织要点：

1.棒针编织法，前后裙片一起编织。起织，用红色线单罗纹起针法起256针，首尾连接环形编织，编织1行单罗纹，从第2行起换浅蓝色线编织，第2行、第3行编织上针，第4行起编织4行下针，第8行编织1行上针，第9行开始全下针编织，不加减针编织到31.5cm裙片部分完成。第108行进行缩针，将256针均匀并针到132后编织身片部分。

2.缩针后的第109行换红色线编织单罗纹针2行，然后换浅蓝色线编织1行上针，第112行开始分前后身片编织。

3.编织后身片，分出一半针数66针，在织片两边同时收减袖隆，方法顺序为2-1-6，两侧针数各减少6针，编织花样为全下针编织10行，第122行开始在后身片的中部取6针编织花样A，其余仍编织下针。第151行在织片中部收后领窝，方法是中间平收18针，然后两边减针2-2-3，织至158行，两边肩部各剩余12针。收针断线。

4。编织前身片，将剩余的66针平分编织左右前片，取一半针数33针，在织片袖隆边减针，方法顺序为2-1-6，减少针数为6针，在前片衣领处减针，方法顺序为2-1-15，减少针数为15针，肩部剩余针数为12针，编织至158行后收针断线，左右前片对称编织。

5.对准前后身片肩部缝合，在袖隆处缝合袖片。

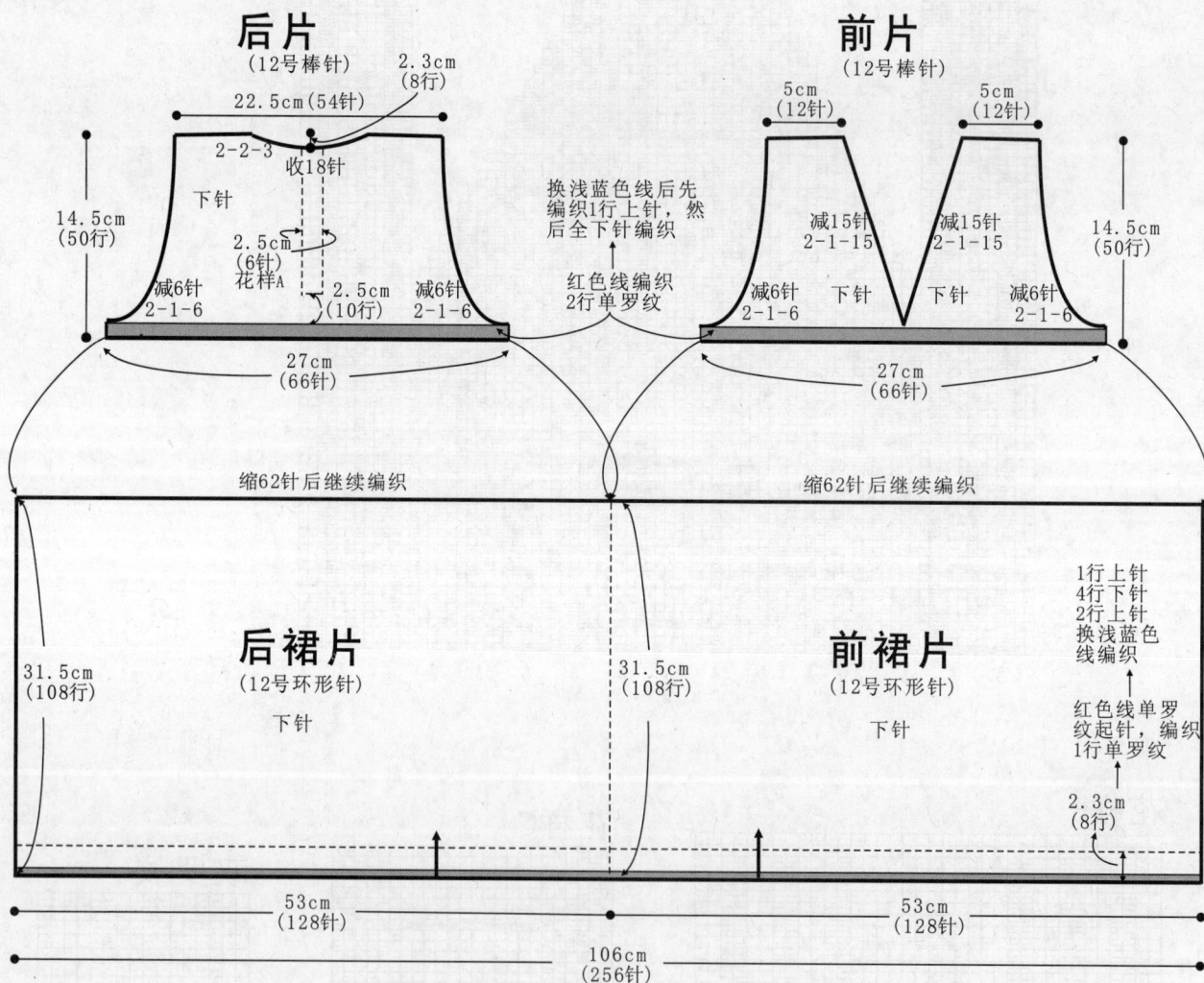

后片
（12号棒针）

2.3cm
（8行）

22.5cm（54针）

2-2-3
收18针

下针

2.5cm
（6针）
花样A

2.5cm
（10行）

14.5cm
（50行）

减6针
2-1-6

减6针
2-1-6

27cm
（66针）

换浅蓝色线后先编织1行上针，然后全下针编织

红色线编织2行单罗纹

前片
（12号棒针）

5cm
（12针）

5cm
（12针）

减15针
2-1-15

减15针
2-1-15

下针

下针

14.5cm
（50行）

减6针
2-1-6

减6针
2-1-6

27cm
（66针）

缩62针后继续编织

缩62针后继续编织

后裙片
（12号环形针）

下针

31.5cm
（108行）

31.5cm
（108行）

前裙片
（12号环形针）

下针

1行上针
4行下针
2行上针
换浅蓝色线编织

红色线单罗纹起针，编织1行单罗纹

2.3cm
（8行）

53cm
（128针）

53cm
（128针）

106cm
（256针）

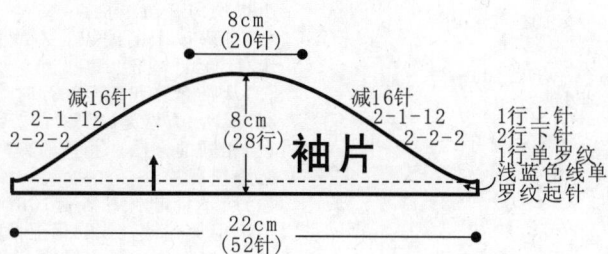

8cm
(20针)

减16针
2-1-12
2-2-2

8cm
(28行)

袖片

减16针
2-1-12
2-2-2

1行上针
2行下针
1行单罗纹
浅蓝色线单
罗纹起针

22cm
(52针)

袖片制作说明

1.棒针编织法，编织两片袖片。从袖口起织。
2.编织左袖片，用浅蓝色线单罗纹起针法，起52针，编织
1行单罗纹针，第2行、第3行编织下针，第4行编织上针。
3.第5行开始全部编织下针，同时开始编织袖山，袖山为减
针编织，两侧同时减针，方法为2-2-2，2-1-12，两侧各
减少16针，最后织片余下20针，收针断线。
4.右袖片与左袖片编织结构相同。
5.缝合方法:将袖山对应前片与后片的袖窿线缝合。

符号说明：

⊟　　　上针

□=⊡　　下针

2-1-3　　行-针-次

花样A

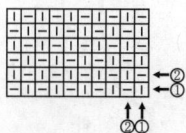

绣花制作说明

1.在裙摆处的第9行、第10行用红色线每间隔2针，绣
一2针宽、2针高的十字绣花，绣裙摆一周。
2.用红色线在前裙片的左侧绣2个五叶花。

125

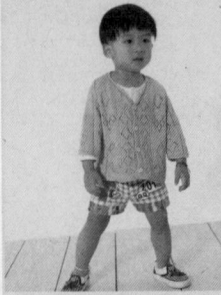

天蓝色小开衫

【成品规格】 衣长30cm，下摆宽36cm，袖长20cm

【工　　具】 10号棒针4支，缝衣针1支

【编织密度】 30针×40行=10cm²

【材　　料】 蓝色羊毛线400g，纽扣4枚

编织要点：

1.毛衣用棒针编织，由两片前片、一片后片、两片袖片组成，从下往上编织。

2.先编织前片。分右前片和左前片编织。

(1)右前片：用下针起针法，起54针织8行花样B后，改织花样A，其中留6针继续织花样B，侧缝不用加减针，织至68行至袖隆。门襟均匀开纽扣孔。

(2)袖隆以上的编织。右侧袖隆平收5针，减6针，方法是：每织2行减2针减3次。

(3)从袖隆算起织至20行时，开始开领窝，先平收6针，然后领窝减针，方法是：每2行减2针减12次，织至肩部余12针。

(4)相同的方法，相反的方向编织左前片。

3.编织后片。

(1)用下针起针法，起108针，织8行花样B后，改织花样A，侧缝不用加减针，织68行至袖隆。

(2)袖隆以上编织。袖隆开始减针，方法与前片袖隆一样。

(3)织至从袖隆算起36行时，开后领窝，中间平收52针，两边各减4针，方法是：每2行减1针减4次，织至两边肩部余12针。

4编织袖片。从袖口织起，用下针起针法，起60针，织8行花样B后，改织花样A，袖侧缝加4针，方法是：每10行加1针加4次，编织44行至袖隆。开始两边平收5针，袖山减针，方法是：两边分别每2行减2针减6次，每2行减1针减11次，编织完36行后余12针，收针断线。用同样方法编织另一袖片。

5.缝合。将前片的侧缝与后片的侧缝对应缝合，前后片的肩部对应缝合，再将两袖片的袖山边线与衣身的袖隆边对应缝合。

6.领子编织。领圈边挑130针，织8行全下针，形成开襟圆领。

7.用缝衣针缝上纽扣，衣服完成。

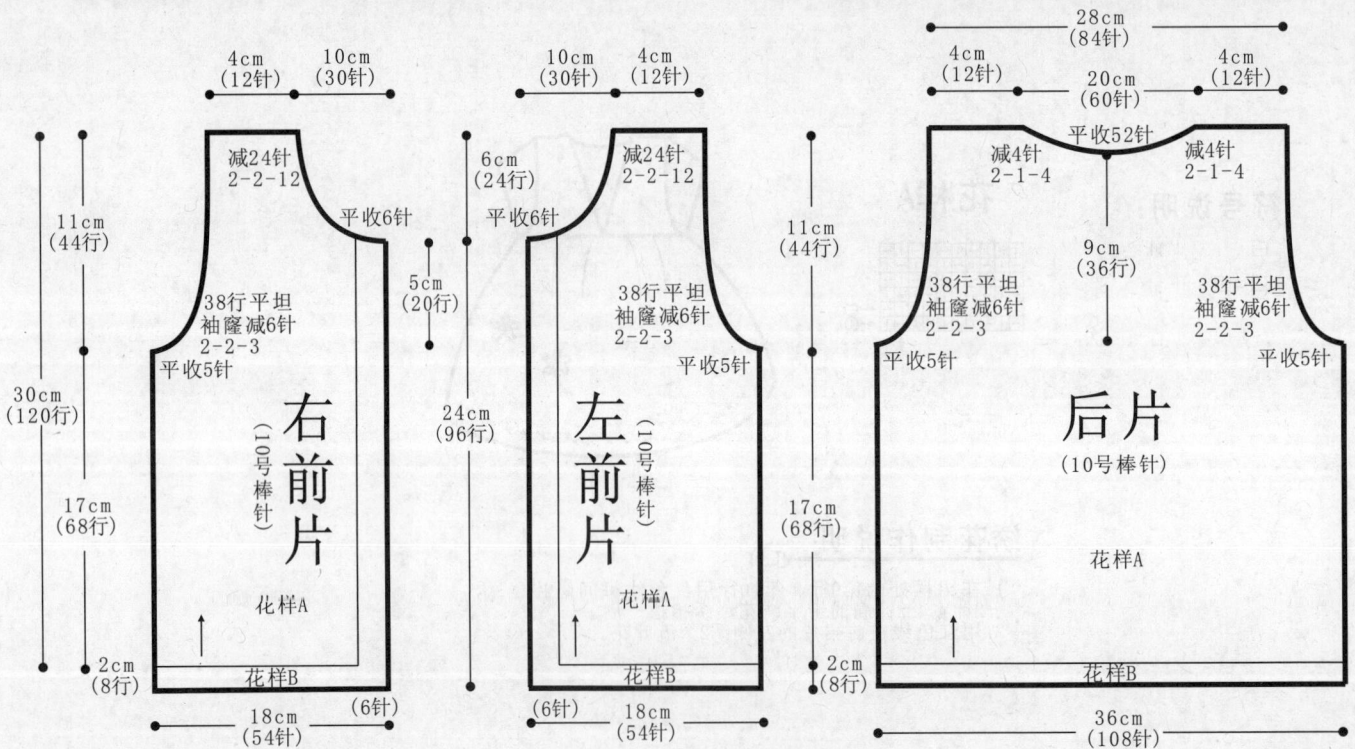

右前片

- 4cm（12针）　10cm（30针）
- 减24针 2-2-12
- 平收6针
- 38行平坦 袖隆减6针 2-2-3
- 平收5针
- 11cm（44行）
- 5cm（20行）
- 30cm（120行）
- 17cm（68行）
- 2cm（8行）
- 18cm（54针）　（6针）
- **右前片**（10号棒针）
- 花样A
- 花样B

左前片

- 10cm（30针）　4cm（12针）
- 6cm（24行）
- 减24针 2-2-12
- 平收6针
- 38行平坦 袖隆减6针 2-2-3
- 平收5针
- 24cm（96行）
- **左前片**（10号棒针）
- 花样A
- 花样B
- （6针）　18cm（54针）

后片

- 28cm（84针）
- 4cm（12针）　20cm（60针）　4cm（12针）
- 平收52针
- 减4针 2-1-4
- 减4针 2-1-4
- 9cm（36行）
- 38行平坦 袖隆减6针 2-2-3
- 38行平坦 袖隆减6针 2-2-3
- 平收5针
- 平收5针
- 11cm（44行）
- 17cm（68行）
- 2cm（8行）
- **后片**（10号棒针）
- 花样A
- 花样B
- 36cm（108针）

全下针

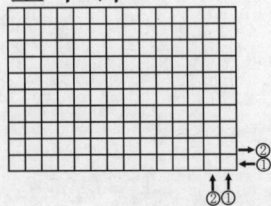

花样B

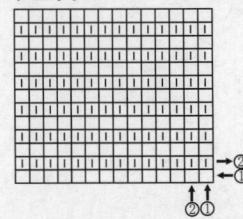

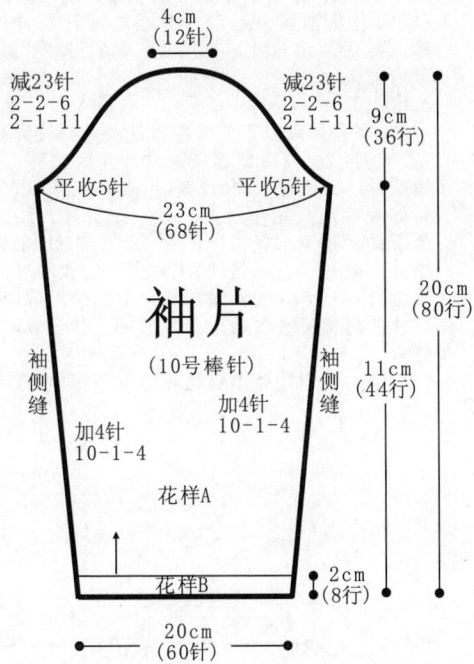

4cm
（12针）

减23针
2-2-6
2-1-11

减23针
2-2-6
2-1-11

9cm
（36行）

平收5针　　　　平收5针

23cm
（68针）

20cm
（80行）

袖片
（10号棒针）

袖侧缝

袖侧缝

11cm
（44行）

加4针
10-1-4

加4针
10-1-4

花样A

花样B

2cm
（8行）

20cm
（60针）

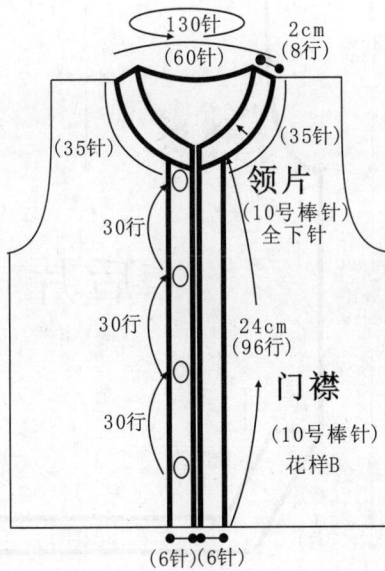

130针
（60针）

2cm
（8行）

（35针）

（35针）

领片
（10号棒针）
全下针

30行

30行

24cm
（96行）

30行

门襟
（10号棒针）
花样B

（6针）（6针）

符号说明：

□　　上针

□=☐　下针

☒　　右并针

回　　镂空针

☒　　中上3针并1针

図　　右上1针与
　　　左下1针交叉
2-1-3 行-针-次

↑　编织方向

花样A

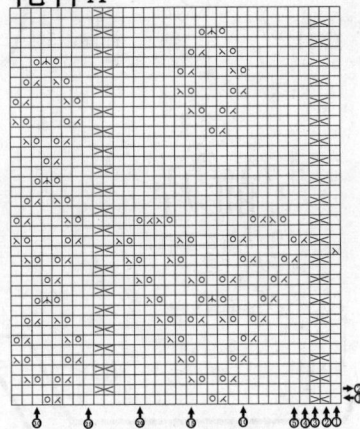

个性长袖装

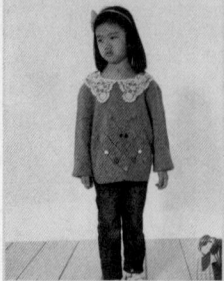

【成品规格】 衣长45cm，胸宽35cm，肩宽33cm

【工 具】 10号棒针

【编织密度】 18针×30行=10cm²

【材 料】 蓝色羊毛线400g，粉红色线等少许，刺绣花边领1片

编织要点：

1.毛衣用棒针编织，由一片前片、一片后片、两片袖片组成，从下往上编织。

2.先编织前片。

（1）用下针起针法起44针，编织10行花样B后，改织花样A，两边留5针继续织花样B，并在花样B的旁边加12针，方法是：每2行加1针加12次，织26行后，针数为68针全部织花样A，侧缝不用加减针。

（2）袖窿以上的编织。两边袖窿减针，方法是：每2行减1针减5次，各减5针，余下针数不加不减针织44行。

（3）同时从袖窿算起织至42行时，开始开领窝，中间平收14针，然后两边减针，方法是：每2行减2针减4次，各减8针，织至肩部余14针。

3.编织后片。

（1）袖窿和袖窿以下的编织方法与前片袖窿减针一样。

（2）同时织至袖窿算起48行时，开后领窝，中间平收24针，两边减针，方法是：每2行减1针减3次，织至两边肩部余14针。

4.袖片编织。用下针起针法，起36针，织10行花样B后，改织全下针，袖下加针，方法是：每8行加1针加10次，织至80行时开始袖山减针，方法是：每2行减2针减2次，每4行减3针减6次。

5.缝合。将前片的侧缝与后片的侧缝对应缝合。前片的肩部与后片的肩部缝合，两边袖片的袖下缝合后，分别与衣片的袖边缝合。

6.装饰。领圈边缝上刺绣花边领和花样A的球。编织完成。

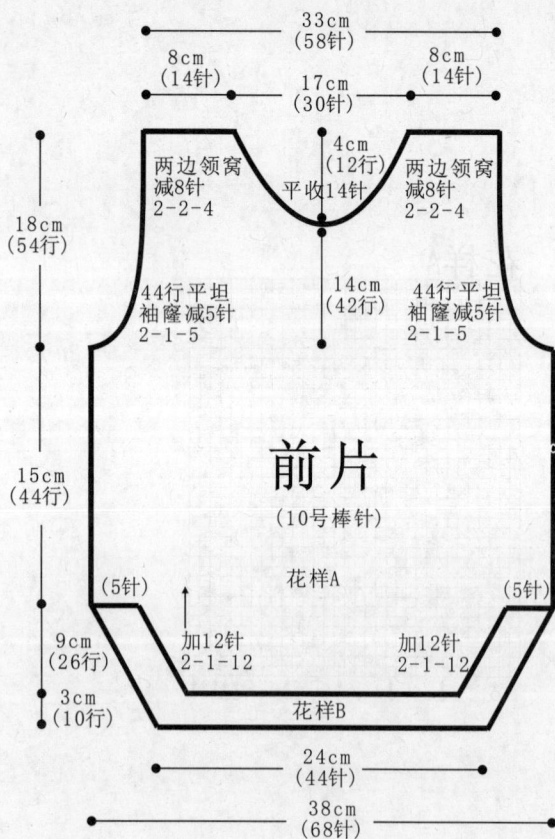

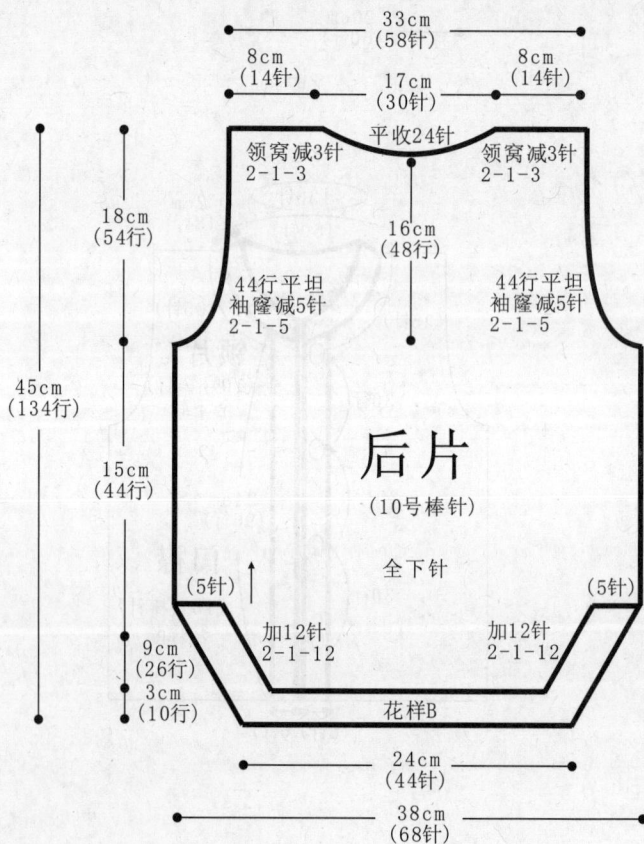

33cm (58针)
8cm (14针) 8cm (14针)
17cm (30针)

两边领窝减8针 2-2-4
4cm (12行)
平收14针
两边领窝减8针 2-2-4

18cm (54行)

44行平坦袖窿减5针 2-1-5
14cm (42行)
44行平坦袖窿减5针 2-1-5

前片 (10号棒针)

花样A

(5针) (5针)

15cm (44行)

9cm (26行)
加12针 2-1-12
加12针 2-1-12
3cm (10行)

花样B

24cm (44针)
38cm (68针)

33cm (58针)
8cm (14针) 8cm (14针)
17cm (30针)

领窝减3针 2-1-3
平收24针
领窝减3针 2-1-3

18cm (54行)

44行平坦袖窿减5针 2-1-5
16cm (48行)
44行平坦袖窿减5针 2-1-5

45cm (134行)

后片 (10号棒针)

全下针

(5针) (5针)

15cm (44行)

9cm (26行)
加12针 2-1-12
加12针 2-1-12
3cm (10行)

花样B

24cm (44针)
38cm (68针)

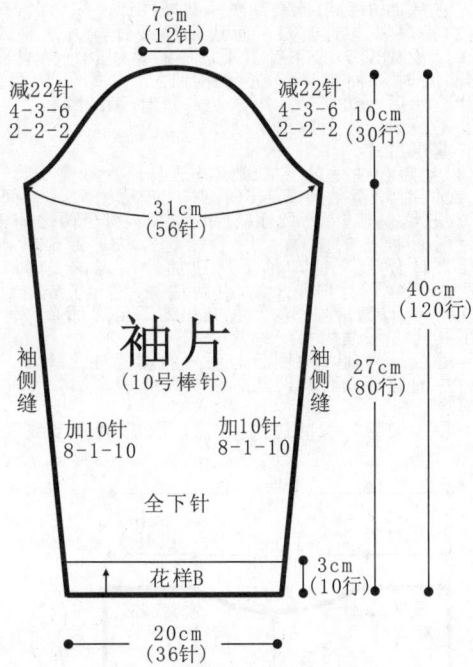

7cm
(12针)

减22针
4-3-6
2-2-2

减22针
4-3-6
2-2-2

10cm
(30行)

31cm
(56针)

40cm
(120行)

袖片
(10号棒针)

袖侧缝

袖侧缝

27cm
(80行)

加10针
8-1-10

加10针
8-1-10

全下针

花样B

3cm
(10行)

20cm
(36针)

符号说明：

□　　上针

□＝□　下针

☒　右并针

◎　镂空针

☒　中上3针并1针

2-1-3　行-针-次

↑　编织方向

花样A

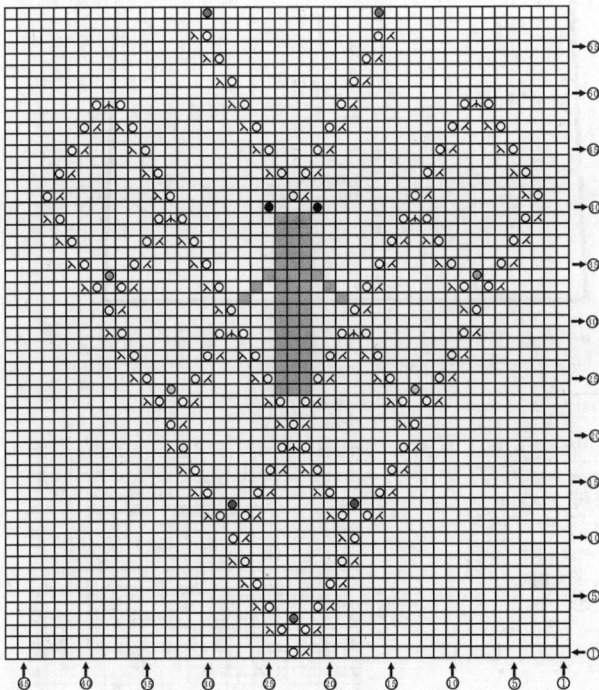

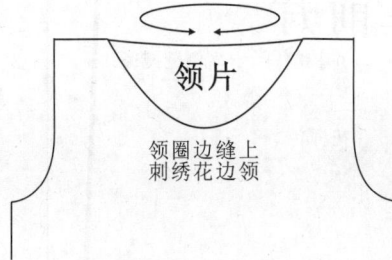

领片

领圈边缝上
刺绣花边领

全下针

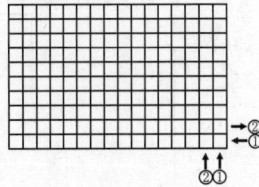

花样B

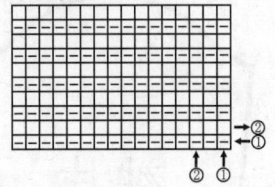

129

紫色活力套头衫

【成品规格】 衣长42cm，下摆宽43cm，肩宽24cm

【工　　具】 10号棒针4支

【编织密度】 28针×44行=10cm²

【材　　料】 紫色羊毛线400g

编织要点：

1.毛衣用棒针编织，由一片前片、一片后片、两片袖片组成，从下往上编织。

2.先编织前片。
(1)用下针起针法起120针，编织花样A，侧缝两边各减18针，方法是：每6行减1针减18次，共减18针，织110行至袖窿。
(2)袖窿以上的编织。两边袖窿减针，方法是：每2行减1针减8次，各减8针，余下针数不加不减织58行至肩部。
(3)同时从袖窿算起织至48行时，开始开领窝，中间平收16针，然后两边减针，方法是：每2行减2针减6次，各减12针，不加不减织14行至肩部余14针。

3.编织后片。
(1)袖窿和袖窿以下的编织方法与前片袖窿一样。
(2)同时织至袖窿算起68行时，开后领窝，中间平收34针，两边减针，方法是：每2行减1针减3次，织至两边肩部余14针。

4.两片袖片的编织。用下针起针法，起52针，织14行花样A后，改织全下针，袖下两边加针，方法是：每10行加1针加10次，织至74行时进行袖山两边减针，方法是：每2行减2针减8次，每2行减1针减5次，各减21针，至肩部余12针，收针断线。用同样方法编织另一袖片。

5.缝合。将前片的侧缝与后片的侧缝对应缝合。前片的肩部与后片的肩部缝合，两边袖片的袖下缝合后，分别与衣片的袖边缝合。

6.领片编织。领圈边挑108针，圈织8行单罗纹，形成圆领。编织完成。

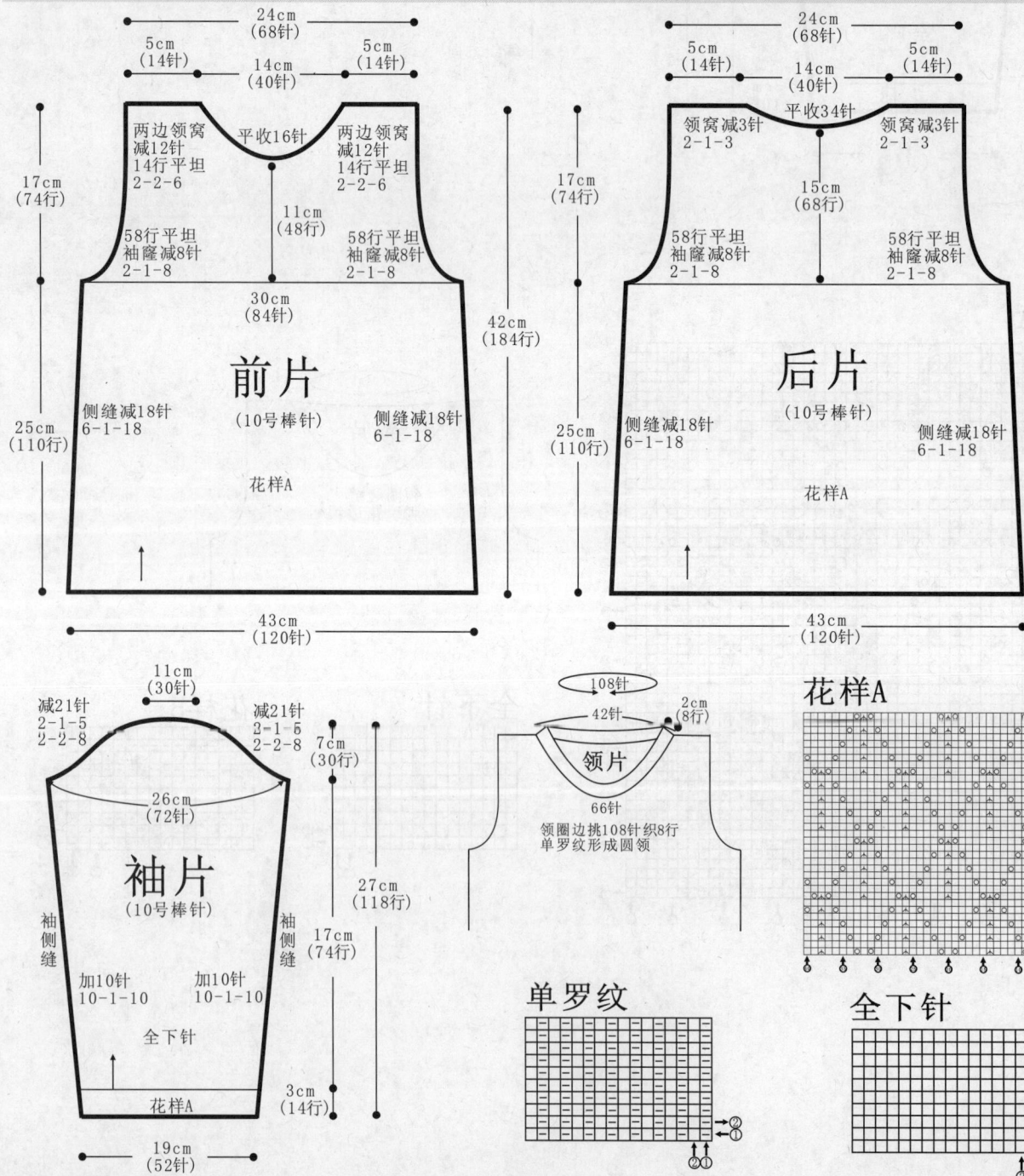

前片 (10号棒针)

24cm (68针)

5cm (14针)　14cm (40针)　5cm (14针)

两边领窝减12针 14行平坦 2-2-6　平收16针　两边领窝减12针 14行平坦 2-2-6

58行平坦 袖窿减8针 2-1-8

11cm (48行)

30cm (84针)

17cm (74行)

42cm (184行)

侧缝减18针 6-1-18　侧缝减18针 6-1-18

花样A

25cm (110行)

43cm (120针)

后片 (10号棒针)

24cm (68针)

5cm (14针)　14cm (40针)　5cm (14针)

领窝减3针 2-1-3　平收34针　领窝减3针 2-1-3

15cm (68行)

58行平坦 袖窿减8针 2-1-8

30cm (84针)

17cm (74行)

侧缝减18针 6-1-18　侧缝减18针 6-1-18

花样A

25cm (110行)

43cm (120针)

袖片 (10号棒针)

11cm (30针)

减21针 2-1-5 2-2-8　　减21针 2-1-5 2-2-8

26cm (72针)

7cm (30行)

27cm (118行)

袖侧缝　加10针 10-1-10　加10针 10-1-10　袖侧缝

17cm (74行)

全下针

花样A

3cm (14行)

19cm (52针)

领片

108针

42针　2cm (8行)

66针

领圈边挑108针织8行单罗纹形成圆领

花样A

单罗纹

全下针

漂亮公主连衣裙

【成品规格】衣长54cm，下摆宽42cm，
　　　　　　肩宽29cm
【工　　具】10号棒针
【编织密度】24针×34行=10cm²
【材　　料】灰色羊毛线400g
　　　　　　粉红色线少许
　　　　　　毛布动物图案1枚

编织要点：

1. 毛衣用棒针编织，由一片前片、一片后片、两片袖片组成，从下往上编织。
2. 先编织前片。
(1)分上、中、下片编织，下片：用粉红色线，下针起针法起100针，编织20行全下针后，对折缝合，形成双层平针底边，改用灰色线织全下针，侧缝减针，方法是：每16行减1针减6次，织96行收针断线。
(2)中片：用粉红色线编织，按编织方向起12针，织126行花样A。
(3)上片：起88针，织10行全下针后，进行袖窿以上的编织。两边袖窿减针，方法是：平收5针，每2行减1针减5次，各减5针，余下针数不加不减织40行至肩部。
(4)同时从袖窿算起织至30行时，开始开领窝，中间平收16针，然后两边减针，方法是：每2行减1针减8次，各减8针，不加不减织4行至肩部余18针。
(5)上、中、下片按次序缝合。
3. 编织后片。
(1)分上、中片编织，下片和中片与前片的编织方法一样。
(2)上片：起88针，织10行全下针后，进行袖窿以上的编织，两边袖窿减针，方法与前片袖窿一样，同时织至袖窿算起44行时，开后领窝，中间平收28针，两边减针，方法是：每2行减1针减2次，织至两边肩部余18针。
(3)上、中、下片按次序缝合。
4. 袖片编织。用粉红色线，下针起针法，起48针，织20行全下针后，对折缝合，形成双层平针底边，改用灰色线织全下针，并配色。袖下加针，方法是：每8行加1针加11次，织至88行时开始袖山减针，两边平收5针后减针，方法是：每2行减2针减4次，每2行减1针减12次，至顶部余20针。
5. 缝合。将前片的侧缝与后片的侧缝对应缝合。前片的肩部与后片的肩部缝合，两边袖片的袖下缝合后，分别与衣片的袖边缝合。
6. 领子编织。领圈边挑98针，圈织10行花样B，形成圆领。缝上毛布动物图案。编织完成。

前片

29cm（68针）
8cm（18针）　13cm（32针）　8cm（18针）
领窝减8针 4行平坦 2-1-8　平收16针　领窝减8针 4行平坦 2-1-8
40行平坦 袖窿减5针 2-1-5　9cm（30行）　40行平坦 袖窿减5针 2-1-5
15cm（50行）
3cm（10行）　平收5针　全下针　37cm（88针）　平收5针
37cm（126行）花样A　5cm（12针）
37cm（88针）
前片（10号棒针）全下针
侧缝减针 16-1-6　侧缝减针 16-1-6
28cm（96行）
6cm（20行）对折缝合　双层平针底边
42cm（100针）
54cm

后片

29cm（68针）
8cm（18针）　13cm（32针）　8cm（18针）
平收28针
领窝减2针 2行平坦 2-1-2　领窝减2针 2行平坦 2-1-2
13cm（44行）
40行平坦 袖窿减5针 2-1-5　40行平坦 袖窿减5针 2-1-5
15cm（50行）
3cm（10行）　平收5针　37cm（88针）全下针　平收5针
37cm（126行）花样A　5cm（12针）
37cm（88针）
后片（10号棒针）全下针
侧缝减针 16-1-6　侧缝减针 16-1-6
28cm（95行）
6cm（20行）对折缝合　双层平针底边
42cm（100针）

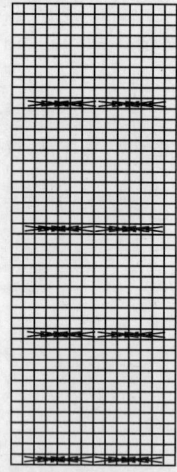

花样A

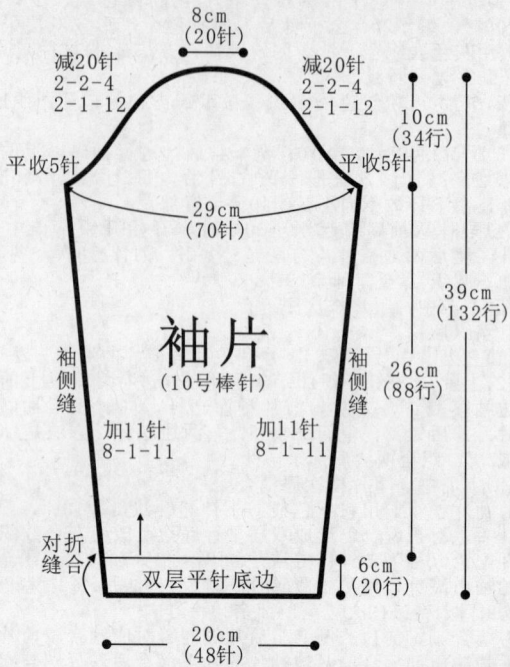

8cm
(20针)

减20针
2-2-4
2-1-12

减20针
2-2-4
2-1-12

10cm
(34行)

平收5针

平收5针

29cm
(70针)

39cm
(132行)

袖片
(10号棒针)

26cm
(88行)

袖侧缝

袖侧缝

加11针
8-1-11

加11针
8-1-11

对折
缝合

双层平针底边

6cm
(20行)

20cm
(48针)

双层平针底边

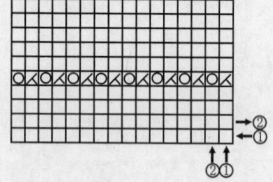

98针

32针

3cm
(10行)

领片

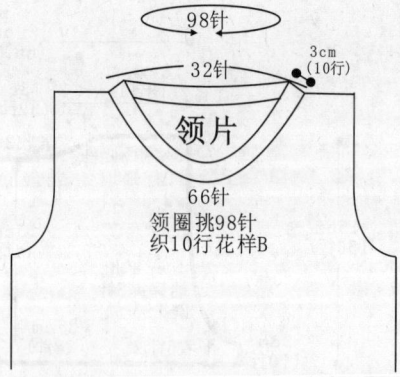

66针
领圈挑98针
织10行花样B

符号说明：

□　上针

□=□　下针

⊠　右上1针与
　　左下1针交叉

▨▨▨▨　右上3针与
　　　　左下3针交叉

☒　右并针

☉　镂空针

2-1-3　行-针-次

↑　编织方向

花样B

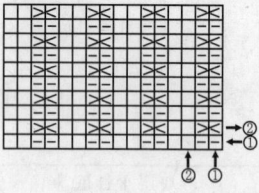

全下针

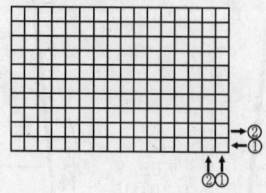

天蓝色中袖装

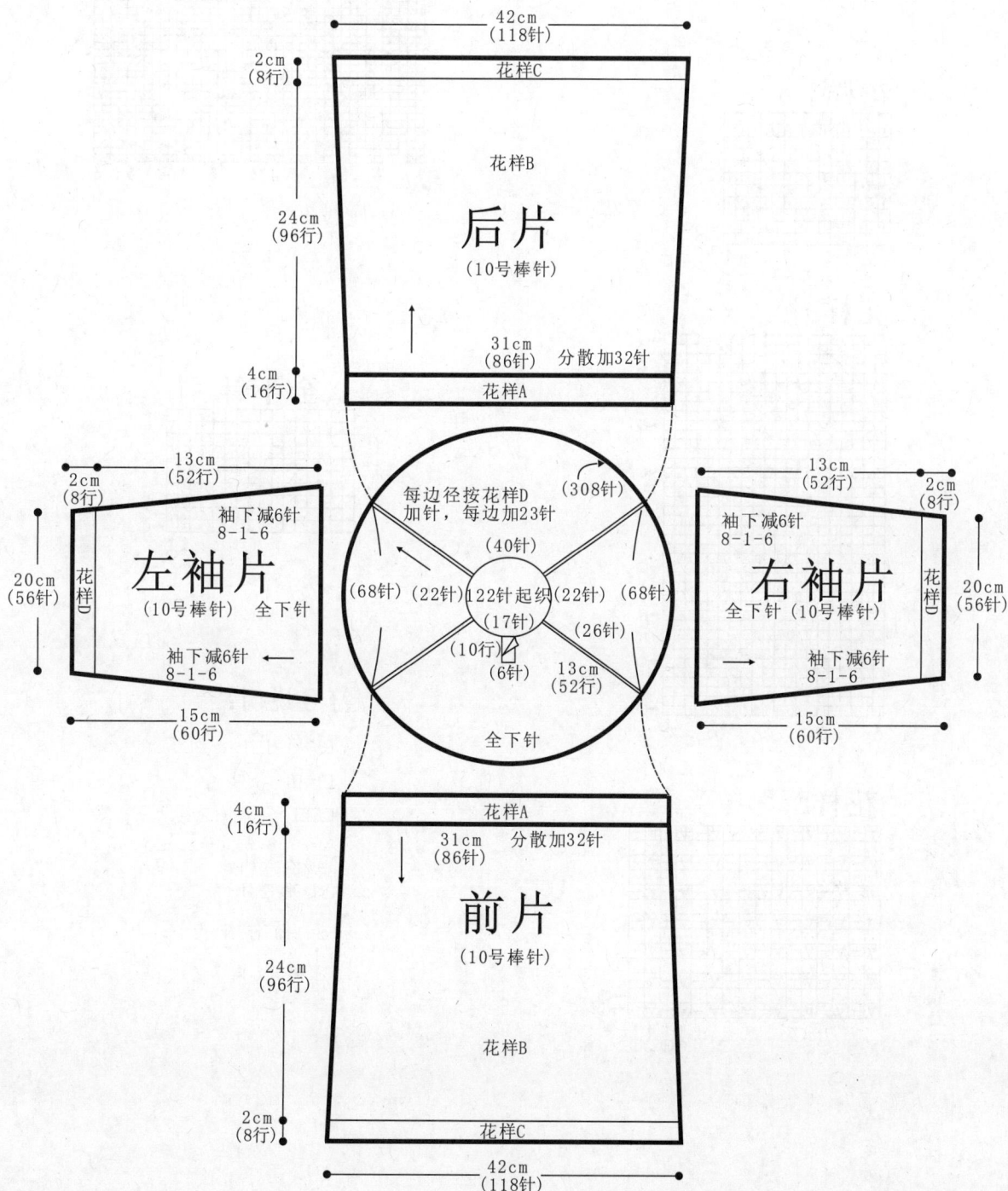

【成品规格】 衣长43cm，下摆宽42cm，连肩袖长28cm

【工　　具】 10号棒针4支

【编织密度】 28针×40行=10cm²

【材　　料】 蓝色羊毛线400g，纽扣2枚

编织要点：

1. 毛衣用棒针编织，由一片前片、一片后片、两片袖片组成，从上往下编织。

2. 先织领口环形片：用下针起针法起122针，片织8行花样E，并开始分前后片和两边袖片，每分片的中间留2针径，按花样D加针，前片两边各留6针，继续编织花样E门襟，其余织全下针，织10行后，两门襟重叠，然后开始圈织，织完52行时织片的针数为308针，环形片完成。

3. 开始分出前片、后片和两片袖片。

(1)前片：分出86针，先织16行花样A，然后分散加32针，共118针继续织花样B，侧缝不用加减针，织至96行时改织8行花样C，收针断线。

(2)后片：分出86针，织法与前片一样。

(3)袖片：左袖片分出68针，织全下针，袖下减针，方法是：每8行减1针减6次，织至52行时，改织8行花样D，袖口余56针，收针断线。用同样方法编织右袖片。

4. 缝合：将前片的侧缝和后片的侧缝缝合。两袖片的袖下分别缝合。

5. 缝上纽扣。编织完成。

后片（10号棒针）

花样C — 2cm（8行）

42cm（118针）

花样B

24cm（96行）

31cm（86针） 分散加32针

花样A — 4cm（16行）

左袖片（10号棒针）全下针

花样D — 2cm（8行）

13cm（52行）

袖下减6针 8-1-6

20cm（56针）

袖下减6针 8-1-6

15cm（60行）

右袖片 全下针（10号棒针）

花样D — 2cm（8行）

13cm（52行）

袖下减6针 8-1-6

20cm（56针）

袖下减6针 8-1-6

15cm（60行）

（中央环形片）

每边径按花样D加针，每边加23针

（308针）

（40针）

（68针）　（22针）　（22针）　（68针）

122针起织

（17针）

（10行）（6针）

（26针）

13cm（52行）

全下针

前片（10号棒针）

花样A — 4cm（16行）

31cm（86针） 分散加32针

24cm（96行）

花样B

花样C — 2cm（8行）

42cm（118针）

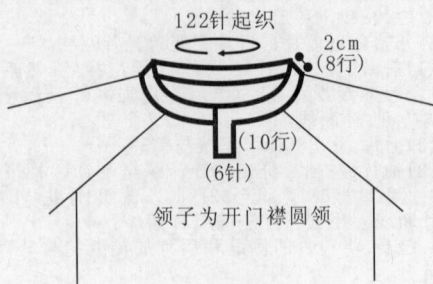

122针起织

2cm
(8行)

(10行)

(6针)

领子为开门襟圆领

花样A

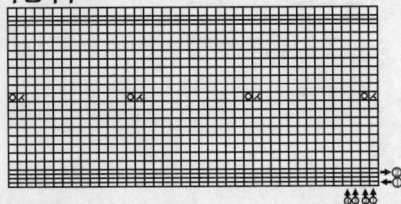

花样B

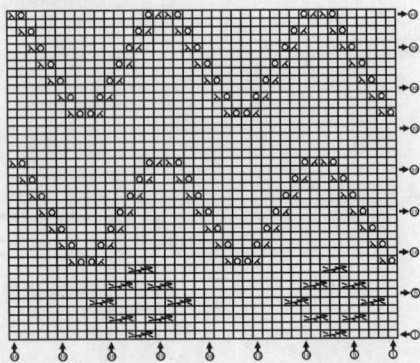

花样C

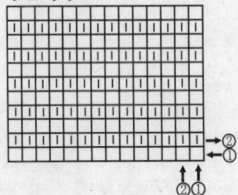

花样D

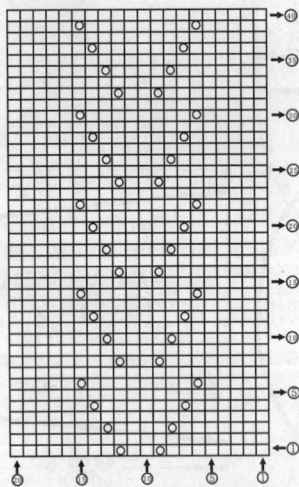

全下针

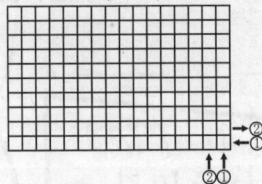

花样E

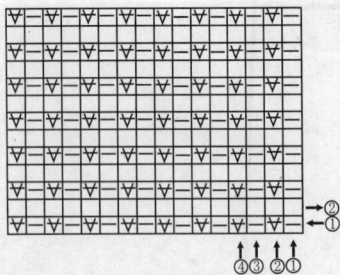

符号说明：

□　上针

□=Ⅱ　下针

穿左2针交叉

☒　右并针

回　镂空针

2-1-3 行-针-次

↑编织方向

134

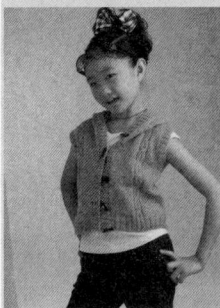

优雅连帽背心

【成品规格】 衣长33cm，宽34cm，肩宽35cm

【工 具】 12号棒针，防解别针

【编织密度】 25.5针×34行=10cm²

【材 料】 蓝色棉线300g，纽扣5枚

编织要点：

1. 棒针编织法，袖窿以下一片环形编织而成，从袖窿起分为前片、后片来编织。织片较大，可采用环形针编织。

2. 起织，双罗纹针起针法起167针起织，先织10行花样A，然后改为花样B、花样C、花样D组合编织，组合方法如结构图所示，重复往上编织，织至68行，将织片分片，分为左前片、后片、右前片编织，左、右前片各取40针，后片取87针编织。先编织后片，而左右前片的针眼用防解别针扣住，暂时不织。

3. 分配后身片的针数到棒针上，用12号棒针编织，起织时两侧需要同时减针织成袖窿，减针方法为1-4-1，2-1-4，两侧针数各减少8针，余下71针继续编织，两侧不再加减针，织至第112行，织片的左右两侧各收14针，余下43针留针待织帽子。

4. 编织左前片，起织时右侧需要减针织成袖窿，减针方法为1-4-1，2-1-4，右侧针数减少8针，余下32针继续编织，两侧不再加减针，织至第112行时，织片右侧收14针，余下18针留针待织帽子。

5. 用相同的方法相反方向编织右前片。完成后将前片与后片的两肩部对应缝合。

6. 编织帽子。沿领口挑针起织，挑起79针，按结构图所示方式组合编织花样，不加减针编织68行后，将织片从中间对称缝合帽顶。

7. 编织衣襟。沿着衣襟边及帽边横向挑针起织，挑起的针数要比衣服本身稍多些，织花样A，共织12行后收针断线，同样去挑针编织另一前片的衣襟边。方法相同，方向相反。在右边衣襟要制作五个扣眼，方法是在一行收起两针，在下一行重起这两针，形成一个眼。

8. 编织袖窿边。沿着袖窿边横向挑针起织，织花样A，共织12行后收针断线，用同样方法挑针编织另一袖窿边。

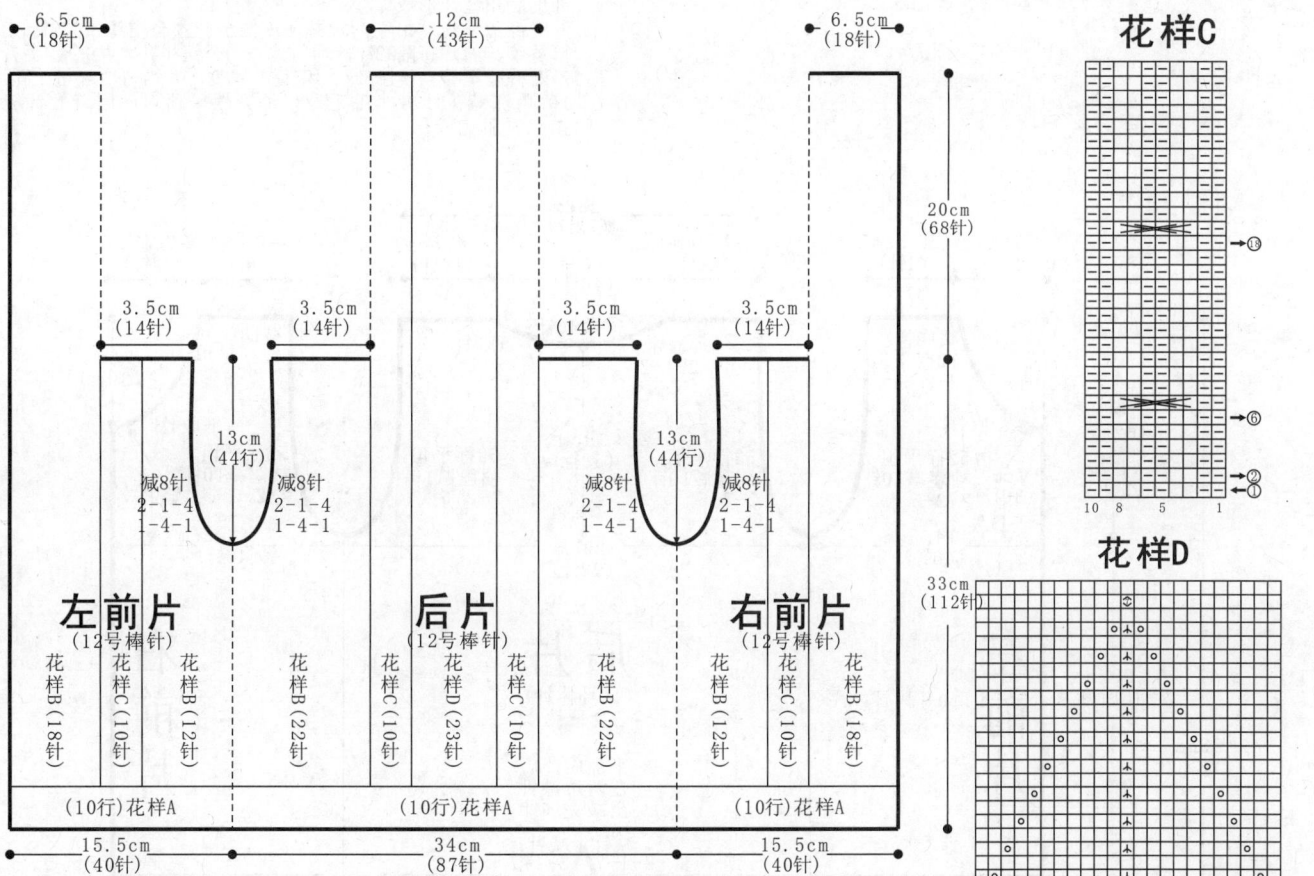

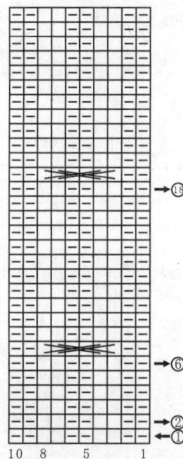

花样C

花样D

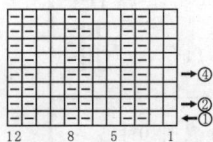

花样A

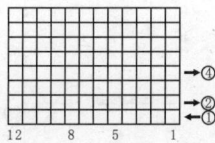

花样B

符号说明：

符号	说明
⊟	上针
□=□	下针
⋏	中上3针并1针
⊙	镂空针
⋌⋋	左上2针与右下2针交叉，中间2针上针
2-1-3	行-针=次

运动型连体裤

【成品规格】 衣长53cm，下摆宽29cm，
袖长23cm

【工　　具】 10号棒针4支，缝衣针1支

【编织密度】 32针×44行=10cm²

【材　　料】 蓝色羊毛线400g，
深蓝色线少许，
纽扣13枚

编织要点：

1. 毛衣用棒针编织，上衣和裤子连起来，从下往上编织。

2. 先编织裤子。分左裤腿片和右裤腿片编织。

(1)右裤腿片：用下针起针法，起72针，织12行单罗纹后，即分散加20针至92针，然后改织全下针，并编入图案，两边不用加减针，织70行至裤裆。用同样方法编织左裤腿片。

(2)左右裤腿片合并成一片编织，并在中间平加14针，继续往上编织，在刚才加的14针两边减针，方法是：每2行减1针减7次，形成裆位。此时的针数为184针。

3. 继续往上编织就是上衣了，按图编入图案织至88行开始开袖窿。

4. 袖窿以上的编织。把织片分成三部分，两边各分出46针作为前片，中间分出92针作为后片，然后分片编织，左前片：袖窿减10针，方法是：每2行减2针织5次，不加不减织52行。同时在袖窿算起织30行时，开领窝，先平收4针，然后减针，方法是：每2行减2针减9次，不加不减织12行织至肩部余14针。用同样方法编织右前片。

5. 后片编织。中间分出的92针两边进行袖窿减针，两边减10针，方法是：每2行减2针减5次，不加不减平织52行。织至从袖窿算起88行时，开后领窝，中间平收40针，两边各减2针，方法是：每2行减1针减2次，织至两边肩部余14针。

6. 编织袖片。从袖口织起，用下针起针法，起50针，织18行单罗纹后，分散加14针，然后改织全下针，并编入图案，袖侧缝加10针，方法是：每10行加1针加10次，编织100行至袖窿余14针，收针断线。用同样方法编织另一袖片。

7. 缝合。将前片的侧缝与后片的侧缝对应缝合，前、后片的肩部对应缝合，再将两袖片的边线与衣身的袖窿边对应缝合。

8. 帽子编织。领圈边挑116针，织92行单罗纹，然后将帽子顶部的A与B缝合形成帽子。

9. 门襟边编织。沿着两边裤腿内侧至门襟至帽缘挑384针，织8行单罗纹，右片每隔22针，均匀地开一个纽扣孔，共9个。后片门襟沿着裤腿至裤裆挑136针，织8行单罗纹，并均匀地开纽扣孔。

10. 用深蓝色线做个毛毛球，缝到帽子顶部。用缝衣针缝上纽扣。衣服完成。

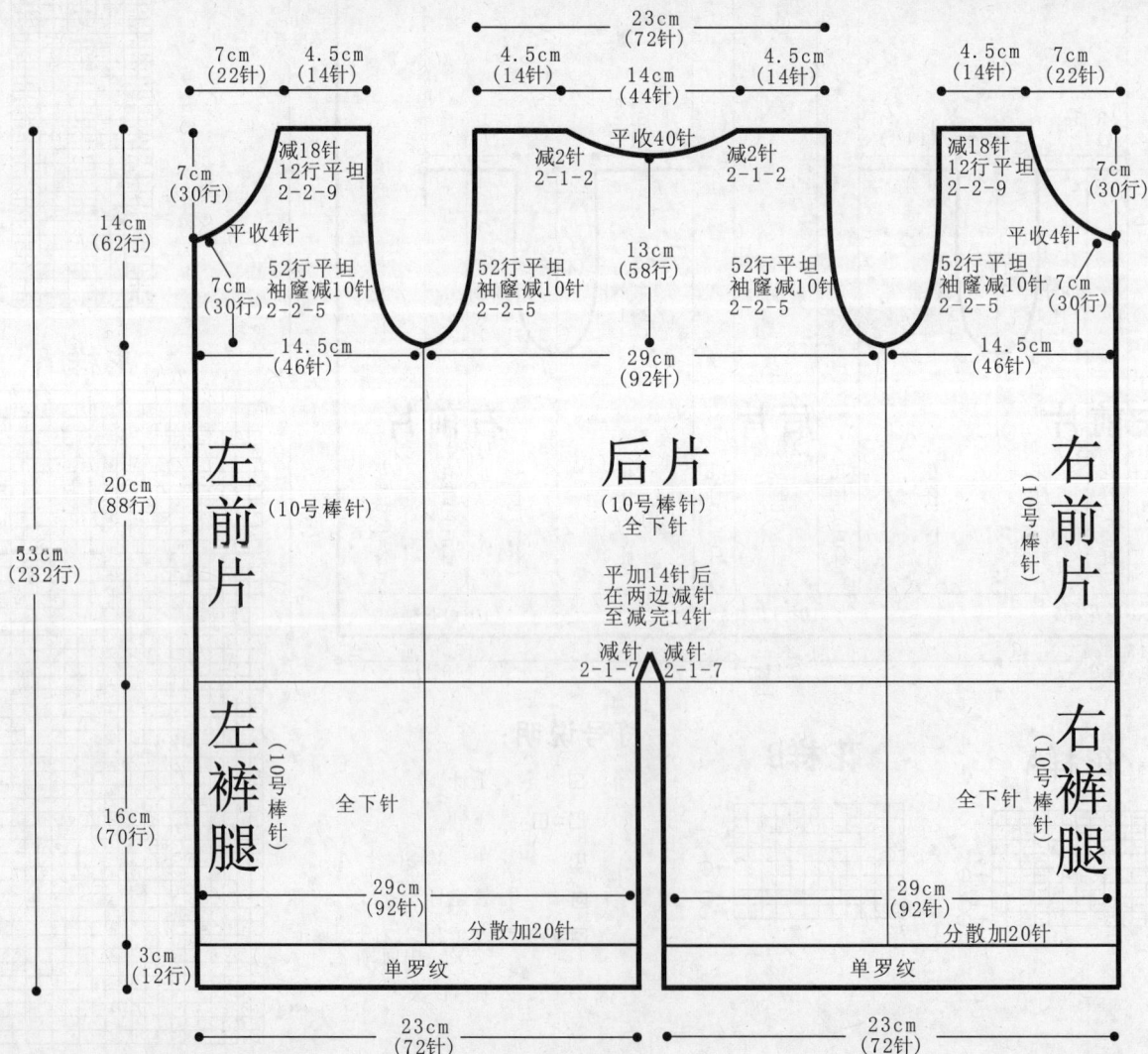

23cm
(72针)

7cm   4.5cm   4.5cm   14cm   4.5cm   4.5cm   7cm
(22针)   (14针)   (14针)   (44针)   (14针)   (14针)   (22针)

7cm (30行)   减18针   平收40针   减18针   7cm (30行)
                        12行平坦   减2针 减2针   12行平坦
                        2-2-9   2-1-2 2-1-2   2-2-9

14cm (62行)   平收4针   平收4针

7cm (30行)   52行平坦   52行平坦   13cm (58行)   52行平坦   52行平坦   7cm (30行)
               袖窿减10针   袖窿减10针   袖窿减10针   袖窿减10针
               2-2-5   2-2-5   2-2-5   2-2-5

14.5cm (46针)   29cm (92针)   14.5cm (46针)

左前片 (10号棒针)   后片 (10号棒针) 全下针   右前片 (10号棒针)

20cm (88行)

53cm (232行)

左裤腿 (10号棒针)   平加14针后在两边减针至减完14针   右裤腿 (10号棒针)

                      减针   减针
                      2-1-7 2-1-7

16cm (70行)   全下针   全下针

29cm (92针)   29cm (92针)

分散加20针   分散加20针

3cm (12行)   单罗纹   单罗纹

23cm (72针)   23cm (72针)

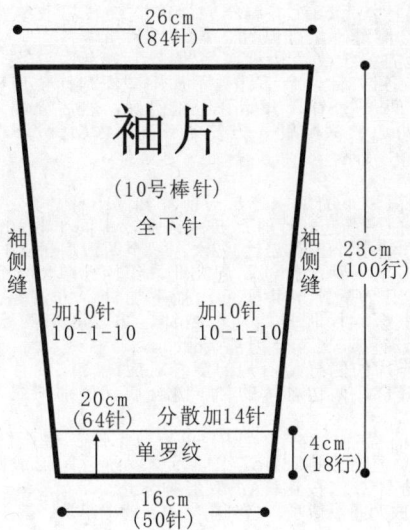

袖片
(10号棒针)
全下针

26cm
(84针)

23cm
(100行)

袖侧缝

袖侧缝

加10针
10-1-10

加10针
10-1-10

20cm
(64针)　分散加14针

单罗纹

4cm
(18行)

16cm
(50针)

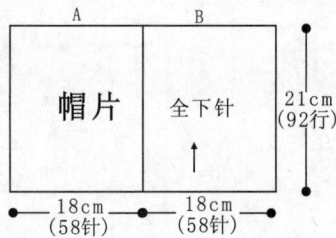

A　　B

帽片　全下针

21cm
(92行)

18cm
(58针)

18cm
(58针)

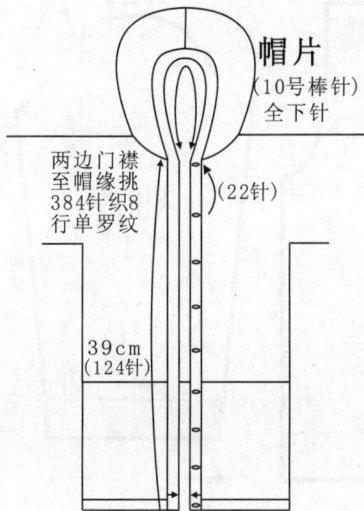

帽片
(10号棒针)
全下针

两边门襟
至帽缘挑
384针织8
行单罗纹

(22针)

39cm
(124针)

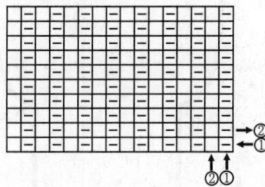

单罗纹

②
①

②①

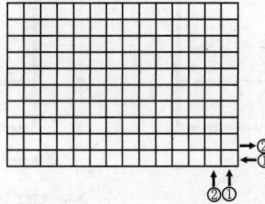

全下针

②
①

②①

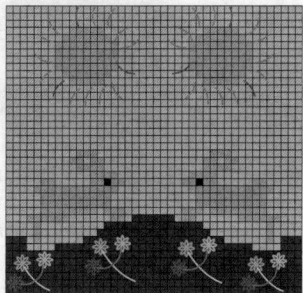

花样图案

符号说明：

☐　上针

☐=☐　下针

2-1-3 行-针-次

↑ 编织方向

pretty girl 套头衫

【成品规格】衣长44cm，下摆宽34cm，
　　　　　　肩宽26cm

【工　　具】10号棒针4支，缝衣针1支

【编织密度】20针×26行=10cm²

【材　　料】蓝色、白色、黑色羊毛线各
　　　　　　200g，纽扣2枚

编织要点：

1.毛衣用棒针编织，由一片前片、一片后片、两片袖片组成，从下往上编织。

2.先编织前片。

（1）用下针起针法起68针，编织14行单罗纹后，改织全下针，并编入图案，侧缝不用加减针，织60行至袖隆。

（2）袖隆以上的编织。两边袖隆平收5针后减针，方法是：每2行减1针减3次，各减3针，余下针数不加不减织34行至肩部。

（3）同时在中间平收8针，开始开纽扣门襟，然后分两片编织，织至24行，两边领窝减针，方法是：每2行减1针减8次，各减8针，至肩部余14针。

3.编织后片。

（1）袖隆和袖隆以下的编织方法与前片袖隆一样。

（2）同时织至袖隆算起36行时，开后领窝，中间平收20针，两边领窝减针，方法是：每2行减1针减2次，织至两边肩部余14针。

4.袖片编织。用下针起针法，起36针，织14行单罗纹后，分散加8针，再改织全下针，并配色，袖下加针，方法是：每8行加1针加6次，织至54行时开始袖山减针，方法是：每2行减2针减2次，每2行减3针减6次，至顶部余6针。

5.缝合。将前片的侧缝与后片的侧缝对应缝合。前片的肩部与后片的肩部缝合，两边袖片的袖下缝合后，分别与衣片的袖边缝合。

6.门襟：两边门襟各挑24针，织8行单罗纹，底部叠压缝合。

7.领片编织。领圈边挑56针，织14行单罗纹后，形成翻领，在翻领边挑适合针数，按花样A织双层狗牙边。

8.用黑色线做成两条小辫子，缝到图案中。缝上纽扣。编织完成。

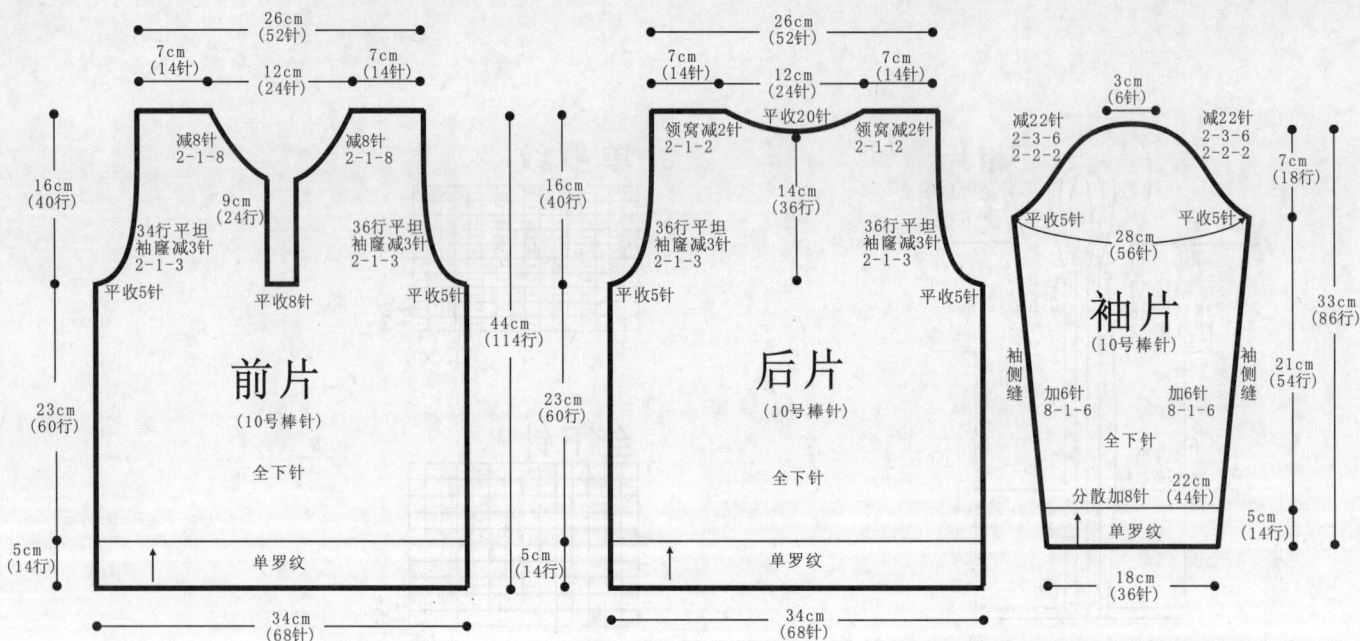

前片：
26cm（52针）
7cm（14针）　12cm（24针）　7cm（14针）
减8针 2-1-8　减8针 2-1-8
9cm（24针）
34行平坦袖隆减针 2-1-3　36行平坦袖隆减针 2-1-3
平收5针　平收8针　平收5针
16cm（40行）
23cm（60行）
5cm（14行）
前片（10号棒针）
全下针
单罗纹
34cm（68针）
44cm（114行）

后片：
26cm
7cm（14针）　12cm（24针）　7cm（14针）
领窝减2针 2-1-2　平收20针　领窝减2针 2-1-2
14cm（36行）
36行平坦袖隆减3针 2-1-3　36行平坦袖隆减3针 2-1-3
平收5针　平收5针
16cm（40行）
23cm（60行）
5cm（14行）
后片（10号棒针）
全下针
单罗纹
34cm（68针）

袖片：
3cm（6针）
减22针 2-3-6 2-2-2　减22针 2-3-6 2-2-2
7cm（18行）
平收5针　平收5针
28cm（56针）
袖片（10号棒针）
袖侧缝　袖侧缝
加6针 8-1-6　加6针 8-1-6
全下针
33cm（86行）
21cm（54行）
分散加8针　22cm（44针）
单罗纹
5cm（14行）
18cm（36针）

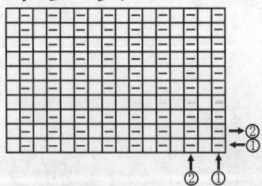
单罗纹

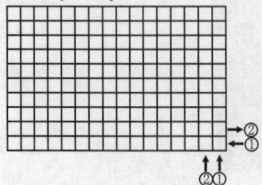
全下针

前片图案

领片
56针　5cm（14行）
24针
16针　16针
领片
单罗纹
两边门襟各挑24针，织8行单罗纹，底部叠压缝合
领圈边挑56针织14行单罗纹后，形成翻领，在翻领边挑适合针数，按花样A织双层狗牙边

双层狗牙边
对折缝合

符号说明：

□	上针	◎	镂空针
□=□	下针	2-1-3	行-针-次
☒	右并针	↑	编织方向

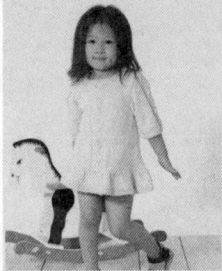

白色七分袖装

【**成品规格**】衣长43cm，下摆宽53cm，肩宽25cm

【**工　　具**】10号棒针4支

【**编织密度**】26针×38行=10cm²

【**材　　料**】白色羊毛线400g

编织要点：

1.毛衣用棒针编织，由一片前片、一片后片、两片袖片组成，从下往上编织。

2.先编织前片。

(1)用下针起针法起138针，编织8行花样B后，改织20行全下针，然后均匀减44针，减至94针，再改织花样A，侧缝两边减针，方法是：每12行减1针减5次，各减5针，织72行至袖隆。

(2)袖隆以上的编织。两边袖隆平收5针后减针，方法是：每2行减1针减5次，各减5针，余下针数不加不减织54行至肩部。

(3)同时从袖隆算起织至40行时，开始开领窝，中间平收20针，然后两边减针，方法是：每2行减2针减5次，各减10针，不加不减织14行至肩部余12针。

3.编织后片。

(1)袖隆和袖隆以下的编织方法与前片袖隆一样。

(2)同时织至袖隆算起58行时，开后领窝，中间平收34针，两边减针，方法是：每2行减1针减3次，织至两边肩部各余12针。

4.两片袖片编织。用下针起针法，起76针，织8行花样B后，改织花样A，袖下不用加减针，织至50行时，袖山两边平收5针后减针，方法是：每2行减2针减8次，每2行减1针减5次，各减21针，至肩部余24针，收针断线。用同样方法编织另一袖片。

5.缝合。将前片的侧缝与后片的侧缝对应缝合。前片的肩部与后片的肩部缝合，两边袖片的袖下缝合后，分别与衣片的袖边缝合。

6.领片编织。领圈边挑94针，圈织8行花样B，形成圆领。编织完成。

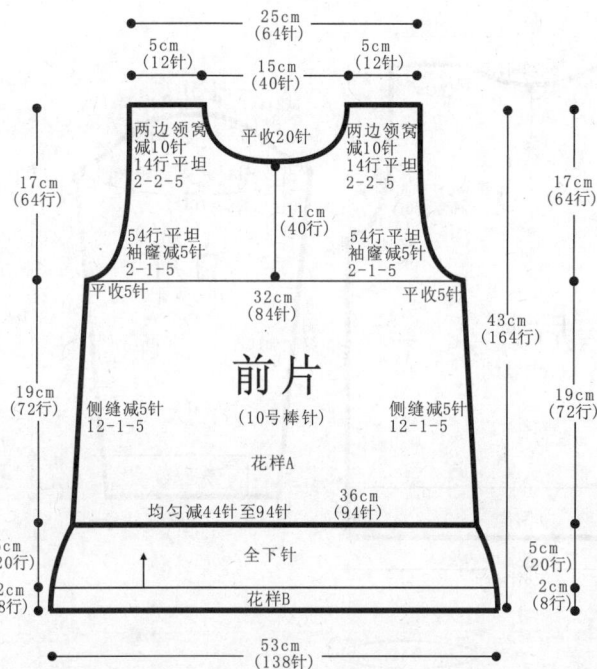

前片
(10号棒针)
花样A
全下针
花样B

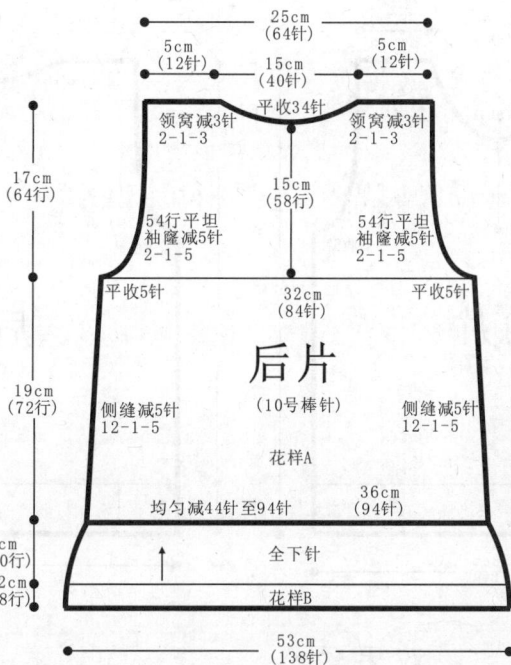

后片
(10号棒针)
花样A
全下针
花样B

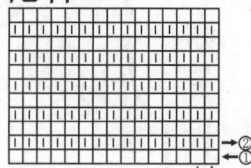

花样B

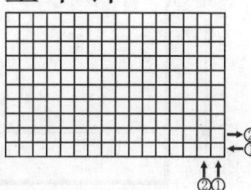

全下针

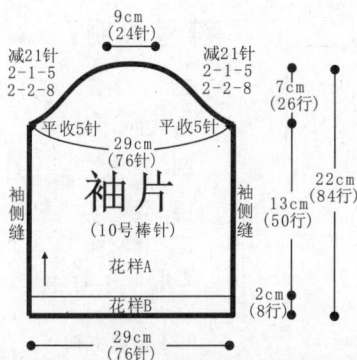

袖片
(10号棒针)
花样A
花样B

符号说明：

□　上针

□=Ⅰ　下针

▨　右上2针与左下2针交叉

▨　右上2针与左下1针交叉

▢　扭针

▲　中上3针并1针

2-1-3　行-针-次

↑　编织方向

领片
花样B

领圈边挑94针，织8行花样B，形成圆领

花样A

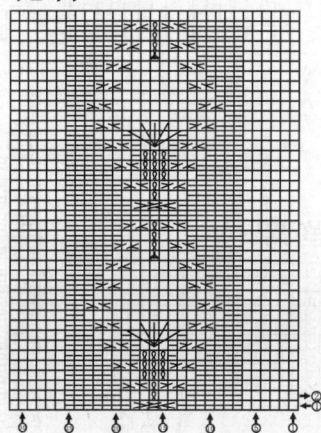

宝宝绒高领毛衣

【成品规格】衣长45cm，下摆宽28cm，肩宽20cm

【工　具】10号棒针4支

【编织密度】28针×36行=10cm²

【材　料】浅蓝色羊毛线400g

编织要点：

1.毛衣用棒针编织，由一片前片、一片后片、两片袖片组成，从下往上编织。

2.先编织前片。

（1）用下针起针法起78针，织14行单罗纹后，改织花样A，侧缝不用加减针，织90行至袖窿。

（2）袖窿以上的编织，两边袖窿平收5针后减针，方法是：每2行减1针减6次，各减6针，余下针数不加不减织46行至肩部。

（3）同时从袖窿算起织至42行时，开始开领窝，中间平收14针，然后两边减针，方法是：每2行减2针减5次，各减10针，不加不减针织至肩部余11针。

3.编织后片。

（1）袖窿和袖窿以下的编织方法与前片袖窿一样。

（2）同时织至袖窿算起50行时，开后领窝，中间平收28针，两边减针，方法是：每2行减1针减3次，织至两边肩部各余11针。

4.袖片编织，用下针起针法，起56针，织14行单罗纹后，改织花样A，袖下两边加针，方法是：每8行加1针加10次，织至94行时开始袖山减针，方法是：每2行减3针减7次，织14行至顶部减24针。

5.缝合，将前片的侧缝与后片的侧缝对应缝合。前片的肩部与后片的肩部缝合，两边袖片的袖下缝合后，分别与衣片的袖边缝合。

6.领片编织，领圈边挑104针，圈织32行双罗纹，形成高领，编织完成。

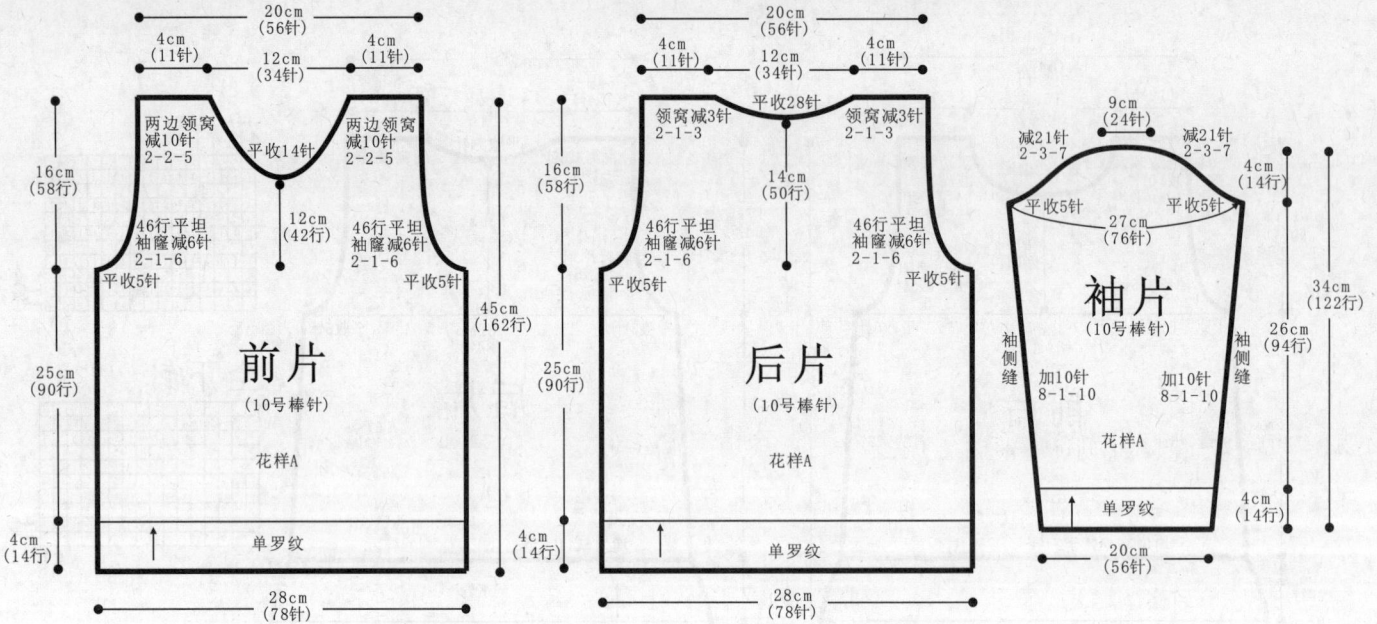

前片（10号棒针） 花样A 单罗纹

20cm（56针）　4cm（11针）　12cm（34针）　4cm（11针）
两边领窝减10针 2-2-5　平收14针　两边领窝减10针 2-2-5
16cm（58行）　46行平坦 袖窿减6针 2-1-6　12cm（42行）　46行平坦 袖窿减6针 2-1-6
平收5针　平收5针
25cm（90行）　45cm（162行）
4cm（14行）　28cm（78针）

后片（10号棒针） 花样A 单罗纹

20cm（56针）　4cm（11针）　12cm（34针）　4cm（11针）
平收28针　领窝减3针 2-1-3　领窝减3针 2-1-3
16cm（58行）　14cm（50行）　46行平坦 袖窿减6针 2-1-6　46行平坦 袖窿减6针 2-1-6
平收5针　平收5针
25cm（90行）　4cm（14行）　28cm（78针）

袖片（10号棒针） 花样A 单罗纹

9cm（24针）　减21针 2-3-7　减21针 2-3-7
平收5针　27cm（76针）　平收5针　4cm（14行）
袖侧缝　袖侧缝
加10针 8-1-10　加10针 8-1-10
34cm（122行）　26cm（94行）　4cm（14行）
20cm（56针）

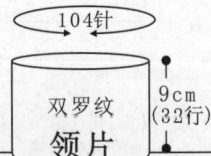

104针

双罗纹 领片

9cm（32行）

领圈边挑104针圈织32行双罗纹形成高领

全下针
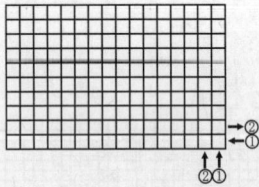

双罗纹
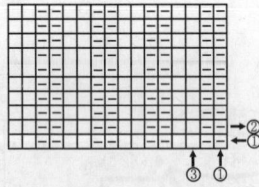

花样A
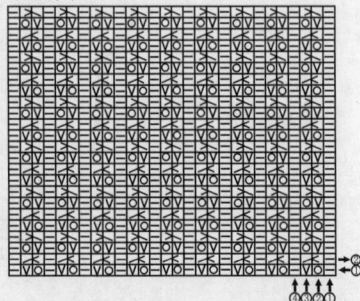

单罗纹
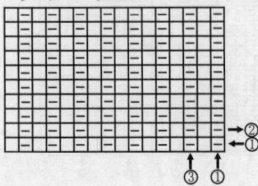

符号说明：

□　上针

□=回　下针

Ⅴ　滑针

☒　右并针

回　镂空针

2-1-3　行-针-次

↑　编织方向

蝴蝶花不规则装

【成品规格】 衣长50cm，下摆宽35cm，肩宽27cm

【工　　具】 10号棒针，钩针1支

【编织密度】 18针×28行=10cm²

【材　　料】 蓝色羊毛线400g，白色线少许

编织要点：

1. 毛衣用棒针编织，由一片前片、一片后片、两片袖片组成，从下往上编织。

2. 先编织前片。
(1)用下针起针法起64针，编织8行花样A后，改织全下针，并配色，侧缝不用加减针，织68行至袖窿。
(2)袖窿以上的编织，两边袖窿减针，方法是：每2行减2针减4次，各减8针，余下针数不加不减40行。
(3)同时从袖窿算起织至36行时，开始开领窝，中间平收12针，然后两边减针，方法是：每2行减1针减6次，各减6针，织至肩部各余12针。

3. 编织后片。
(1)用下针起针法起64针，织8行花样A后，两边留4针继续织8行花样A，其他改织全下针，并配色，侧缝不用加减针，织84行至袖窿。
(2)袖窿以上的编织，两边袖窿减针，方法与前片袖窿减针一样。
(3)同时织至袖窿算起42行时，开后领窝，中间平收18针，两边减针，方法是：每2行减1针减3次，织至两边肩部各余12针。

4. 袖片编织，用下针起针法，起42针，织8行花样A后，改织全下针，袖下加针，方法是：每8行加1针加7次，织至68行时开始袖山减针，方法是：每2行减2针减4次，每4行减3针减4次。

5. 缝合，将前片的侧缝与后片的侧缝对应缝合。前片的肩部与后片的肩部缝合，两边袖片的袖下缝合后，分别与衣片的袖边缝合。

6. 领子编织，领圈边用钩针钩织花边。

7. 装饰蝴蝶结另织好，与前片缝合，编织完成。

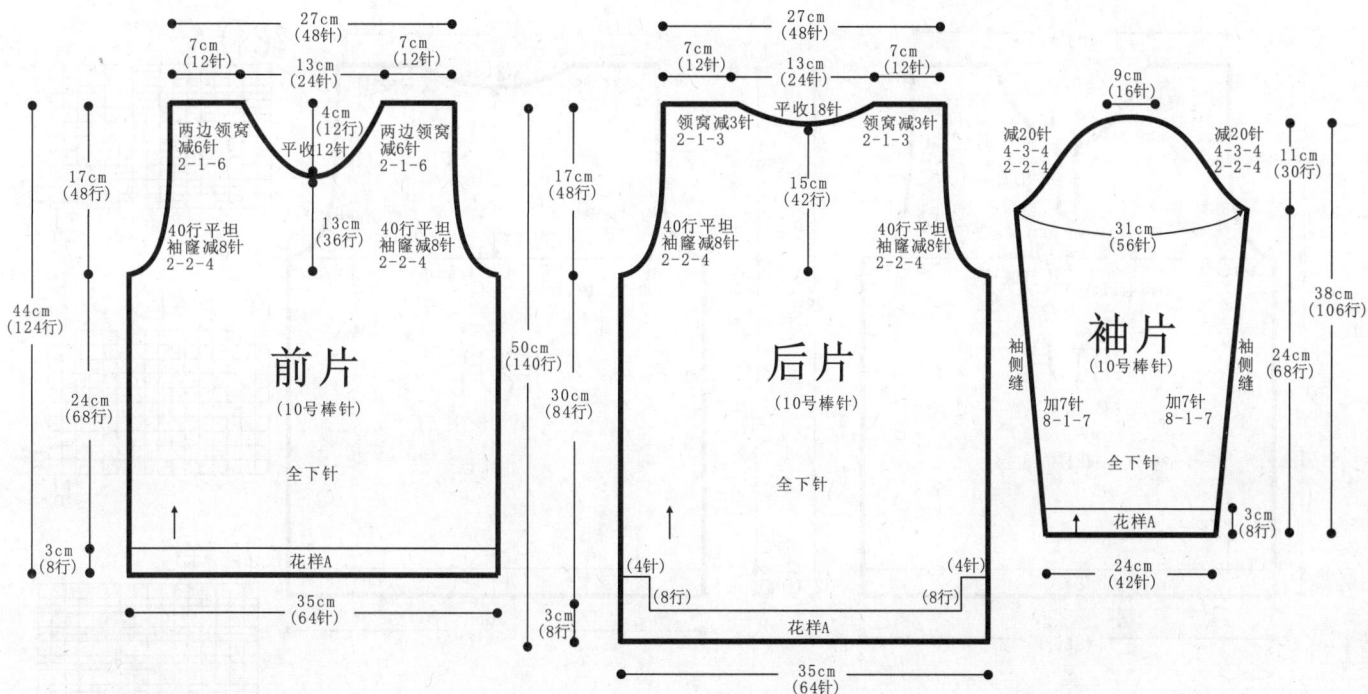

前片（10号棒针）全下针 花样A
后片（10号棒针）全下针 花样A
袖片（10号棒针）全下针 花样A

花样A

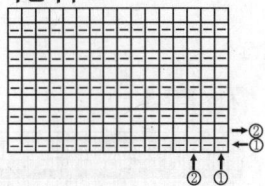

全下针

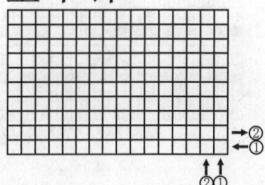

钩针花边

符号说明：

□ 上针
□＝□ 下针
＋ 短针
↑ 长针
∞ 锁针

2-1-3 行-针-次
↑ 编织方向

领片

领圈边用钩针钩织花边

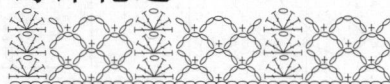
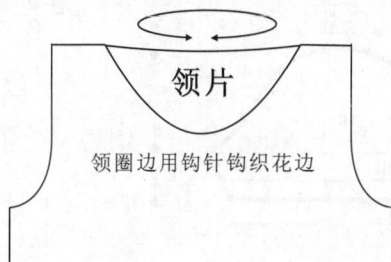
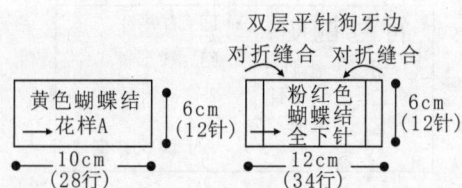

双层平针狗牙边
对折缝合 对折缝合

黄色蝴蝶结 花样A
粉红色蝴蝶结 全下针

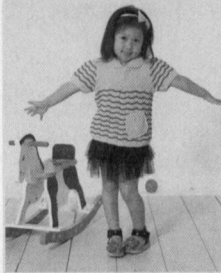

小圆领短袖装

【成品规格】 衣长40cm，下摆宽36cm，袖长14cm

【工　具】 10号棒针4支，缝衣针1支

【编织密度】 24针×36行=10cm²

【材　料】 黄色羊毛线400g，红色线少许，纽扣1枚

编织要点：

1. 毛衣用棒针编织，由一片前片、一片后片、两片袖片组成，从下往上编织。
2. 先编织前片。
(1) 用下针起针法起86针，编织6行花样C后，改织花样B，侧缝不用加减针，织88行至袖隆，并在织片的中间打皱褶，至31cm后，改织花样A。
(2) 袖隆以上的编织，两边袖隆平收5针后减针，方法是：每2行减1针减6次，各减6针，余下针数不加不减织38行。
(3) 同时从袖隆算织至12行时，中间平收4针，分两片织12行，开始两边领窝减针，方法是：每2行减1针减10次，各减10针，不加不减针织4行至肩部各余14针。
3. 编织后片。
(1) 袖隆和袖隆以下的编织方法与前片袖隆一样。
(2) 同时织片打皱褶后，改织花样A，织至袖隆算起44行时，开后领窝，中间平收18针，两边减针，方法是：每2行减1针减3次，织至两边肩部各余14针。
4. 袖片编织，用下针起针法，起56针，织2行花样C后，改织花样B，然后分散加针至72针，织至10行时开始袖山减针，方法是：平收5针后，每2行减1针减15次，至顶部余32针。
5. 缝合，将前片的侧缝与后片的侧缝对应缝合。前片的肩部与后片的肩部缝合，两边袖片的袖下缝合后，分别与衣片的袖边缝合。
6. 两边门襟横向挑针，各挑14针，织6行花样C，门襟底部叠压缝合。
7. 领子编织，领圈边挑80针，织26行花样D，形成翻领，在翻领的边沿织4行花样C。
8. 口袋另织，起20针，先织28行花样D，中间打皱褶后，改织6行花样C，并在口袋的边缘挑适合的针数，织6行全下针，形成卷边，缝上纽扣，编织完成。

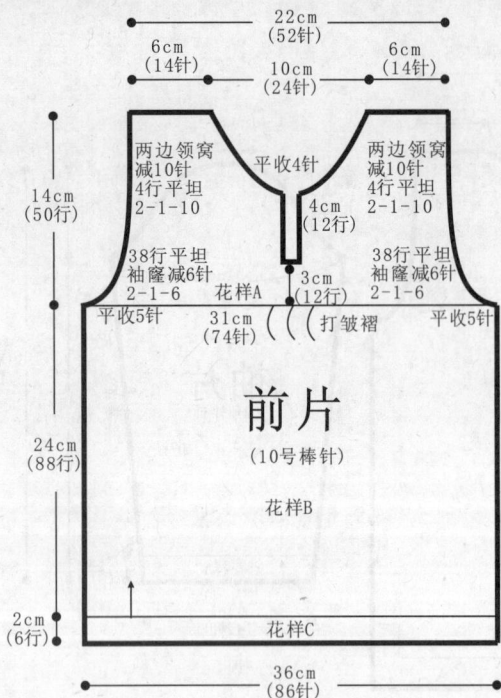

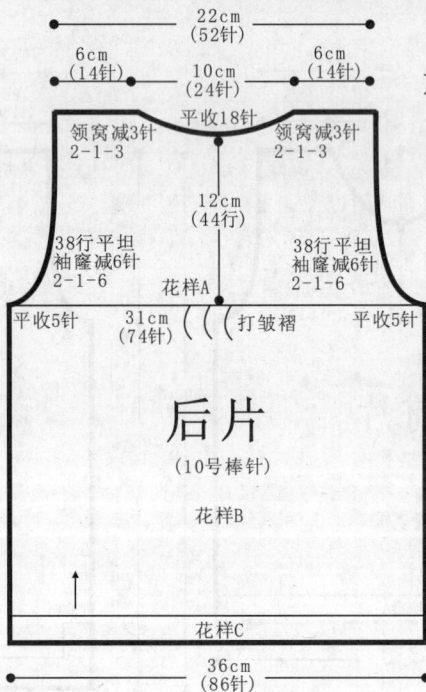

花样A
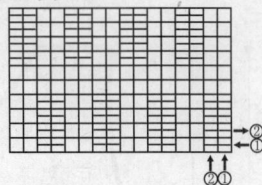

全下针
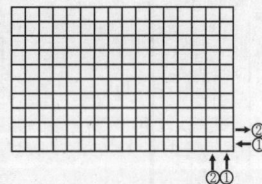

花样C
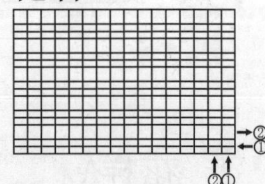

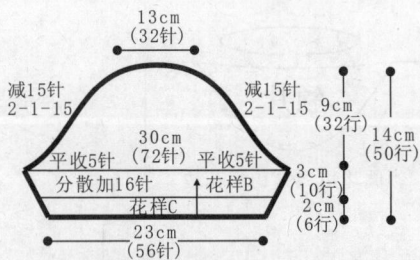

袖片
(10号棒针)

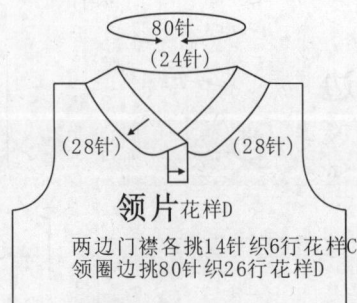

领片 花样D
两边门襟各挑14针织6行花样C
领圈边挑80针织26行花样D

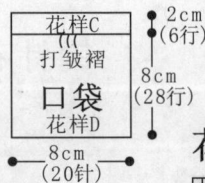

口袋 花样A
沿着口袋的边缘挑适合针数织6行全下针形成卷边

花样B
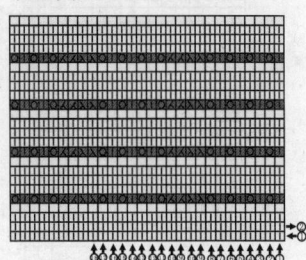

花样D
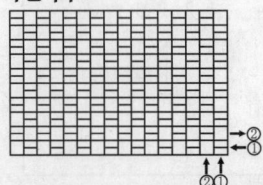

符号说明：
- ☒ 右并针
- □ 上针
- ◎ 镂空针
- □=□ 下针
- 2-1-3 行-针-次
- ⊠ 左并针
- ↑ 编织方向

厚实麻花外套

【成品规格】 衣长34cm，半胸围32cm，肩连袖长36cm

【工　　具】 11号棒针，防解别针

【编织密度】 17.5针×18.8行=10cm²

【材　　料】 浅紫色棉线共350g，纽扣4枚

编织要点：

1. 棒针编织法，衣身片分为左前片、右前片和后片，分别编织，完成后与袖片缝合而成。

2. 起织后片，起56针，织花样A，织8行，改织花样B，织至40行，第41行织片左右两侧各收2针，然后减针织成插肩袖窿，方法为2-1-12，织至64行，织片余下28针，用防解别针扣起，留待编织衣领。

3. 起织左前片，起32针，先织8针花样D作为衣襟，余下24针织花样A，织8行后，衣身花样A部分改织花样B，织至40行，第41行织片左侧收2针，然后减针织成插肩袖窿，方法为2-1-12，织至56行，右侧减针织成前领，方法为1-8-1，2-2-4，织至64行，余下2针，用防解别针扣起，留待编织衣领。

4. 将前片与后片的侧缝缝合。

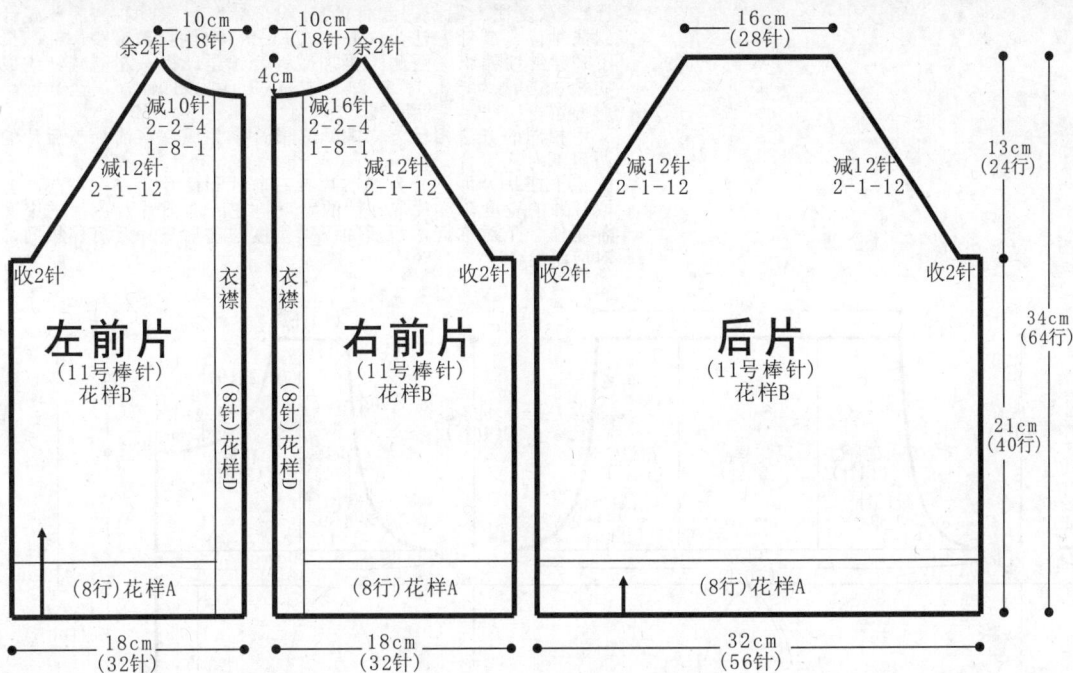

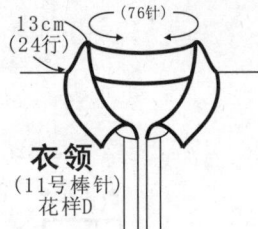

衣领
（11号棒针）
花样D

领片制作说明

棒针编织法，衣领往返编织。沿领口挑起76针织花样D，织24行后，收针断线。

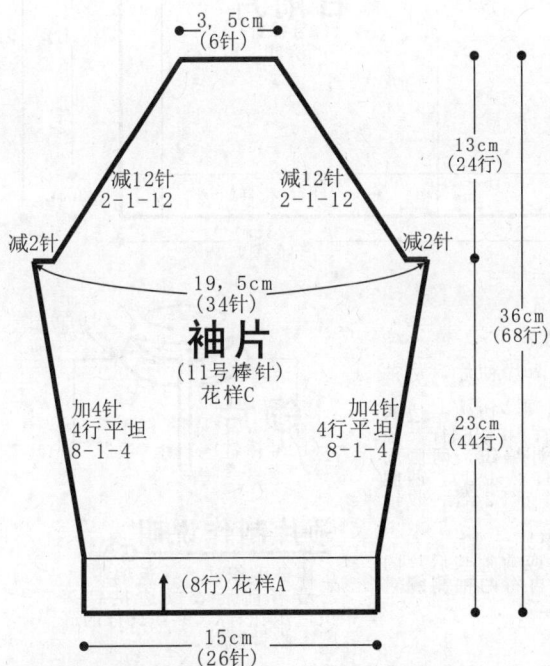

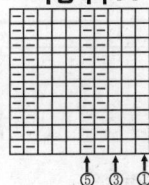

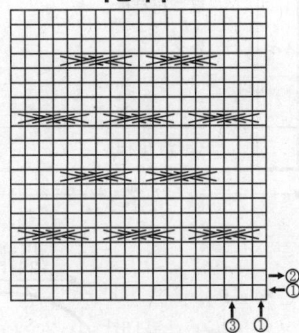

花样B

花样A

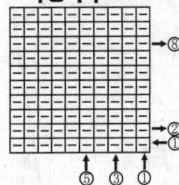
花样C

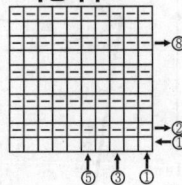
花样D

符号说明：

□ 上针

□=□ 下针

2-1-3 行-针-次

袖片制作说明

1. 棒针编织法，编织两片袖片，从袖口起织。

2. 起26针，织花样A，织8行后，改织花样C，一边织一边两侧加针，方法为8-1-4，织至44行，两侧各收2针，接着减针编织插肩袖山，方法为2-1-12，织至68行，织片余下6针，收针断线。

3. 用同样的方法编织左袖片。

4. 将两袖侧缝对应缝合，袖片与前、后片的插肩缝对应缝合。

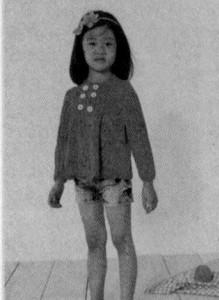

橘红色韩版小外套

【成品规格】衣长38cm，宽34cm，
　　　　　　肩宽22cm，袖长33cm

【工　　具】12号棒针，防解别针

【编织密度】22.5针×26.5行=10cm²

【材　　料】红色棉线500g，纽扣6枚

编织要点：
1. 棒针编织法，袖窿以下一片环形编织而成，从袖窿起分为前片、后片来编织，织片较大，可采用环形针编织。
2. 起织下摆片，双罗纹针起针法起194针，先织8行花样A，然后改为编织花样B全下针，织至60行，用下针收针法收针。
3. 编织后片，起织76针，编织花样A与花样C组合，组合方式如结构图所示，先织1针下针，再织26针花样C，再织22针花样A，再织26针花样C，最后1针织下针，左右两侧下针不变，起织时两侧需要同时减针织成袖窿，减针方法为1-4-1，2-1-9，两侧针数各减少13针，余下50针继续编织，两侧不再加减针，织至40行，两侧各收14针，余下22针，用防解别针扣住，留待编织衣领。
4. 编织左前片，起织46针，编织花样A与花样C组合，组合方式如结构图所示，先织1针下针，再织19针花样C，最后织26针花样A，重复往上编织，起针的1针织下针，起织时右侧需要减针织成袖窿，减针方法为1-4-1，2-1-9，右侧针数减少13针，余下33针继续编织，两侧不再加减针，织至18行，左侧减针织成衣领，方法为1-8-1，2-2-1，2-1-9，共减19针，织至40行，肩部留下14针，收针断线。
5. 用相同的方法相反方向编织右前片，完成后将前片与后片的两肩部对应缝合。
6. 将下摆片分片，分为左前片、右前片和后片，左、右前片各取52针的宽度，后片取90针的宽度，左、右前片及后片的中间各制作一个对称折，折后的下摆宽度与前后身片及后片相同，对应缝合。

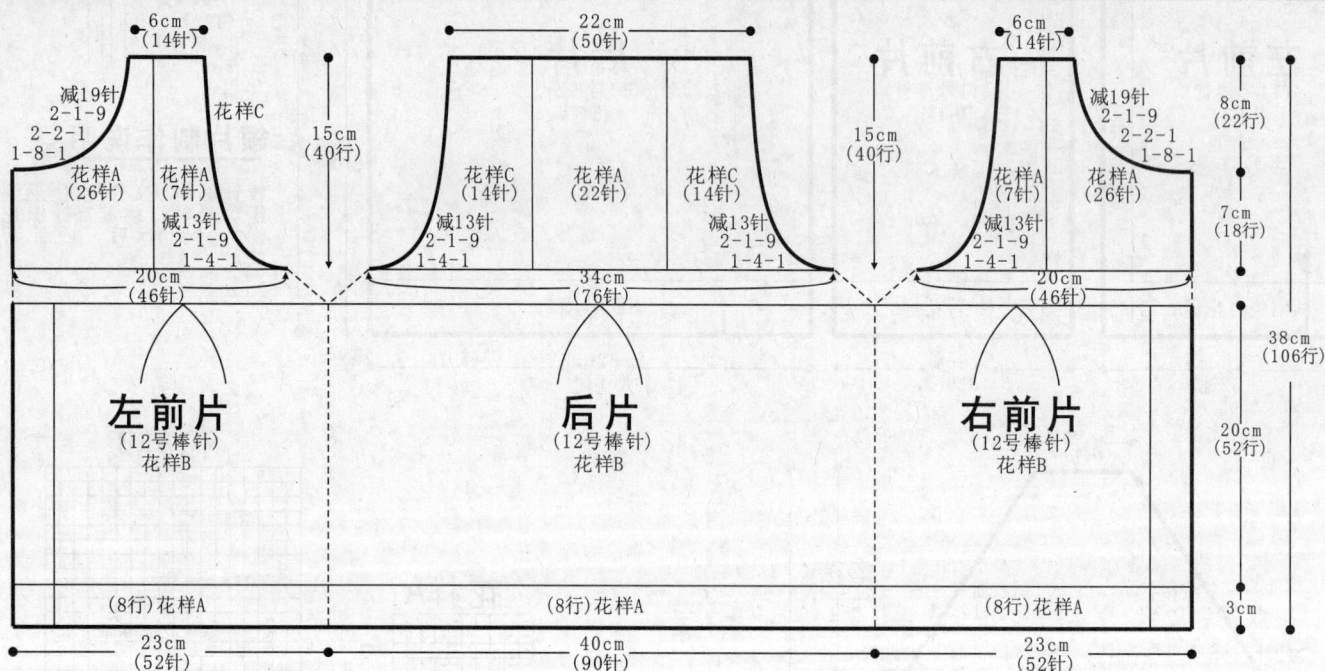

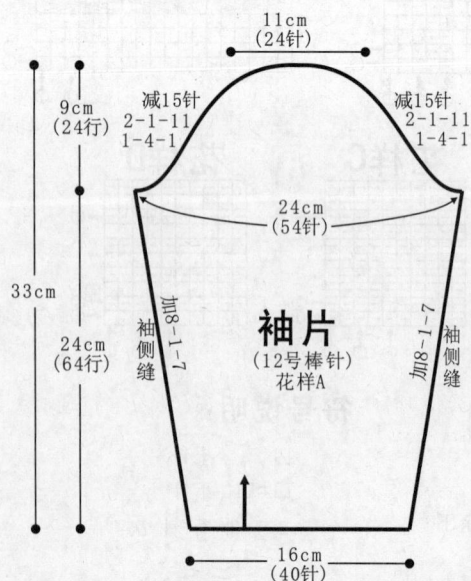

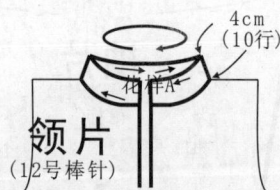

领片
（12号棒针）

袖片制作说明 ✍

1. 棒针编织法，编织两片袖片，从袖口起织。
2. 起40针，起织花样A，一边织一边两侧加针，方法为8-1-7，共织64行，开始编织袖山，袖山减针编织，两侧同时减针，方法为1-4-1，2-1-11，两侧各减少15针，最后织片余下24针，收针断线。
3. 用同样的方法再编织另一袖片。
4. 缝合方法：将袖山对应前片与后片的袖窿线，用线缝合，再将两袖侧对应缝合。

领片制作说明 ✍

1. 棒针编织法，往返编织。
2. 沿着前后衣领边挑针编织，织花样A，共织10行的高度，收针断线。

花样A 　　**花样B** 　　**花样C**

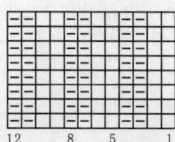 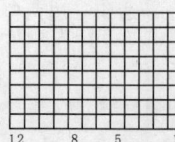 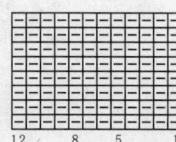

符号说明：

⊟	上针
□=□	下针
2-1-3	行-针-次

堆堆领韩式外套

【成品规格】 衣长34cm, 胸宽35cm, 肩宽32cm

【工　具】 10号棒针

【编织密度】 23.4针×36行=10cm²

【材　料】 粉红色丝光棉线400g, 纽扣6枚

编织要点：

1. 棒针编织法，由两片前片、一片后片、两片袖片组成，从下往上织起。

2. 前片的编织，由右前片和左前片组成，以右前片为例，起针，单罗纹起针法，起52针，编织花样A，不加减针，织10行的高度，下一行起，右侧留6针继续编织花样A作为门襟(并注意每隔38行留出一个扣眼，共留出3个扣眼)，左侧48针全部编织下针，不加减针编织58行至袖窿。袖窿左侧留有8针编织花样A，同时进行减针，方法为4-1-5，当织成38行的高度时，右侧进行衣领减针，平收25针，方法为2-1-8，织16行，至肩部，余下14针，收针断线。

3. 用相同的方法，相反的方向去编织左前片，不同的地方就是门襟不留扣眼，直接编织就行。

4. 后片的编织，起针，单罗纹起针法，起82针，编织花样A，不加减针，织10行的高度，下一行起，全部编织下针，不加减针编织58行至袖窿。袖窿左右两侧各留有8针编织花样A，同时进行减针，方法为4-1-5，当织成袖窿算起26行时，收针断线，重新起头编织上肩部，起针，平针起针法，起72针，编织下针，不加减针织8行，然后向外对折合并针数依然为72针，继续往上编织下针，编织28行后，下一行中间收40针，两边相反方向减针，减4针，方法为2-1-2，两肩部各余下14针，收针断线。

5. 袖片的编织，袖片从袖口起织，单罗纹起针法，起28针，编织花样A，不加减针，往上织10行的高度，下一行开始编织下针，两边侧缝加针，方法为6-1-12，22行平坦，织94行至袖窿，并进行袖山减针，两边各6-2-3、4-2-6，织成42行，余下16针，收针断线，用相同的方法去编织另一袖片。

6. 拼接，先将后片的半肩部边线与上肩部边线对应缝合，然后将前片的侧缝与后片的侧缝对应缝合，将前后片的肩部对应缝合；再将两袖片的袖山边线与衣身的袖窿边对应缝合。

7. 领片的编织，沿着左前片和右前片的衣领边各挑出28针，后片衣领处挑出44针，共100针，全编织下针，编织28行时，中间领边分别向两侧减针，方法为2-2-4，编织8行后，收针断线，领片完成。

8. 在左前片的门襟上对应钉上纽扣，衣服完成。

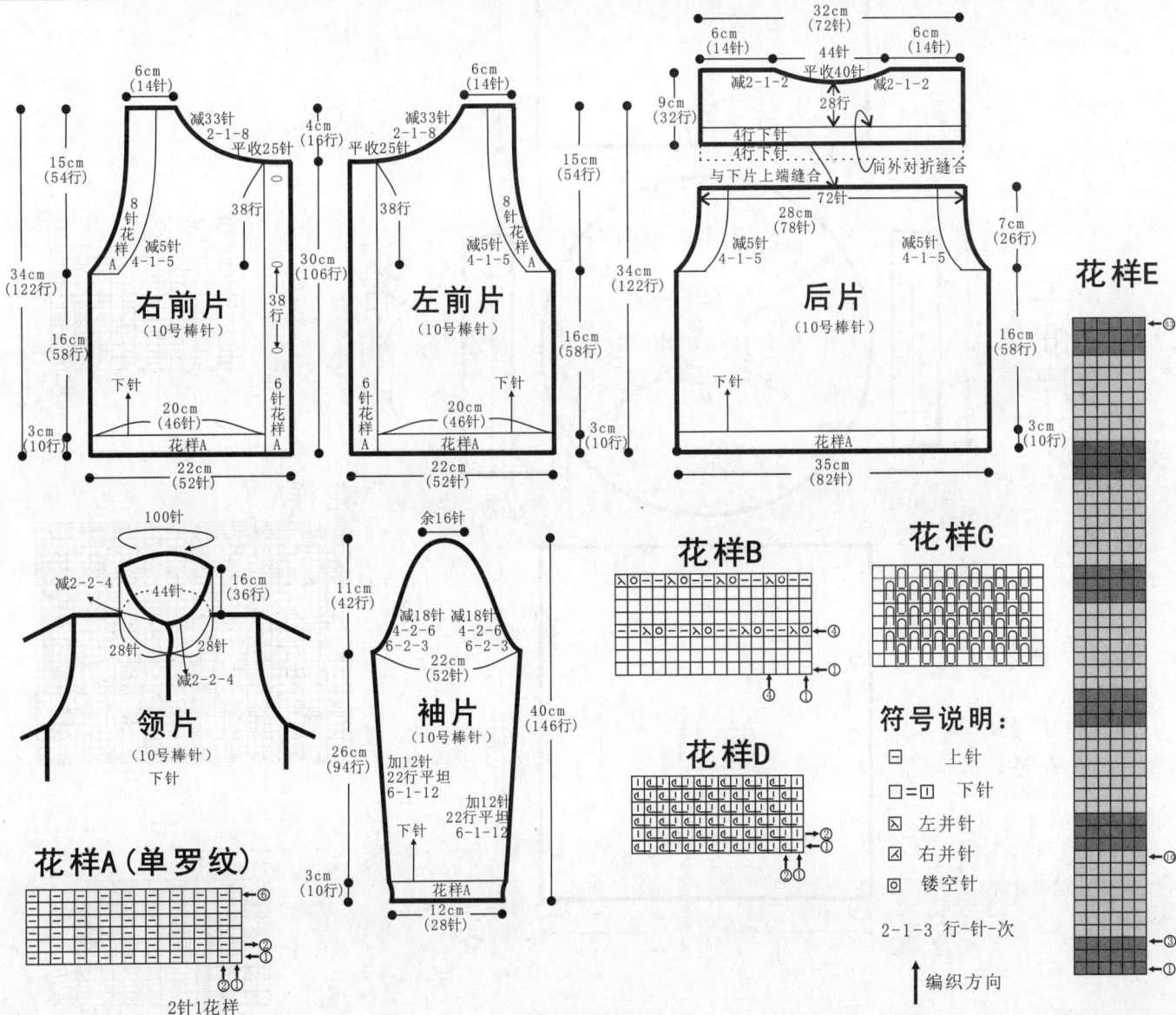

右前片 (10号棒针)

左前片 (10号棒针)

后片 (10号棒针)

领片 (10号棒针) 下针

袖片 (10号棒针)

花样A(单罗纹)

花样B

花样C

花样D

花样E

符号说明：

□ 上针

□=1 下针

区 左并针

区 右并针

◎ 镂空针

2-1-3 行-针-次

↑ 编织方向

紫红色短袖装

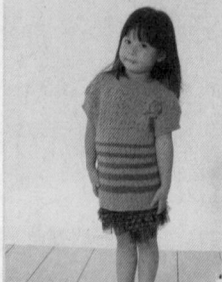

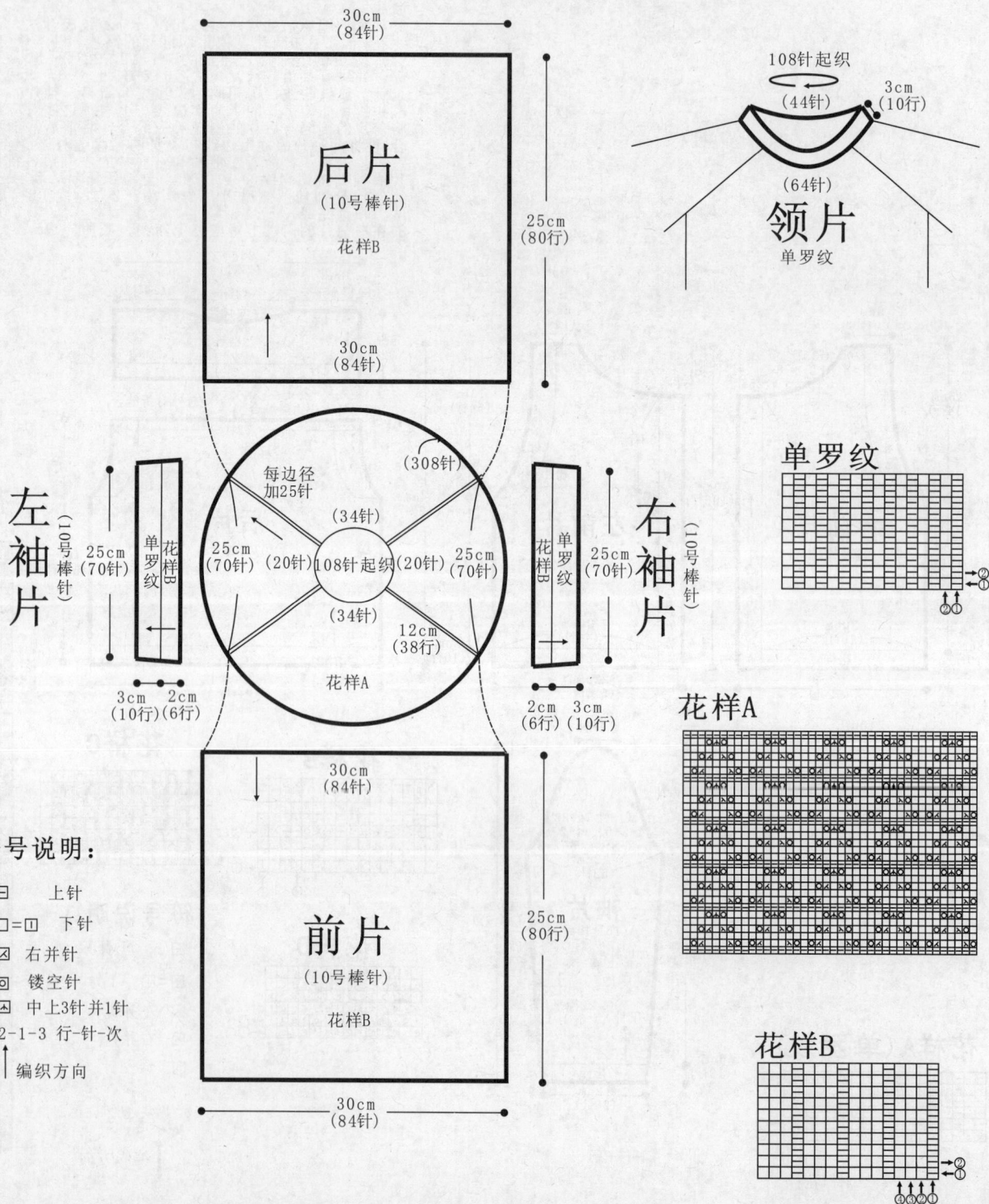

【成品规格】衣长37cm，下摆宽30cm，连肩袖长17cm

【工　　具】10号棒针4支 钩针1支

【编织密度】28针×32行=10cm²

【材　　料】玫红色线400g，灰色线少许，钩花1朵

编织要点：

1.毛衣用棒针编织，由一片前片、一片后片、两片袖片组成，从上往下编织。

2.先织领口环形片：用下针起针法起108针，环织10行单罗纹，作为圆领，然后改织花样A，并开始分前、后片和两边袖片，每分片的中间留2针径，在径的两边加针，织完38行时，织片的针数为308针，环形片完成。

3.开始分出前片、后片和两片袖片，
(1)前片:分出84针，织花样B，并用灰色线配色，侧缝不用加减针，织至80行时，收针断线。
(2)后片:分出84针，方法与前片一样。

4.袖片:左袖片分出70针，先织6行花样B后，改织10行单罗纹，收针断线，用同样方法编织右袖片。

5.缝合:将前片的侧缝和后片的侧缝缝合，两袖片的袖下分别缝合。

6.前片缝上钩针花朵，编织完成。

30cm
(84针)

后片
(10号棒针)

花样B

25cm
(80行)

30cm
(84针)

108针起织
(44针)
3cm
(10行)

(64针)

领片
单罗纹

单罗纹

每边径加25针
(308针)
(34针)
25cm
(70针)
(20针)
108针起织
(20针)
25cm
(70针)
(34针)
12cm
(38行)

花样A

左袖片
(10号棒针)
25cm
(70针)
单罗纹
花样B
3cm
(10行)
2cm
(6行)

右袖片
(10号棒针)
单罗纹
花样B
25cm
(70针)
2cm
(6行)
3cm
(10行)

花样A

30cm
(84针)

前片
(10号棒针)

花样B

25cm
(80行)

30cm
(84针)

花样B

符号说明：

□　　上针
□=□　下针
☒　右并针
回　镂空针
⊠　中上3针并1针
2-1-3 行-针-次

↑　编织方向

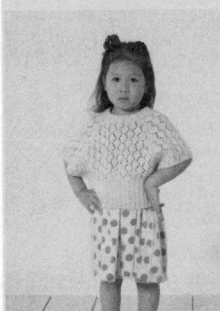

菱形花样蝙蝠衫

【成品规格】衣长29cm，宽31cm

【工　　具】12号棒针，防解别针

【编织密度】26针×30行=10cm²

【材　　料】乳白色宝宝绒线300g

编织要点：

1.棒针编织法，袖窿以下一片环织完成，从袖窿起分为左前片、右前片、后片来编织。

2.起织，双罗纹针起针法，起160针起织，起织花样A，共织30行，第31行改织花样B，并将织片分片，分为前片和后片，各取80针，先编织后片，而前片的针眼用防解别针扣住，暂时不织。

3.分配后片的针数到棒针上，用12号棒针编织，起织时两侧需要同时减针织成插肩，减针方法为2-1-28，两侧针数各减少28针，织至86行，余下24针，用防解别针扣住，留待编织衣领。

4.前片的编织顺序和减针法与后片相同。

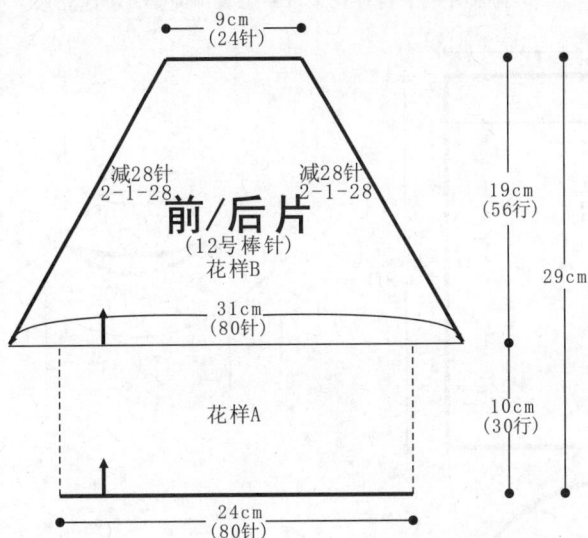

9cm
(24针)

减28针   减28针
2-1-28   2-1-28

前/后片
（12号棒针）
花样B

31cm
(80针)

花样A

24cm
(80针)

19cm
(56行)

29cm

10cm
(30行)

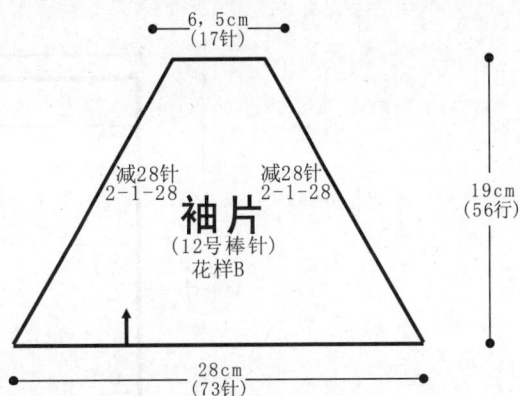

6，5cm
(17针)

减28针   减28针
2-1-28   2-1-28

袖片
（12号棒针）
花样B

28cm
(73针)

19cm
(56行)

袖片制作说明

1.棒针编织法，从上往下一片编织完成。

2.起织，下针起针法，起73针起织，起织花样B，起织时两侧需要同时减针织成插肩，减针方法为2-1-28，两侧针数各减少28针，织至56行，余下17针，用防解别针扣住，留待编织衣领。

3.用同样的方法再编织另一袖片。

4.缝合方法:将袖片的插肩缝对应前、后片的插肩缝，用线缝合。

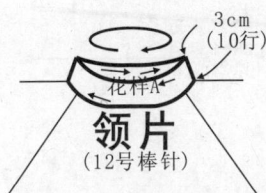

3cm
(10行)

花样A

领片
（12号棒针）

领片制作说明

1.棒针编织法，往返编织。

2.沿着前后衣领边挑针编织，织花样A，共织10行的高度，用双罗纹针收针法，收针断线。

花样A

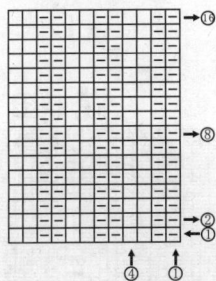

花样B

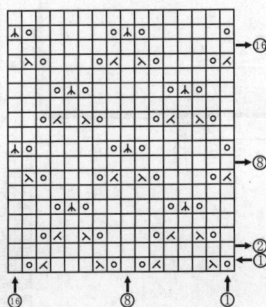

符号说明：

□=□ 上针

□ 下针

⋀ 中上3针并1针

⊠ 左上2针并1针

⊠ 右上2针并1针

回 镂空针

2-1-3 行-针-次

清秀长袖装

【成品规格】 衣长41cm，下摆宽31cm，连肩袖长39cm

【工　　具】 10号棒针4支，钩针1支

【编织密度】 26针×40行＝10cm²

【材　　料】 白色羊毛线400g，钩花若干朵，绳子1根

编织要点：

1. 毛衣用棒针编织，由一片前片、一片后片、两片袖片组成，从上往下编织。

2. 先织领口环形片：用下针起针法起98针，环织花样A，并按花样A加针，在花样A的上针处加针，每行加18针，隔6行加1次，共加11次，织完60行时，织的针数为296针，环形片完成。

3. 开始分出前片、后片和两片袖片。
(1)前片：分出80针，织花样B88行后，改织16行花样B，侧缝不用加减针，收针断线。
(2)后片：分出80针，编织方法与前片一样。

4. 袖片：左袖片分出68针，织花样B，袖下减针，方法是：每6行减1针减14次，织至96行时，改织16行单罗纹，收针断线，用同样方法编织右袖片。

5. 缝合：将前片的侧缝和后片的侧缝缝合，两袖片的袖下分别缝合。

6. 前后片缝上钩针花朵，系上装饰绳子，编织完成。

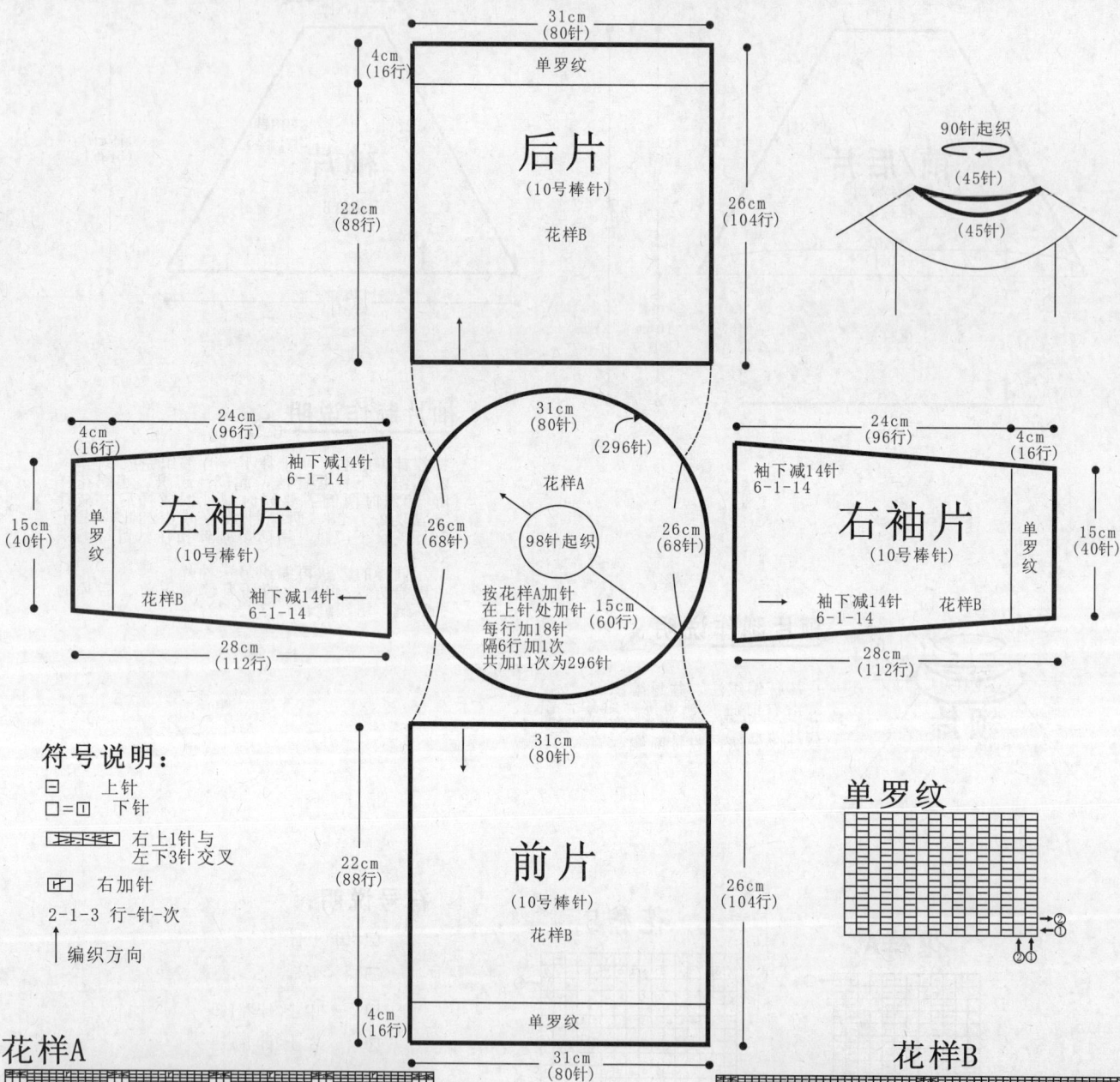

符号说明：

□　　上针
□=① 下针
右上1针与左下3针交叉
右加针
2-1-3 行-针-次
↑ 编织方向

花样A

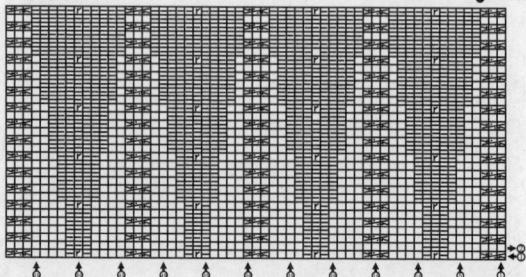

花样B

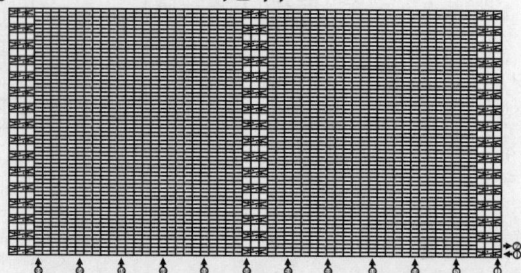

海绵宝宝红色毛衣

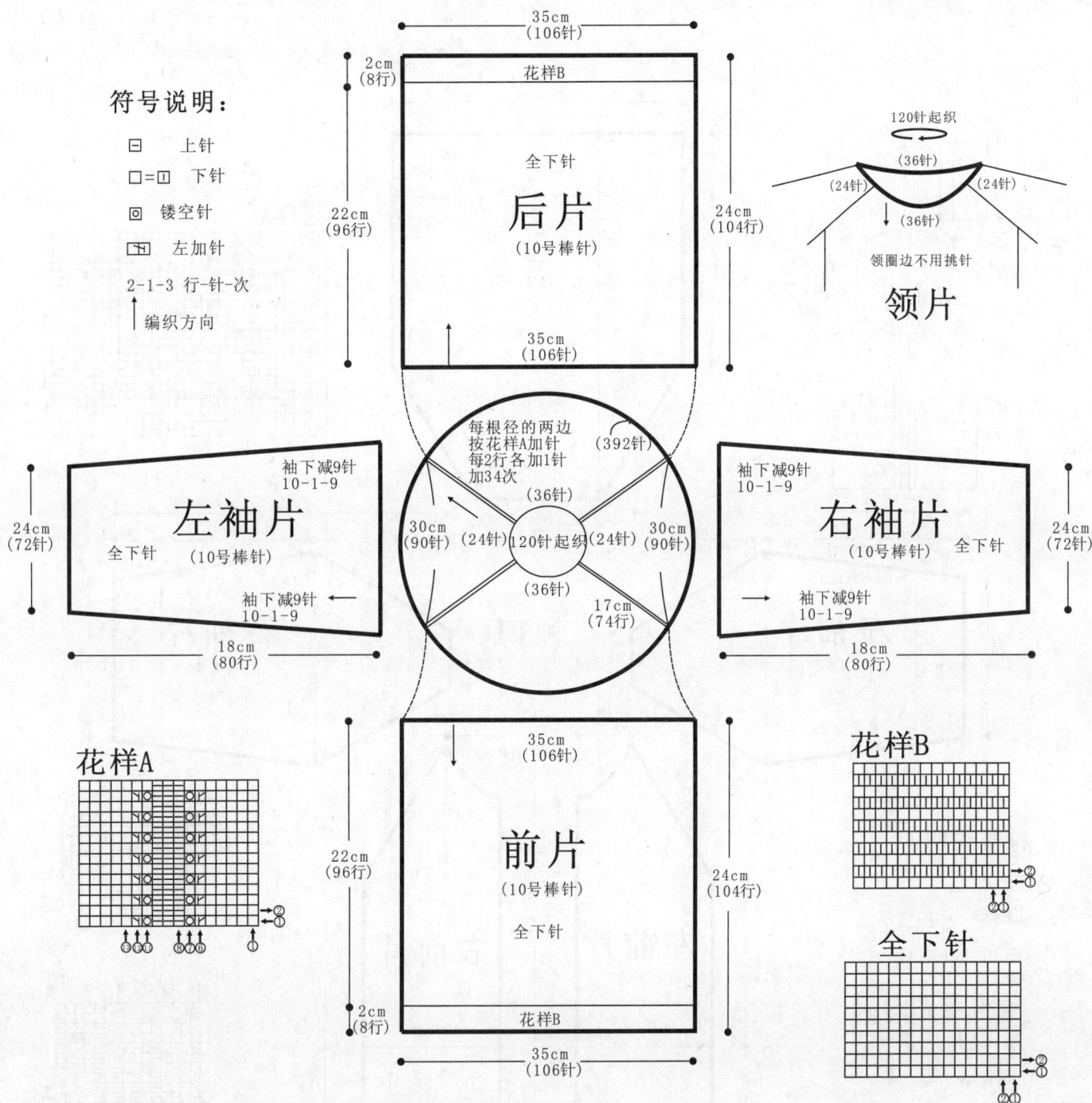

【成品规格】 衣长41cm, 下摆宽35cm, 连肩袖长35cm

【工　具】 10号棒针4支, 绣花针1支

【编织密度】 30针×44行=10cm²

【材　料】 红色线400g, 黄色线和粉红色线各少许, 刺绣的装饰图案1枚

编织要点:

1. 毛衣用棒针编织, 由一片前片、一片后片、两片袖片组成, 从上往下编织。

2. 先织领口环形片:用下针起针法起120针, 织全下针, 并开始分前、后片和两边袖片, 每分片的中间留2针径, 按花样A加针, 方法是:每2行加1针加34次, 织完74行时, 织片的针数为392针, 环形片完成。

3. 开始分出前片、后片和两片袖片。
(1)前片:分出106针, 继续织全下针, 侧缝不用加减针, 织104行后, 改织8行花样B, 收针断线。
(2)后片:分出106针, 方法与前片一样。

4. 袖片:左袖片分出90针, 织全下针, 袖下减针, 方法是:每10行减1针减9次, 织至80行时, 收针断线, 注意在编织途中织4行花样A, 用同样方法编织右袖片。

5. 缝合:将前片的侧缝和后片的侧缝缝合, 两袖片的袖下分别缝合。

6. 用粉红色线和黄色线绣上小花, 缝上刺绣图案, 编织完成。

符号说明:

□　上针

□=Ⅰ　下针

回　镂空针

🔲　左加针

2-1-3　行-针-次

↑　编织方向

后片

35cm (106针)

2cm (8行) 花样B

全下针

22cm (96行)

(10号棒针)

35cm (106针)

24cm (104行)

领片

120针起织

(36针)

(24针) (24针)

(36针)

领圈边不用挑针

每根径的两边按花样A加针 每2行各加1针 加34次

(392针)

(36针)

30cm (90针) (24针) 120针起织 (24针) 30cm (90针)

17cm (74行)

(36针)

左袖片

袖下减9针 10-1-9

24cm (72针)

全下针 (10号棒针)

袖下减9针 10-1-9

18cm (80行)

右袖片

袖下减9针 10-1-9

(10号棒针) 全下针

24cm (72针)

袖下减9针 10-1-9

18cm (80行)

前片

35cm (106针)

22cm (96行)

(10号棒针)

全下针

2cm (8行) 花样B

24cm (104行)

35cm (106针)

花样A

②①

花样B

②①

全下针

②①

灰色连帽运动装

【成品规格】衣长33cm，下摆宽30cm，连肩袖长43cm

【工　　具】10号棒针，绣花针1支

【编织密度】26针×34行=10cm²

【材　　料】灰色羊毛线400g，紫色线少许，纽扣4枚，绳子1根

编织要点：

1. 毛衣用棒针编织，由两片前片、一片后片、两片袖片组成，从下往上编织。
2. 先编织前片。
（1）左前片，用下针起针法，起40针，织32行花样A后，织全下针，侧缝不用加减针，织46行至插肩袖隆。
（2）袖隆以上的编织，袖隆平收6针后，减22针，方法是：每2行减2针减11次。
（3）同时从插肩袖隆算起，织至28行时，开始领窝减12针，方法是：每2行减2针减6次，织至肩部全部针数收完，用同样方法编织右前片。
3. 编织后片。
（1）用下针起针法，起80针，织32行花样A后，改织全下针，侧缝不用加减针，织46行至插肩袖隆。
（2）袖隆以上的编织，两边袖隆平收6针后减11针，方法是：每2行减1针减11次，领窝不用减针，余24针。
4. 编织袖片，用下针起针法，起52针，织32行花样A后，改织全下针，两边袖下加针，方法是：每6行加1针加12次，织至74行开始插肩减针，方法是：每2行减2针减11次，至肩部余32针，用同样方法编织另一袖片。
5. 缝合，将前片的侧缝与后片的侧缝对应缝合，袖片的袖下分别缝合，袖片的插肩部与衣片的插肩部缝合。
6. 领圈边挑104针，织58行全下针，在两边平收38针余28针，继续编织至54行，然后A与B缝合，C与D缝合，形成帽子。
7. 两边门襟至帽沿挑170针，织6行单罗纹，左边门襟均匀开纽扣孔。
8. 装饰：在下摆边、袖口和帽沿缝上毛线球，系上绳子，缝上纽扣，编织完成。

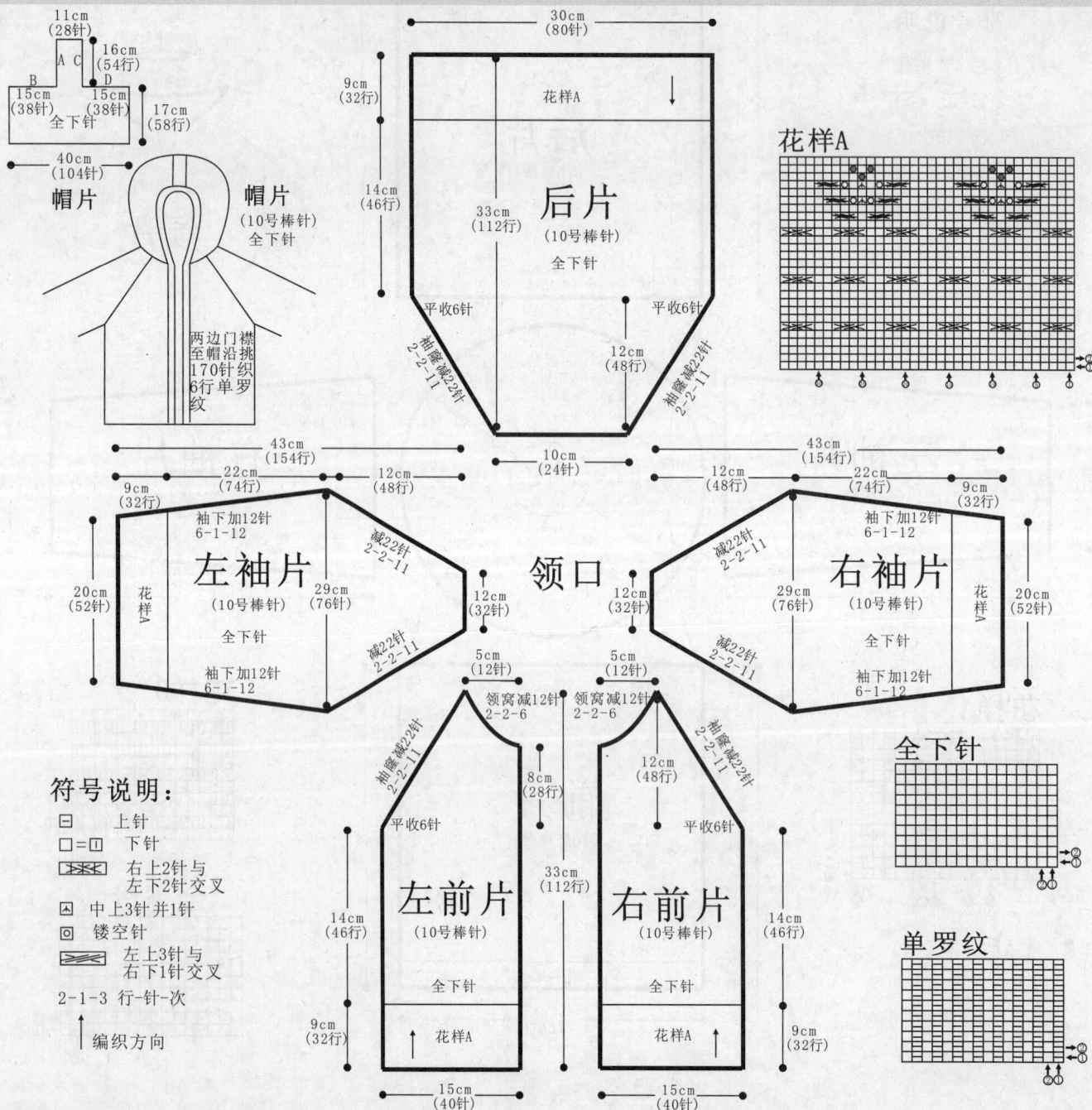

帽片

11cm（28针）
16cm（54行）
A C
B D
15cm（38针）全下针 15cm（38针）
17cm（58行）
40cm（104针）

帽片（10号棒针）全下针
两边门襟至帽沿挑170针织6行单罗纹

花样A

后片
30cm（80针）
9cm（32行）
花样A
14cm（46行）
33cm（112行）（10号棒针）全下针
平收6针　平收6针
12cm（48行）
袖隆减22针 2-2-11　袖隆减22针 2-2-11

领口
10cm（24针）

左袖片
43cm（154行）
9cm（32行）
22cm（74行）
12cm（48行）
袖下加12针 6-1-12
减22针 2-2-11
20cm（52针）
花样A
29cm（76行）
（10号棒针）全下针
袖下加12针 6-1-12
减22针 2-2-11
12cm（32针）

右袖片
43cm（154行）
12cm（48行）
22cm（74行）
9cm（32行）
减22针 2-2-11
袖下加12针 6-1-12
29cm（76行）
20cm（52针）
（10号棒针）全下针
花样A
减22针 2-2-11
袖下加12针 6-1-12

左前片
5cm（12针）
12cm（32针）
领窝减12针 2-2-6
袖隆减22针 2-2-11
8cm（28行）
平收6针
14cm（46行）
33cm（112行）（10号棒针）全下针
花样A
9cm（32行）
15cm（40针）

右前片
5cm（12针）
领窝减12针 2-2-6
12cm（48行）
平收6针
袖隆减22针 2-2-11
14cm（46行）
（10号棒针）全下针
花样A
9cm（32行）
15cm（40针）

全下针

单罗纹

符号说明：

□　上针
□=□　下针
右上2针与左下2针交叉
中上3针并1针
镂空针
左上3针与右下1针交叉

2-1-3　行-针-次

↑　编织方向

150

紫色波浪领短袖装

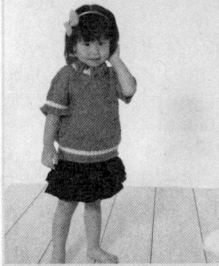

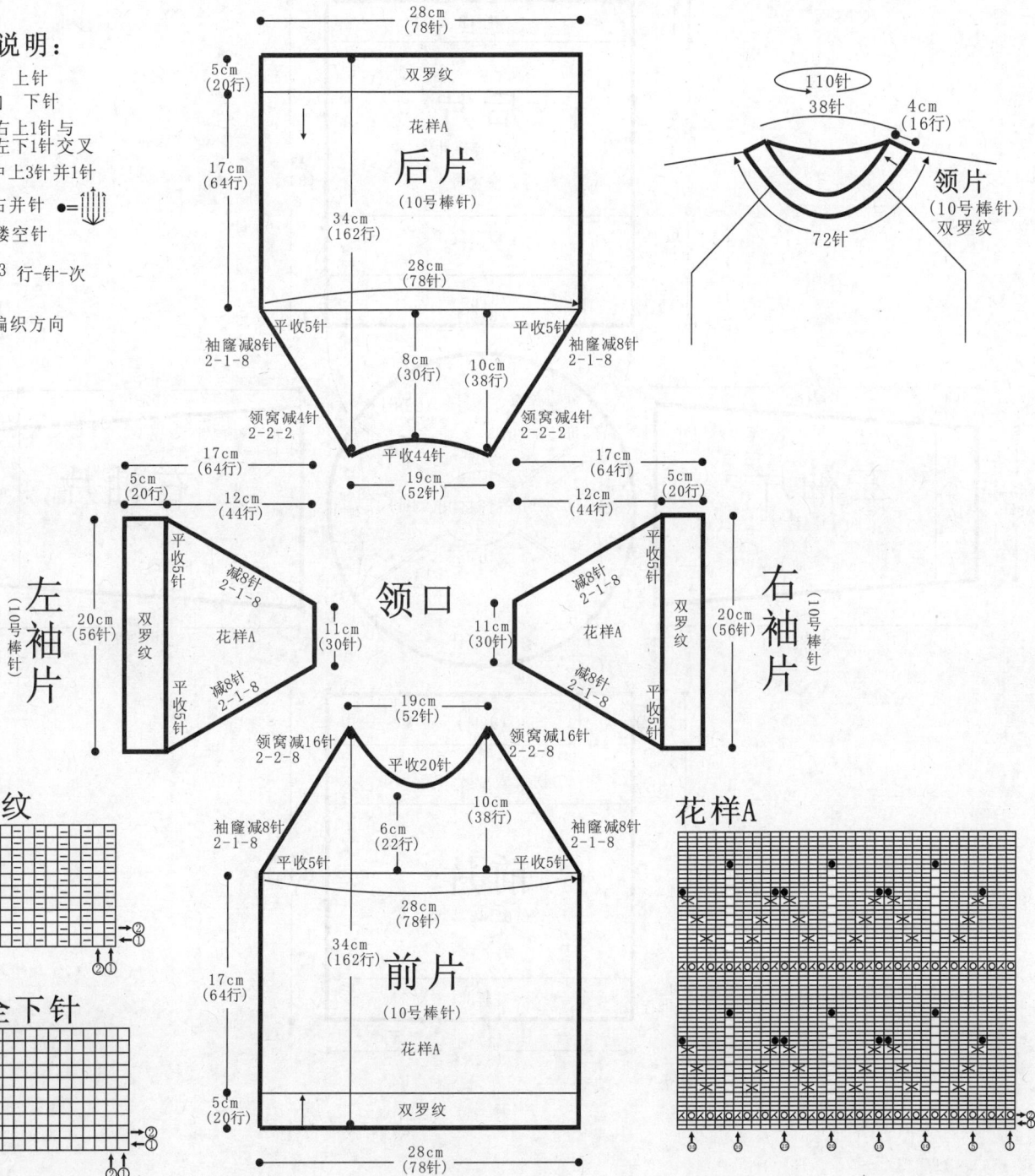

【成品规格】 衣长34cm，下摆宽28cm，连肩袖长17cm

【工　　具】 10号棒针4支

【编织密度】 28针×38行=10cm²

【材　　料】 紫色羊毛线400g，白色线少许

编织要点：

1. 毛衣用棒针编织，由一片前片、一片后片、两片袖片组成，从下往上编织。
2. 先编织前片。
(1)用下针起针法起78针，织20行双罗纹后，改织花样A，侧缝不用加减针，织64行至插肩袖窿。
(2)袖窿以上的编织，两边平收5针后，进行袖窿减针，方法是：每2行减1针减8次，各减8针。
(3)从插肩袖窿算起，织至22行时，在中间平收20针，开始开领窝，两边各减16针，方法是：每2行减2针减8次，织至两边肩部全部针数收完。
3. 编织后片。
(1)插肩袖窿和袖窿以下的编织方法与前片插肩袖窿一样。
(2)从插肩袖窿算起，织至30行，中间平收44针，领窝减针，方法是：每2行减2针减2次，织至两边肩部全部针数收完。
4. 编织袖片，用下针起针法，起56针，织20行双罗纹后，改织花样A，两边开始插肩减针，方法是：每2行减1针减8次，至肩部余30针，用同样方法编织另一袖片。
5. 缝合，将前片的侧缝与后片的侧缝对应缝合，袖片的插肩部与衣片的插肩部缝合。
6. 领圈边挑110针，圈织10行双罗纹后，均匀加针，每织3针加1针，织6行全下针，形成圆领，编织完成。

符号说明：

- ⊟　上针
- □=⊡　下针
- ⊠　右上1针与左下1针交叉
- ⊿　中上3针并1针
- ⊡　右并针　●=┃┃┃┃┃
- ◎　镂空针

2-1-3　行-针-次

↑　编织方向

后片（10号棒针）
28cm（78针）
双罗纹
花样A
5cm（20行）
17cm（64行）
34cm（162行）
28cm（78针）
平收5针　平收5针
袖窿减8针 2-1-8　袖窿减8针 2-1-8
8cm（30行）　10cm（38行）
领窝减4针 2-2-2　领窝减4针 2-2-2
平收44针

领片（10号棒针）双罗纹
110针
38针
4cm（16行）
72针

左袖片（10号棒针）
17cm（64行）
5cm（20行）
12cm（44行）
平收5针
减8针 2-1-8
双罗纹
20cm（56针）
花样A
减8针 2-1-8
平收5针

右袖片（10号棒针）
17cm（64行）
5cm（20行）
12cm（44行）
平收5针
减8针 2-1-8
双罗纹
20cm（56针）
花样A
减8针 2-1-8
平收5针

领口
19cm（52针）
11cm（30针）
11cm（30针）

前片（10号棒针）
19cm（52针）
领窝减16针 2-2-8　领窝减16针 2-2-8
平收20针
6cm（22行）　10cm（38行）
袖窿减8针 2-1-8　袖窿减8针 2-1-8
平收5针　平收5针
28cm（78针）
34cm（162行）
17cm（64行）
花样A
双罗纹
5cm（20行）
28cm（78针）

单罗纹
②①
②①

全下针
②①
②①

花样A

151

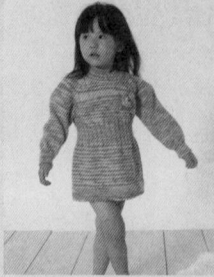

【成品规格】 衣长42cm，下摆宽37cm，连肩袖长36cm

【工　　具】 10号棒针4支，钩针1支

【编织密度】 22针×30行=10cm²

【材　　料】 粉红色段染线400g，钩花1朵

编织要点：

1. 毛衣用棒针编织，由一片前片、一片后片、两片袖片组成，从上往下编织。
2. 先织领口环形片：用下针起针法起88针，环织12行双罗纹，作为圆领，然后改织全下针，并均匀加40针，至128针，开始分前、后片和两边袖片，每分片的中间留2针径，按花样A加针，织完42行时，织片的针数为288针，环形片完成。
3. 开始分出前片、后片和两片袖片。
(1)前片：分出82针，依次织12行全下针、18行双罗纹、42行全下针、12行花样B，侧缝不用加减针，收针断线。
(2)后片：分出82针，方法与前片一样。
4. 袖片：左袖片分出62针，织全下针，袖下减针，方法是：每4行减1针减11次，织至52行时，改织14行单罗纹，收针断线，用同样方法编织右袖片。
5. 缝合：将前片的侧缝和后片的侧缝缝合，两袖片的袖下分别缝合。
6. 在前片缝上钩针花朵，编织完成。

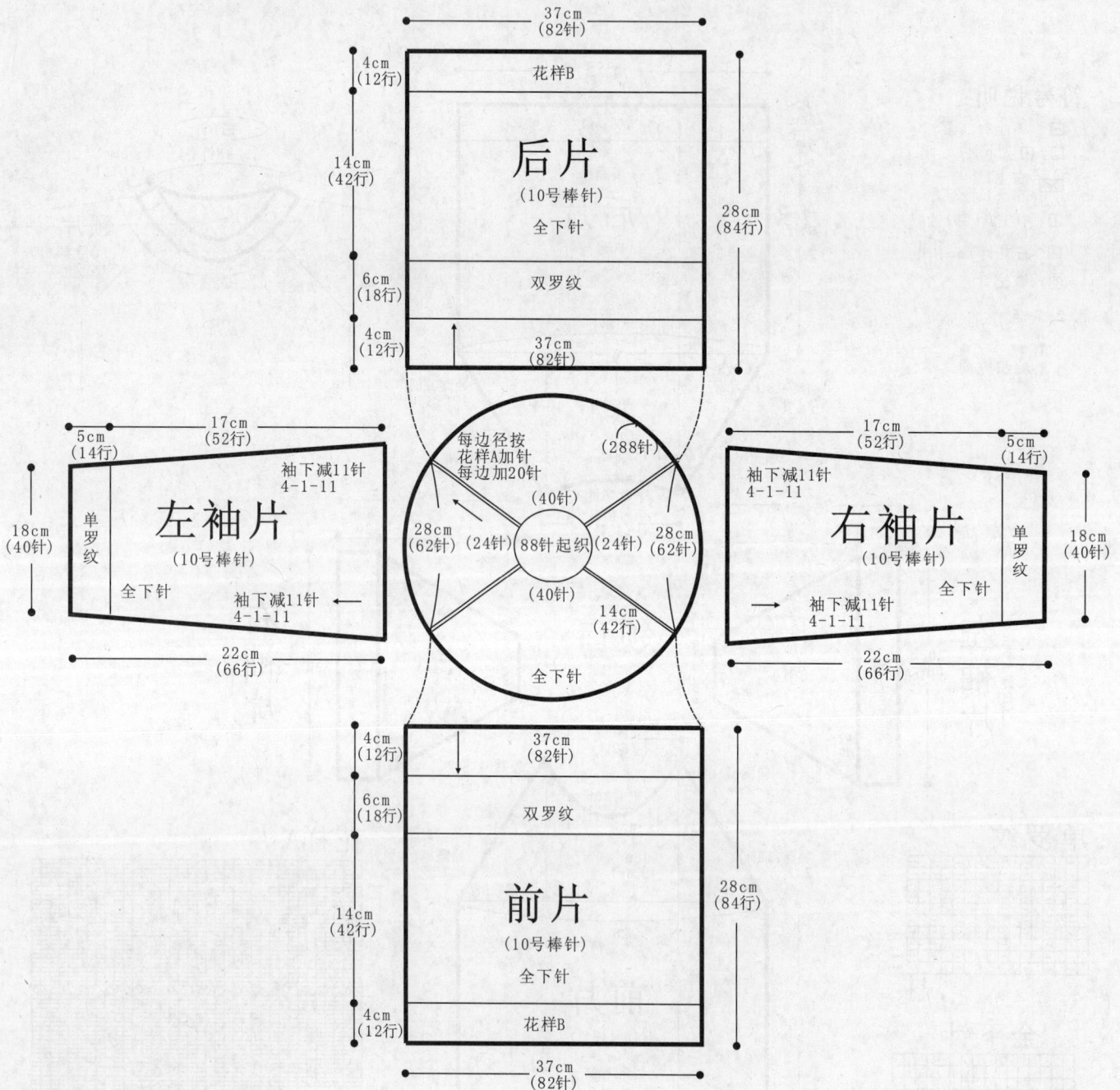

37cm
(82针)

4cm
(12行)　花样B

14cm
(42行)

后片
(10号棒针)

全下针

28cm
(84行)

6cm
(18行)　双罗纹

4cm
(12行)　37cm
(82针)

17cm
(52行)

5cm
(14行)

袖下减11针
4-1-11

18cm
(40行)

单罗纹

左袖片
(10号棒针)

全下针

袖下减11针
4-1-11

22cm
(66行)

每边径按花样A加针
每边加20针

(288针)

(40针)

28cm
(62针)　(24针)　88针起织　(24针)　28cm
(62针)

(40针)

14cm
(42行)

全下针

17cm
(52行)

5cm
(14行)

袖下减11针
4-1-11

右袖片
(10号棒针)

全下针

单罗纹

18cm
(40针)

袖下减11针
4-1-11

22cm
(66行)

4cm
(12行)　37cm
(82针)

6cm
(18行)　双罗纹

14cm
(42行)

前片
(10号棒针)

全下针

28cm
(84行)

4cm
(12行)　花样B

37cm
(82针)

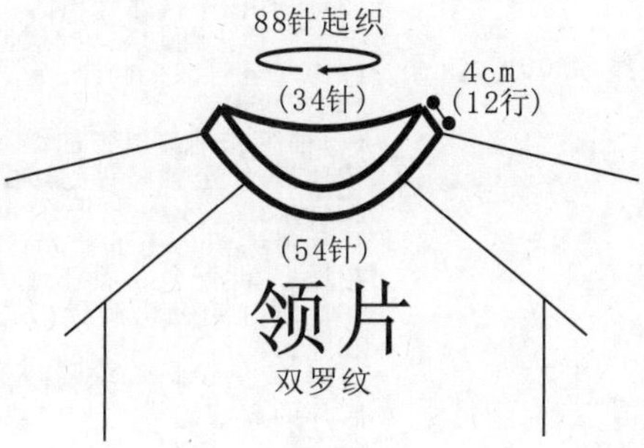

88针起织
4cm
(12行)
(34针)
(54针)

领片

双罗纹

双罗纹

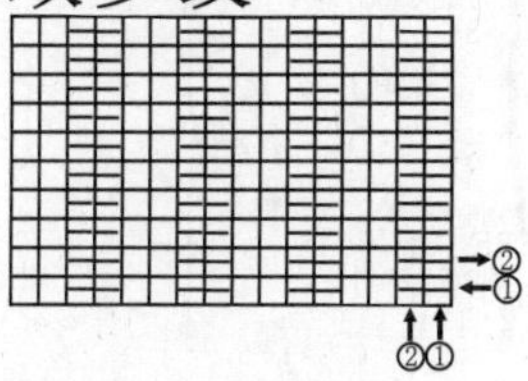

②
①
②①

单罗纹

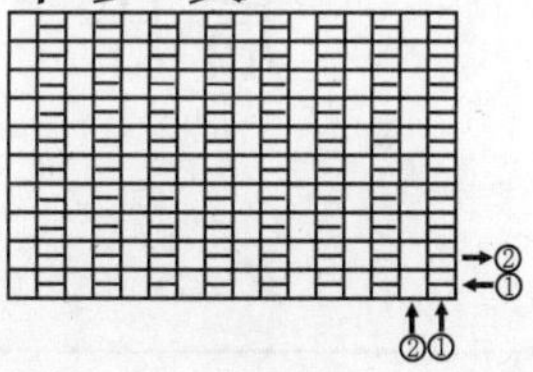

②
①
②①

花样A

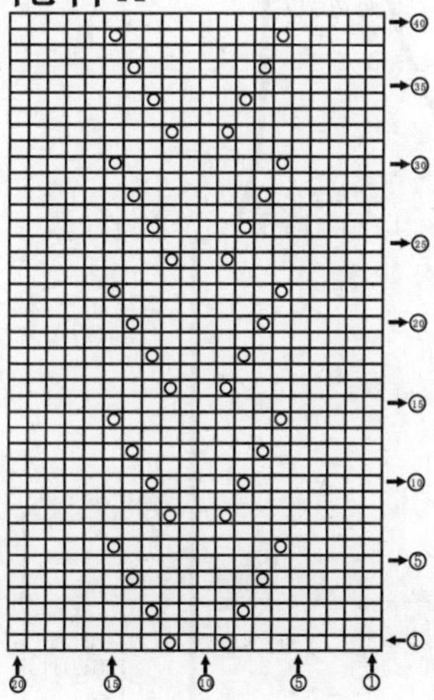

全下针

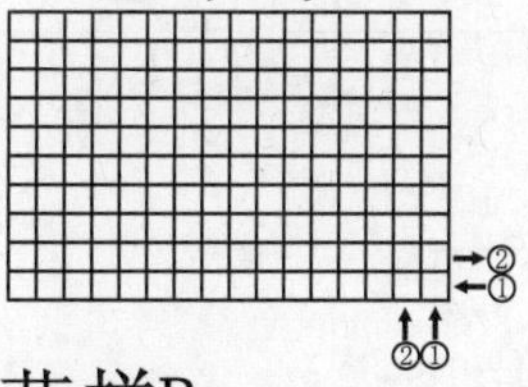

②
①
②①

花样B

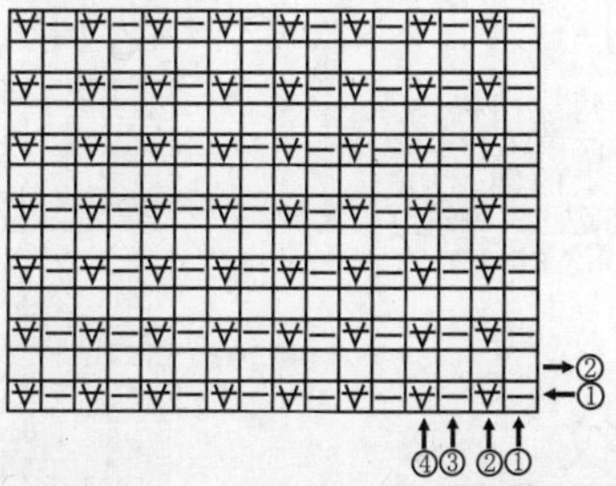

②
①
④③②①

符号说明：

- ⊟ 上针
- □=⊡ 下针
- ∀ 浮针
- ⊠ 右并针
- ⊙ 镂空针

2-1-3 行-针-次

↑ 编织方向

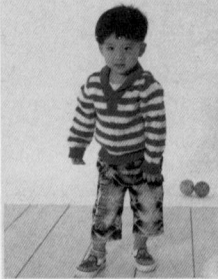

蓝白配色毛衣

【成品规格】 衣长33cm，下摆宽30cm，肩宽24cm

【工　　具】 10号棒针4支，钩针1支

【编织密度】 28针×38行=10cm²

【材　　料】 蓝色、白色羊毛线各200g，纽扣1枚

编织要点：

1. 毛衣用棒针编织，由一片前片、一片后片、两片袖片组成，从下往上编织。

2. 先编织前片。

(1) 用下针起针法起84针，编织16行单罗纹后，改织花样A，并配色，侧缝不用加减针，织64行至袖窿。

(2) 袖窿以上的编织，两边袖窿减针，方法是：每2行减1针减9次，各减9针，余下针数不加不减织48行至肩部。

(3) 同时在中间平收8针，开始开纽扣门襟，然后分两片编织，织至16行，两边领窝减针，方法是：每2行减1针减15次，各减15针，至肩部余14针。

3. 编织后片。

(1) 袖窿和袖窿以下的编织方法与前片袖窿一样。

(2) 同时织至袖窿算起38行时，开后领窝，中间平收32针，两边领窝减针，方法是：每2行减1针减3次，织至两边肩余14针。

4. 袖片编织，用下针起针法，起56针，织16行单罗纹后，改织花样A，并配色，袖下加针，方法是：每12行加1针加6次，织至80行时开始袖山减针，方法是：每2行减2针减12次，至顶部余20针。

5. 缝合，将前片的侧缝与后片的侧缝对应缝合。前片的肩部与后片的肩部缝合，两边袖片的袖下缝合后，分别与衣片的袖边缝合。

6. 领片编织，领圈边至两边门襟，挑152针，织8行单罗纹后，在门襟以上的翻领加针，方法是：每2行加1针加30次，织34行，编织完成。

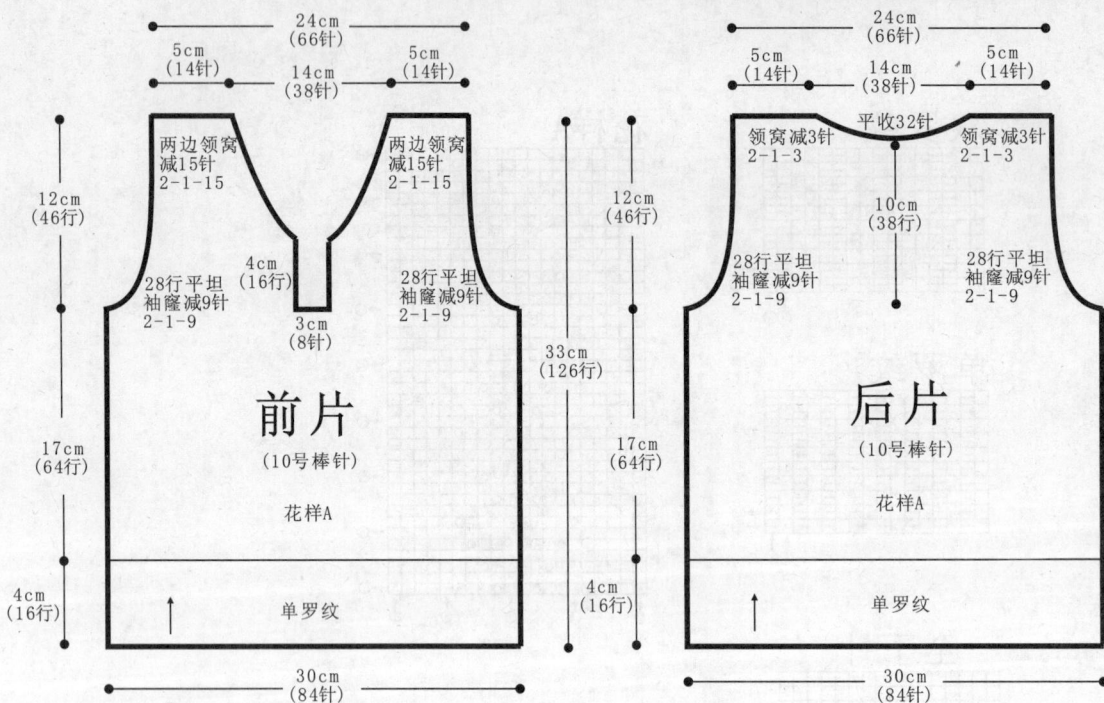

前片（10号棒针）花样A

后片（10号棒针）花样A

- 24cm（66针）
- 5cm（14针）
- 14cm（38针）
- 5cm（14针）
- 两边领窝减15针 2-1-15
- 12cm（46行）
- 28行平坦袖窿减9针 2-1-9
- 4cm（16行）
- 3cm（8针）
- 33cm（126行）
- 17cm（64行）
- 4cm（16行）
- 单罗纹
- 30cm（84针）

- 平收32针
- 领窝减3针 2-1-3
- 10cm（38行）

符号说明：

- □ 上针
- □ =□ 下针
- 右上3针与左下3针交叉
- 2-1-3 行-针-次
- ↑ 编织方向

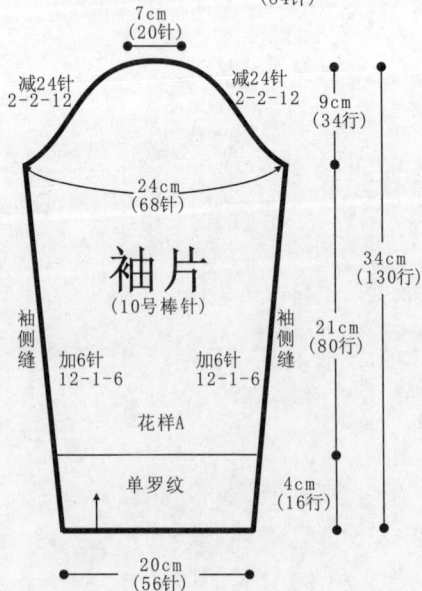

袖片（10号棒针）

- 7cm（20针）
- 减24针 2-2-12
- 9cm（34行）
- 24cm（68针）
- 34cm（130行）
- 21cm（80行）
- 袖侧缝
- 加6针 12-1-6
- 花样A
- 单罗纹
- 4cm（16行）
- 20cm（56针）

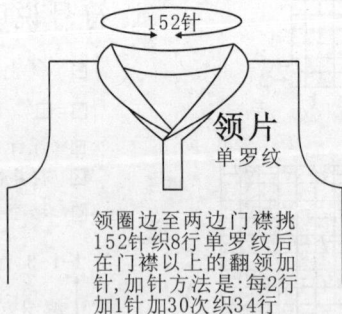

领片 单罗纹

152针

领圈边至两边门襟挑152针织8行单罗纹后在门襟以上的翻领加针，加针方法是：每2行加1针加30次织34行

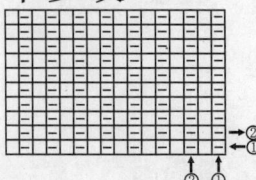

单罗纹

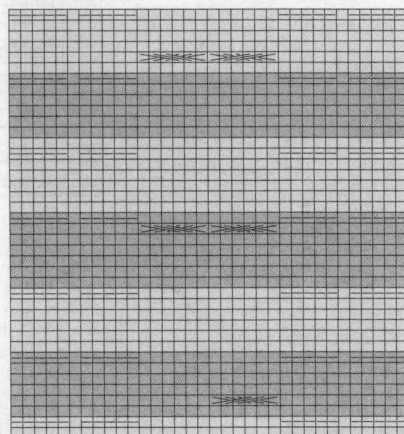

花样A

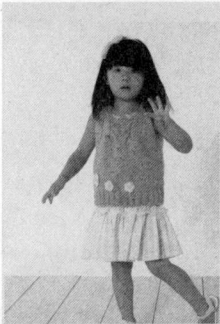

翠绿色小背心

【成品规格】 衣长34cm，下摆宽30cm，肩宽21cm

【工　　具】 10号棒针，缝衣针、钩针各1支

【编织密度】 20针×26行=10cm²

【材　　料】 绿色羊毛线400g，白色钩花3朵，亮珠若干

编织要点：

1. 毛衣用棒针编织，由一片前片、一片后片组成，从下往上编织。
2. 先编织前片。
(1)用下针起针法起60针，编织12行双罗纹后，改织全下针，侧缝不用加减针，织42行至袖窿，并改织花样A。
(2)袖窿以上的编织，两边袖窿平收4针后减针，方法是：每2行减1针减5次，各减5针，余下针数不加不减织24行。
(3)同时从袖窿算起织至14行时，开始开领窝，先平收18针，然后两边减针，方法是：每2行减1针减4次，共减4针，不加不减针织12行至肩部余8针。
3. 编织后片。
(1)用下针起针法起60针，编织12行双罗纹后，改织全下针，侧缝不用加减针，织42行至袖窿，并在靠中间均匀减7针，然后袖窿开始减针，方法与前片袖窿一样。
(2)织至袖窿算起30行时，开后领窝，中间平收22针，两边减针，方法是：每2行减1针减2次，织至两边肩部余8针。
4. 缝合，将前片的侧缝与后片的侧缝对应缝合。前片的肩部与后片的肩部缝合。
5. 编织袖口，两边袖口用钩针钩织花边。
6. 领子编织，领圈边用钩针钩织花边。
7. 装饰：把白色钩花和亮珠缝合于前片，编织完成。

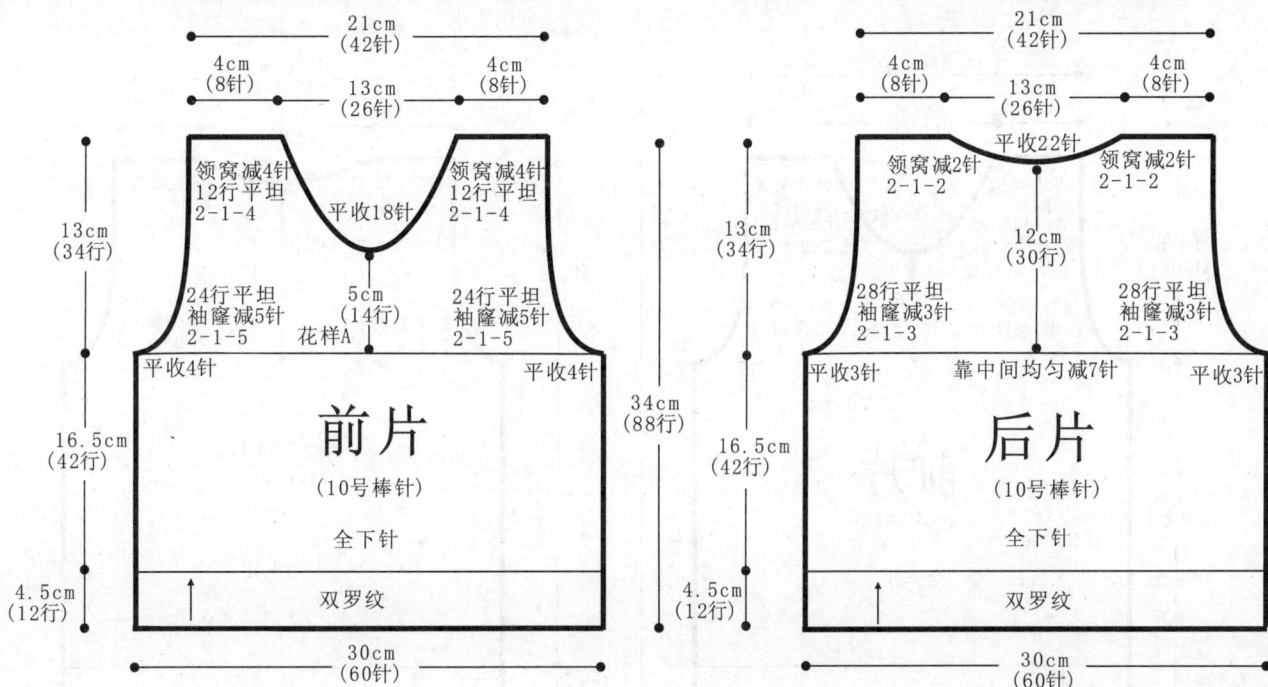

前片（10号棒针）全下针 双罗纹

后片（10号棒针）全下针 双罗纹

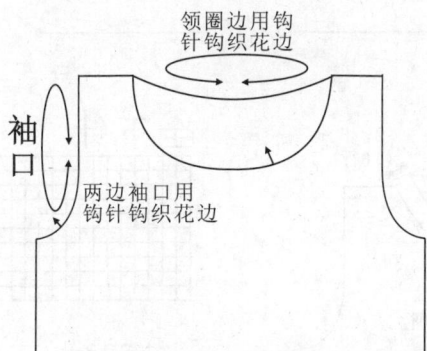

领圈边用钩针钩织花边

袖口

两边袖口用钩针钩织花边

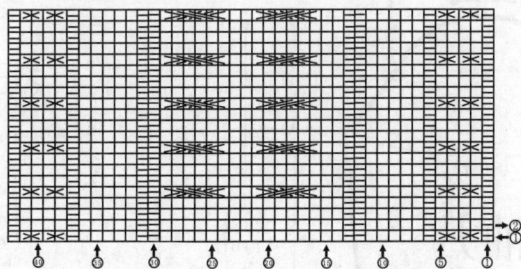

双罗纹

全下针

双罗纹

符号说明：

□　上针

□=□　下针

☒　右上1针与左下1针交叉

　右上3针与左下3针交叉

2-1-3　行-针-次

↑　编织方向

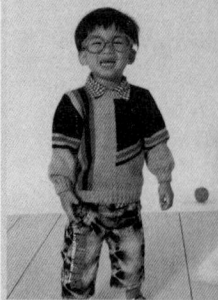

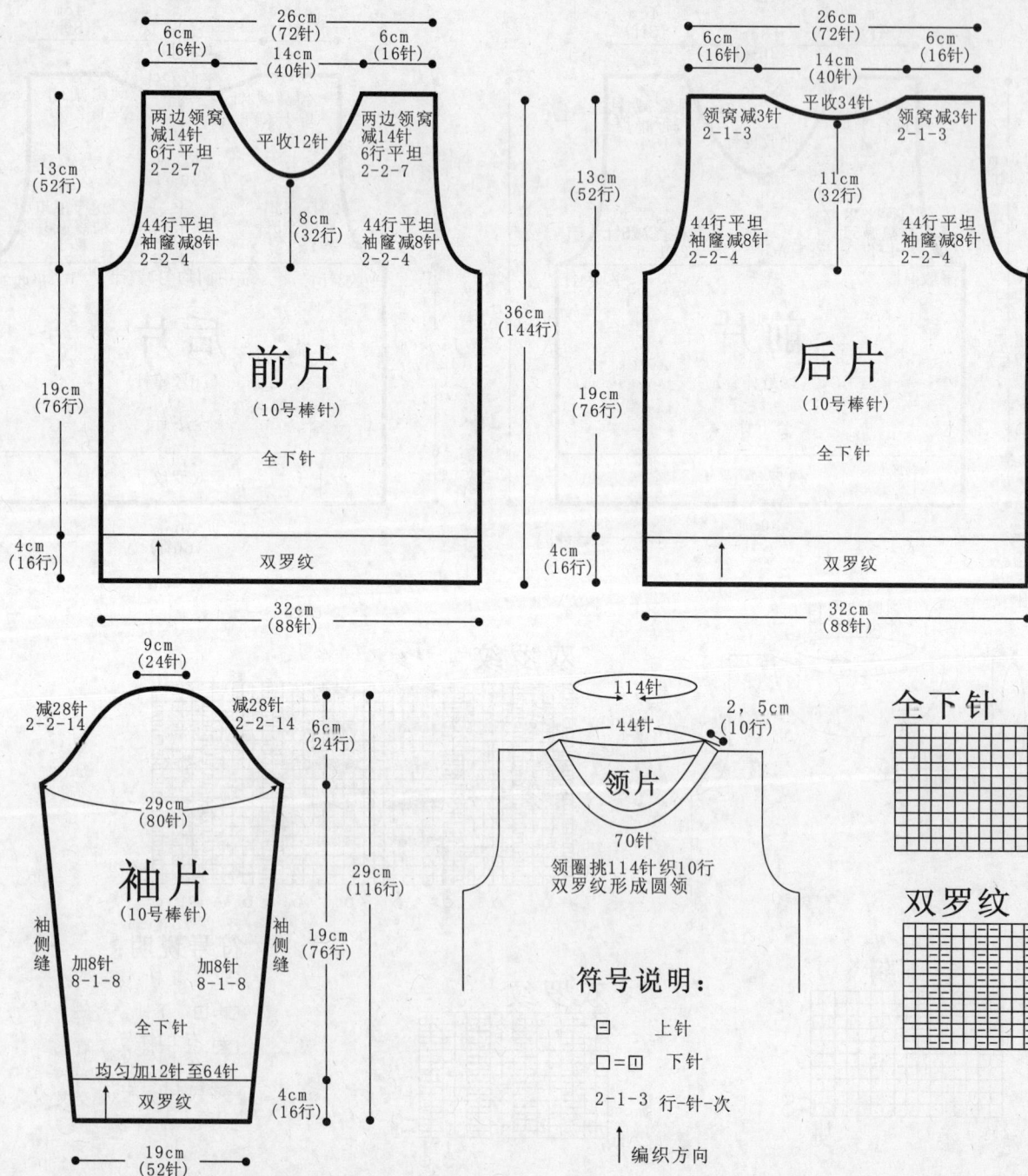

英伦风套头装

【成品规格】 衣长36cm，下摆宽32cm，肩宽26cm

【工　　具】 10号棒针

【编织密度】 28针×40行=10cm²

【材　　料】 深蓝色、灰色、红色羊毛线各100g

编织要点：

1. 毛衣用棒针编织，由一片前片、一片后片、两片袖片组成，从下往上编织。

2. 先编织前片。

(1)用下针起针法起88针，编织16行双罗纹后，改织全下针，按图配色，侧缝不用加减针，织76行至袖窿。

(2)袖窿以上的编织，两边袖窿减针，方法是：每2行减2针减4次，各减8针，余下针数不加不减织52行至肩部。

(3)同时从袖窿算起织至32行时，开始开领窝，中间平收12针，然后两边减针，方法是：每2行减2针减7次，各减14针，不加不减针织6行至肩部余16针。

3. 编织后片。

(1)袖窿和袖窿以下的编织方法与前片袖窿一样。

(2)同时织至袖窿算起32行时，开后领窝，中间平收34针，两边减针，方法是：每2行减1针减3次，织至两边肩部余22针。

4. 袖片编织，用下针起针法，起52针，织16行双罗纹后，改织全下针，并配色，袖下加针，方法是：每8行加1针加8次，织至76行时开始袖山减针，方法是：每2行减2针减14次，至顶部余24针。

5. 缝合，将前片的侧缝与后片的侧缝对应缝合。前片的肩部与后片的肩部缝合，两边袖片的袖下缝合后，分别与衣片的袖边缝合。

6. 领片编织，领圈边挑114针，圈织10行双罗纹，形成圆领，编织完成。

前片 (10号棒针)

全下针

- 26cm（72针）
- 6cm（16针）　14cm（40针）　6cm（16针）
- 两边领窝减14针6行平坦 2-2-7
- 平收12针
- 两边领窝减14针6行平坦 2-2-7
- 13cm（52行）
- 44行平坦 袖窿减8针 2-2-4
- 8cm（32行）
- 44行平坦 袖窿减8针 2-2-4
- 36cm（144行）
- 19cm（76行）
- 双罗纹
- 4cm（16行）
- 32cm（88针）

后片 (10号棒针)

全下针

- 26cm（72针）
- 6cm（16针）　14cm（40针）　6cm（16针）
- 平收34针
- 领窝减3针 2-1-3
- 领窝减3针 2-1-3
- 13cm（52行）
- 11cm（32行）
- 44行平坦 袖窿减8针 2-2-4
- 44行平坦 袖窿减8针 2-2-4
- 36cm（144行）
- 19cm（76行）
- 双罗纹
- 4cm（16行）
- 32cm（88针）

袖片 (10号棒针)

全下针

- 9cm（24针）
- 减28针 2-2-14
- 减28针 2-2-14
- 6cm（24行）
- 29cm（80针）
- 袖侧缝　加8针 8-1-8
- 加8针 8-1-8　袖侧缝
- 29cm（116行）
- 19cm（76行）
- 均匀加12针至64针
- 双罗纹
- 4cm（16行）
- 19cm（52针）

领片

- 114针
- 44针
- 2，5cm（10行）
- 70针
- 领圈挑114针织10行双罗纹形成圆领

全下针

双罗纹

符号说明：

□ 上针

□=□ 下针

2-1-3 行-针-次

↑ 编织方向

156

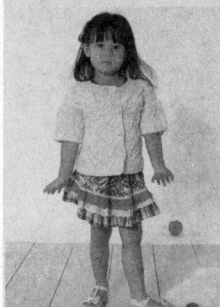

白色精致中袖装

【成品规格】 衣长35cm，胸围56cm，袖长20cm

【工　　具】 11号环形针和棒针

【编织密度】 24针×26行=10cm²

【材　　料】 宝宝棉线500g，纽扣4枚

编织要点：

1.衣服上面的圆横向编织，起35针分三层：第一层4针织全平针，每6行织2行；第二层是5针，织菠萝花，每4行织2行，其余为第三层，行行织。织够长度后平收，然后分别从下面挑织前后片和袖。

2.后片：从后片挑80针织花样B，平织至收针。

3.前片：从前片挑21针，织法同后片。

4.袖：从袖部挑针后织花样C，另一只相同。

5.门襟：沿边挑针织桂花针，另用钩针钩包扣，缝上。

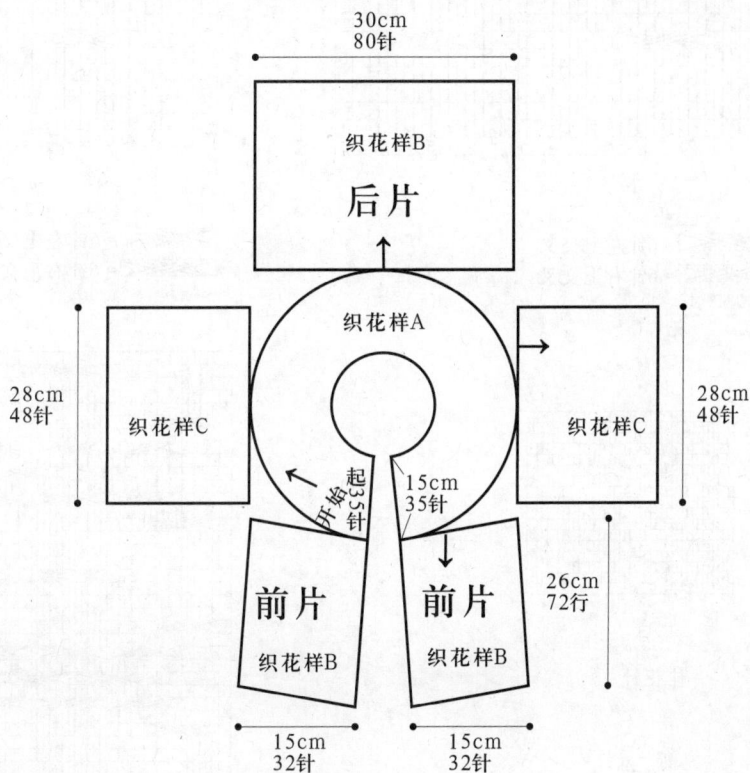

30cm
80针

织花样B

后片

织花样A

28cm
48针

织花样C

28cm
48针

织花样C

起35针环织

15cm
35针

26cm
72行

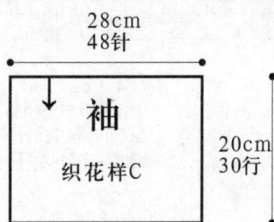

前片

织花样B

前片

织花样B

15cm
32针

15cm
32针

28cm
48针

↓ **袖**

织花样C

20cm
30行

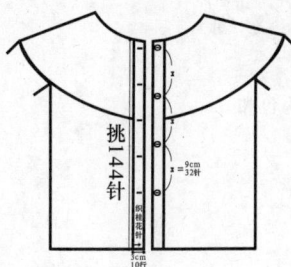

挑144针

9cm
32针

3cm
10行

门襟

门襟沿前片挑针织桂花针，在一侧留下扣眼，另一侧缝扣子

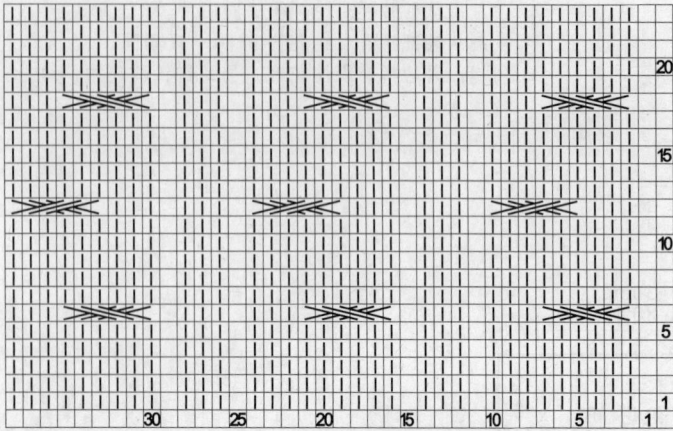

□ = □
〰〰〰〰 = 6针左上交叉
〰〰〰〰 = 6针右上交叉

花样C

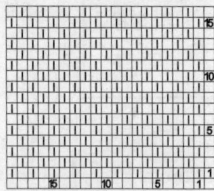

□ = □
〰〰〰〰 = 6针左上交叉
〰〰〰〰 = 6针右上交叉

花样B

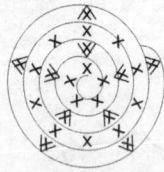

□ = □

桂花针

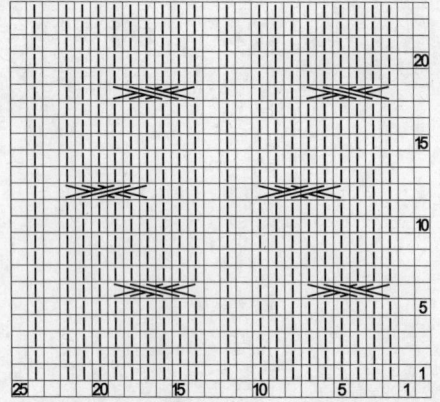

钩包扣

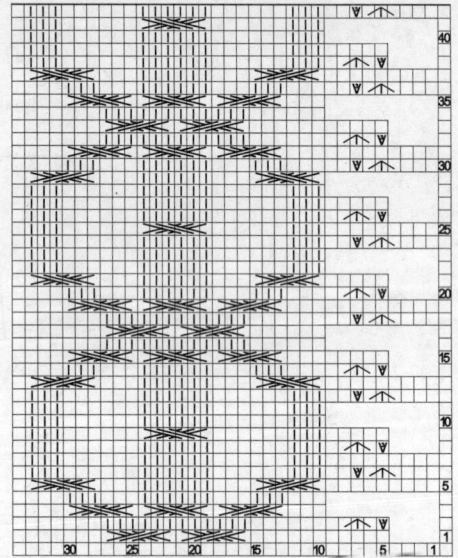

□ = □
Ⅴ = 1针放3针
⋀ = 中上3针并1针
〰〰〰〰 = 6针左上交叉

花样A

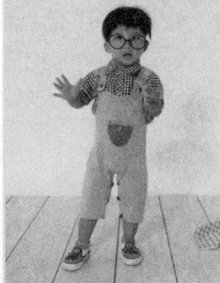

蓝色背带裤

【成品规格】 裤长43cm，胸宽26cm

【工　　具】 10号棒针4支，缝衣针1支

【编织密度】 28针×36行＝10cm²

【材　　料】 蓝色羊毛线400g，
红色线少许，
纽扣9枚

编织要点：

1. 毛裤用棒针编织，由一片前片和一片后片组成，从下往上编织。
2. 先织前片，右裤腿片：用下针起针法，起30针，织8行花样B后，改织全下针，内侧加针，方法是：每2行加1针加6次，织54行至裤裆，用同样方法编织左裤腿片。
3. 左、右裤腿片合并成一片编织，并在中间平加12针，此时的针数为84针，继续往上编织，侧缝减针方法是：每2行减1针减6次，织32行后，不加不减针织28针，开始袖窿减针。
4. 袖窿以上的编织，在织片的两侧留6针作为边针，并平收7针，在边针的内侧减针，方法是：每2行减2针减5次，各减10针，同时在袖窿算起织26行时，不加不减针织6行花样A，余50针，收针断线。
5. 后片编织，编织方法与前片一样，织至花样A时，在两边留8针继续编织吊带，中间34针收针，吊带织72行，并在相应的位置织开纽扣孔。
6. 缝合，将前片的侧缝与后片的侧缝对应缝合。
7. 沿着左右裤腿的内侧，分前片和后片，分别挑96针，织6行花样A，并在相应的位置开纽扣孔。
8. 前片的装饰图案起8针，织全下针，两边分别加8针，方法是：每2行加2针加4次，共织28行用黑色线点缀成苹果图案，与前片缝合，缝上纽扣，编织完成。

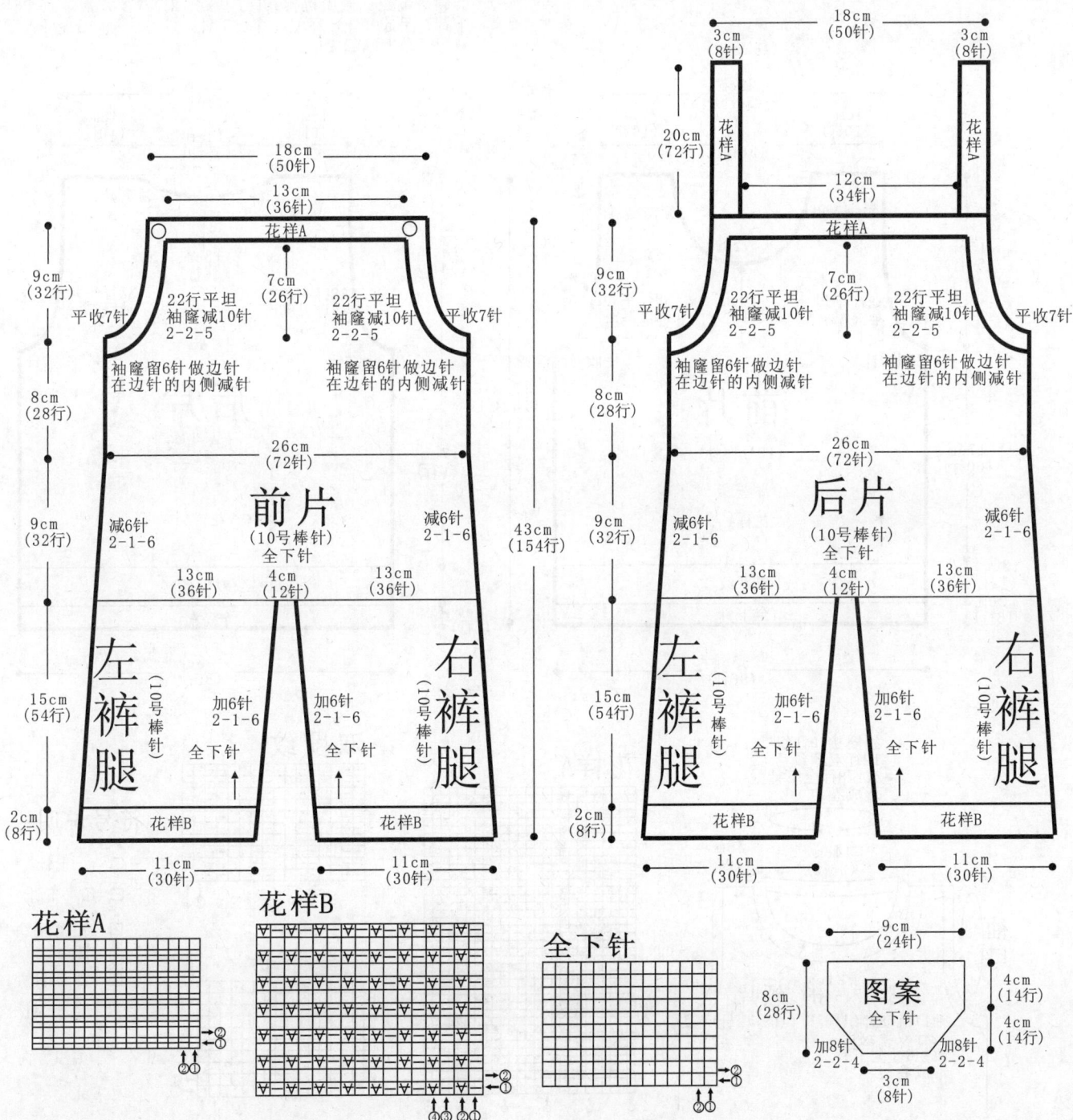

159

白色简约小背心

【成品规格】 衣长37cm，下摆宽33cm，肩宽22cm

【工　　具】 10号棒针

【编织密度】 26针×36行＝10cm²

【材　　料】 白色羊毛线400g，灰色线少许

编织要点：

1. 毛衣用棒针编织，由一片前片、一片后片组成，从下往上编织。

2. 先编织前片。
(1)用下针起针法，起86针，编织6行全下针后，改织12行双罗纹，然后再改织花样A，侧缝不用加减针，织60行至袖隆。
(2)袖隆以上的编织。两边袖隆平收7针后减针，方法是：每2行减1针减8次，各减8针，余下针数不加不减织38行。
(3)从袖隆算起织至36行时，开始开领窝，先平收20针，然后两边减针，方法是：每2行减1针减8次，共减8针，不加不减织至肩部余10针。

3. 编织后片。
(1)用下针起针法，起86针，编织6行全下针后，改织12行双罗纹，然后再改织花样A，侧缝不用加减针，织60行至袖隆。
(2)织至袖隆算起46行时，开后领窝，中间平收28针，两边减针，方法是每2行减1针减4次，织至两边肩部余10针。

4. 缝合。将前片的侧缝与后片的侧缝对应缝合。前片的肩部与后片的肩部缝合。

5. 编织袖口。两边分别挑78针，环织12行双罗纹后，再织8行全下针，另起78针，环织12行全下针，缝合袖口内侧，形成双层卷边。用同样方法编织另一袖口。

6. 领子编织。领圈边挑90针，环织12行双罗纹后，再织8行全下针，另起90针，环织12行全下针，缝合于袖口的内侧，形成双层卷边。编织完成。

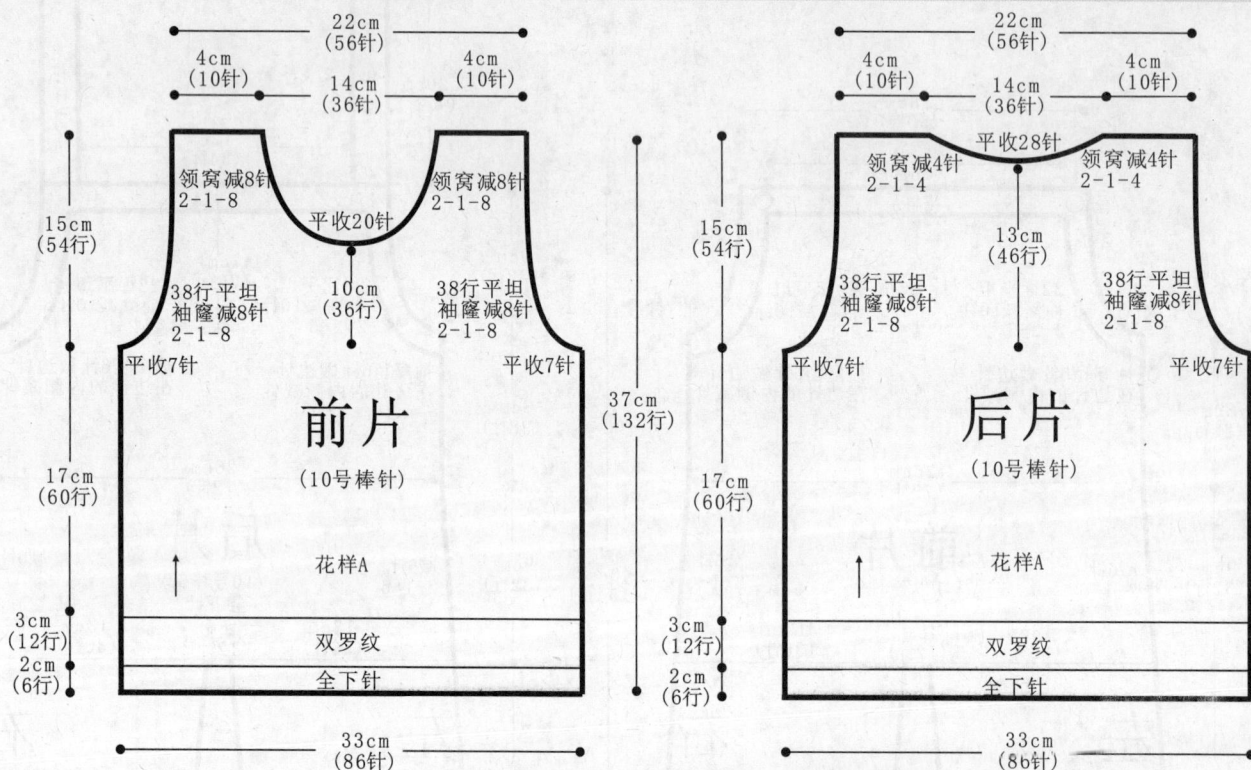

前片 (10号棒针)

后片 (10号棒针)

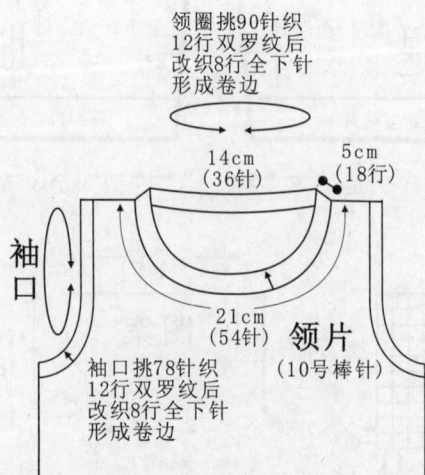

领片 (10号棒针)

袖口

领圈挑90针织12行双罗纹后改织8行全下针形成卷边

14cm (36针)　5cm (18行)

21cm (54针)

袖口挑78针织12行双罗纹后改织8行全下针形成卷边

花样A

双罗纹

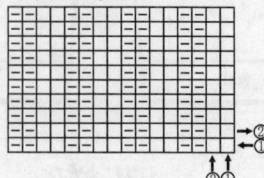

全下针

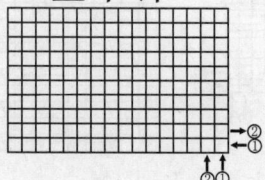

符号说明：

□　上针

□=□　下针

☑　左上3针并1针

回　镂空针

☒　右上3针并1针

2-1-3　行-针-次

↑　编织方向

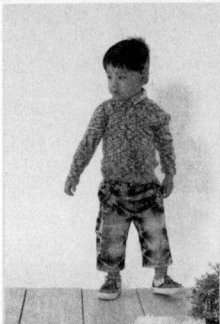

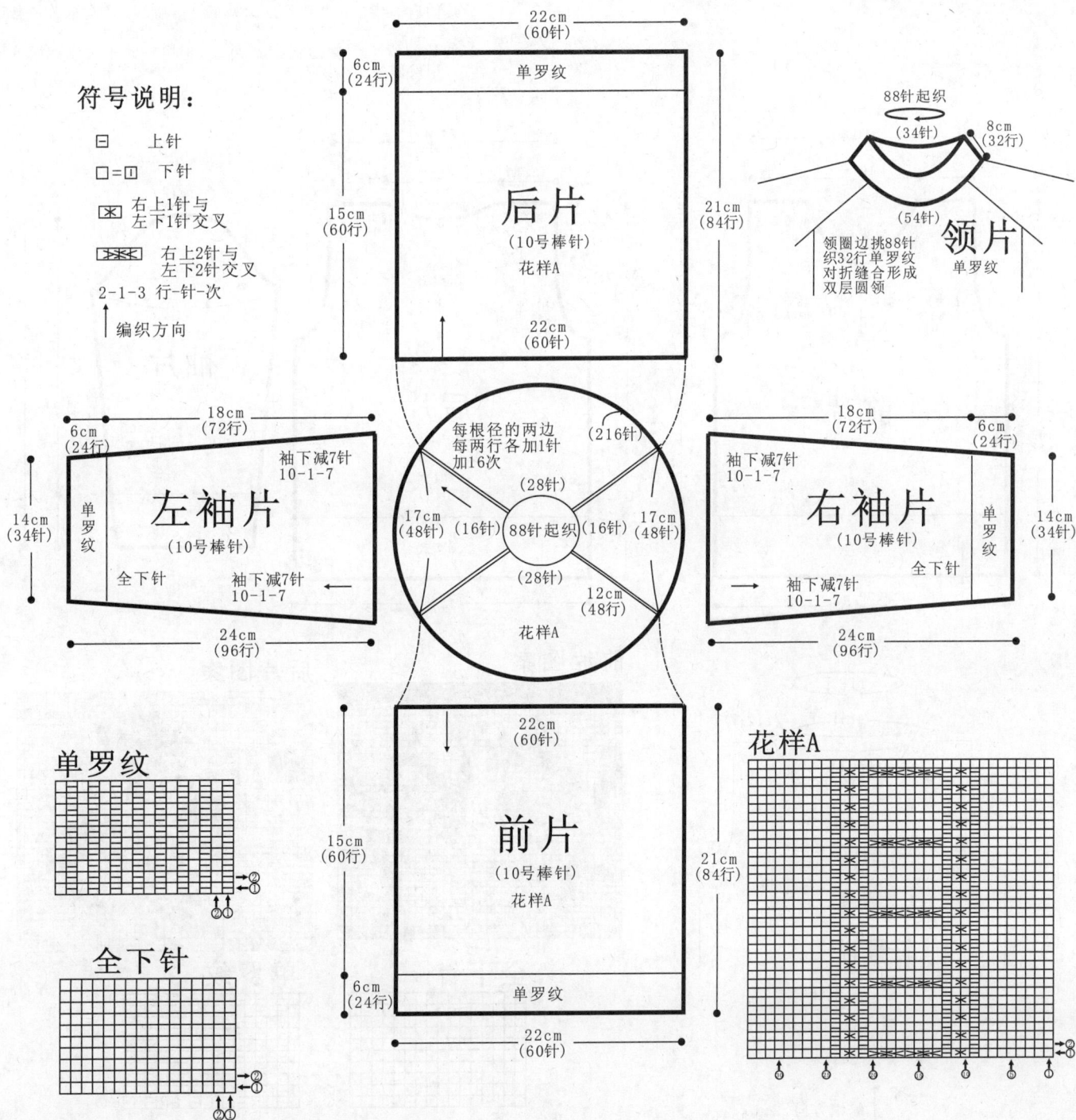

修身打底衫

【成品规格】 衣长33cm，下摆宽22cm，连肩袖长36cm

【工　　具】 10号棒针4支

【编织密度】 28针×40行=10cm²

【材　　料】 段染线400g

编织要点:

1.毛衣用棒针编织，由一片前片、一片后片、两片袖片组成，从上往下编织。

2.先织领口环形片:用下针起针法起88针，环织32行单罗纹，对折缝合，形成双层圆领，然后开始分前、后片和两边袖片，前、后片织花样A，两袖片织全下针，每分片的中间留2针径加针，方法是:每2行加1针加16次，织完48行时，织片的针数为216针，环形片完成。

3.开始分出前片、后片和两片袖片。

(1)前片:分出60针，继续织花样A，织60行后，改织24行单罗纹，侧缝不用加减针，收针断线。

(2)后片:分出60针，方法与前片一样。

4.袖片:左袖片分出48针，织全下针，袖下减针，方法是:每10行减1针减7次，织至72行时，改织24行单罗纹，收针断线。用同样方法编织右袖片。

5.缝合:将前片的侧缝和后片的侧缝缝合。两袖片的袖下分别缝合。编织完成。

符号说明：

⊟ 上针

□=① 下针

▨ 右上1针与左下1针交叉

▨▨ 右上2针与左下2针交叉

2-1-3 行-针-次

↑ 编织方向

后片
(10号棒针)
花样A

22cm (60针)
6cm (24行) 单罗纹
15cm (60行)
21cm (84行)
22cm (60针)

领片
单罗纹
88针起织 (34针)
8cm (32行)
(54针)

领圈边挑88针织32行单罗纹对折缝合形成双层圆领

左袖片
(10号棒针)
18cm (72行)
6cm (24行)
袖下减7针 10-1-7
单罗纹
全下针 袖下减7针 10-1-7
14cm (34针)
24cm (96行)

右袖片
(10号棒针)
18cm (72行)
6cm (24行)
袖下减7针 10-1-7
单罗纹
全下针 袖下减7针 10-1-7
14cm (34针)
24cm (96行)

每根径的两边每两行各加1针加16次
(216针)
(28针)
17cm (48针) (16针) 88针起织 (16针) 17cm (48针)
(28针)
12cm (48针)
花样A

前片
(10号棒针)
花样A
22cm (60针)
15cm (60行)
21cm (84行)
6cm (24行) 单罗纹
22cm (60针)

单罗纹
②①
②①

全下针
②①
②①

花样A

161

Ok图案毛衣

【成品规格】衣长36cm，下摆宽30cm，肩宽24cm

【工　　具】10号棒针，绣花针1支

【编织密度】32针×42行=10cm²

【材　　料】深蓝色、灰色、红色羊毛线各100g

编织要点：

1. 毛衣用棒针编织，由一片前片、一片后片、两片袖片组成，从下往上编织。

2. 先编织前片。

(1)用下针起针法起96针，编织16行单罗纹后，改织全下针，按图配色，并编入图案，侧缝不用加减针，织68行至袖隆。

(2)袖隆以上的编织。两边袖隆减针，方法是：每2行减1针减10次，各减10针，余下针数不加不减织48行至肩部。

(3)同时从袖隆算起织至34行时，开始开领窝，中间平收16针，然后两边减针，方法是：每2行减1针减8次，各减8针，不加不减织18行至肩部余22针。

3. 编织后片。

(1)袖隆和袖隆以下的编织方法与前片袖隆一样，同时编入图案。

(2)同时织至袖隆算起58行时，开后领窝，中间平收22针，两边减针，方法是：每2行减1针减5次，织至两边肩部余22针。

4. 袖片编织。用下针起针法，起56针，织16行单罗纹后，改织全下针，并配色，袖下加针，方法是：每4行加1针加10次，织至96行时开始袖山减针，方法是：每2行减2针减12次。至顶部余28针。

5. 缝合。将前片的侧缝与后片的侧缝对应缝合。前片的肩部与后片的肩部缝合，两边袖片的袖下缝合后，分别与衣片的袖边缝合。

6. 领片编织。领圈边用深蓝色线，挑118针，圈织12行单罗纹，形成圆领。编织完成。

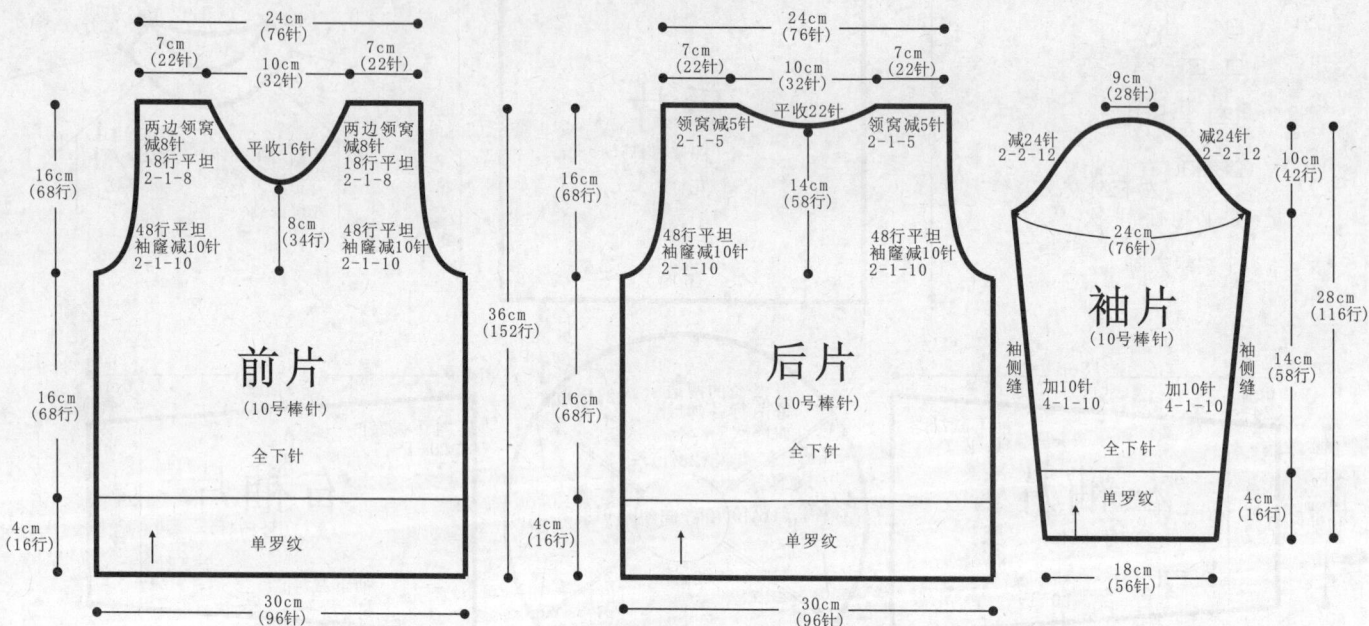

前片
24cm（76针）
7cm（22针）　10cm（32针）　7cm（22针）
两边领窝减8针 18行平坦 2-1-8　平收16针　两边领窝减8针 18行平坦 2-1-8
48行平坦 袖隆减10针 2-1-10　8cm（34行）　48行平坦 袖隆减10针 2-1-10
16cm（68行）
16cm（68行）
36cm（152行）
前片（10号棒针）
全下针
单罗纹
4cm（16行）
30cm（96针）

后片
24cm（76针）
7cm（22针）　10cm（32针）　7cm（22针）
领窝减5针 2-1-5　平收22针　领窝减5针 2-1-5
14cm（58行）
48行平坦 袖隆减10针 2-1-10　48行平坦 袖隆减10针 2-1-10
16cm（68行）
16cm（68行）
后片（10号棒针）
全下针
单罗纹
4cm（16行）
30cm（96针）

袖片
9cm（28针）
减24针 2-2-12　减24针 2-2-12
10cm（42行）
24cm（76针）
28cm（116行）
袖侧缝　加10针 4-1-10　加10针 4-1-10　袖侧缝
14cm（58行）
袖片（10号棒针）
全下针
单罗纹
4cm（16行）
18cm（56针）

118针
48针
3cm（12行）
领片
80针
领圈挑118针织24行单罗纹形成圆领

符号说明：

□　上针
□=□　下针
2-1-3　行-针-次
↑　编织方向

前片图案

后片图案

全下针

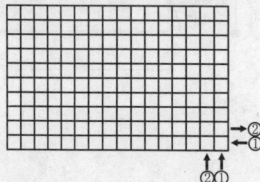

单罗纹

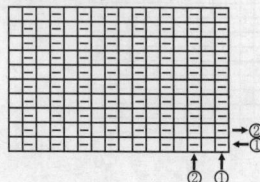

爱心长袖装

【成品规格】 衣长32cm，下摆宽34cm，
连肩袖长32cm

【工　　具】 10号棒针4支

【编织密度】 26针×36行=10cm²

【材　　料】 红色羊毛线400g，
黑色线少许，
纽扣9枚

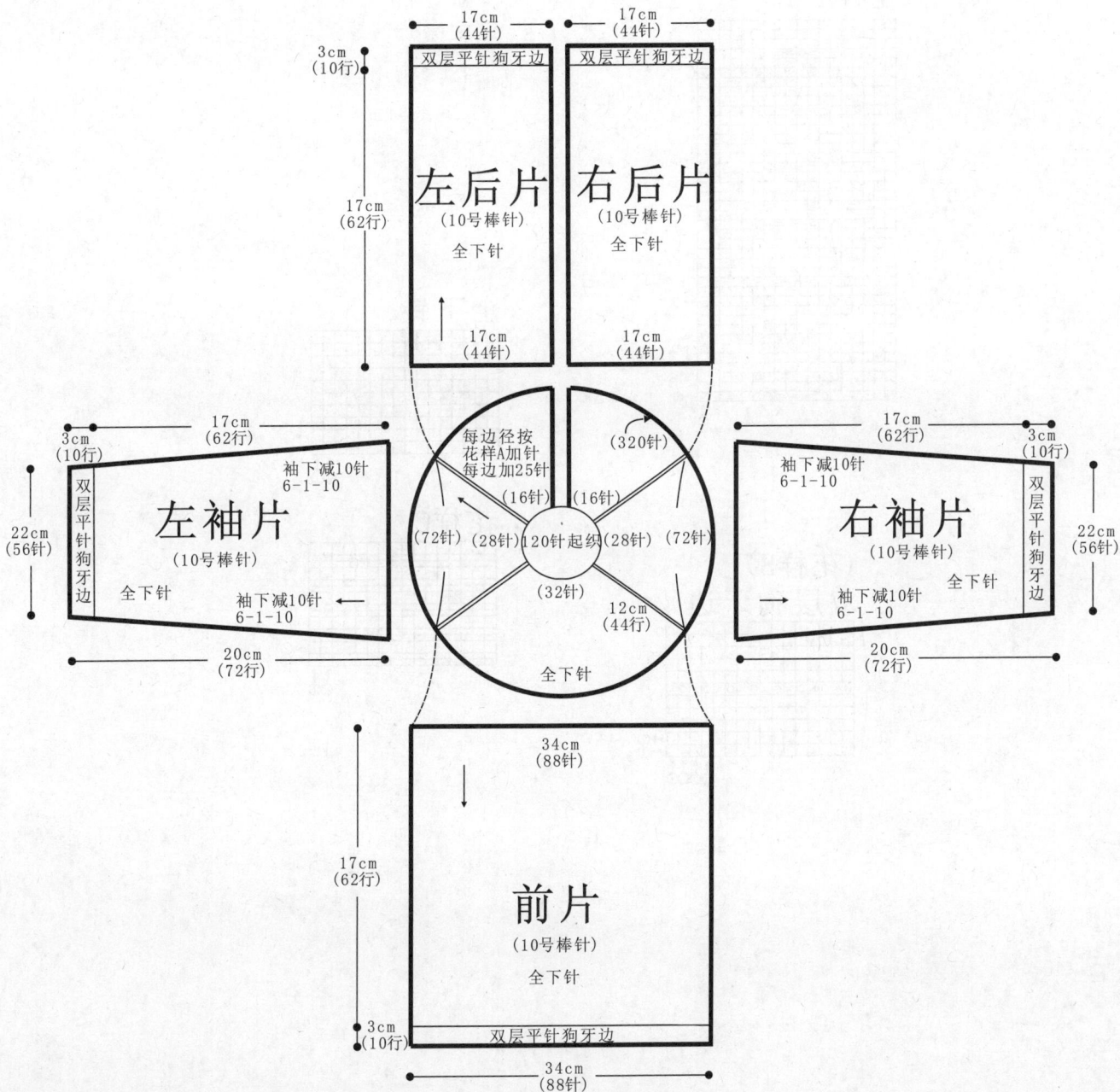

编织要点：
1. 毛衣用棒针编织，由一片前片、一片后片、两片袖片组成，从上往下编织。
2. 先织领口环形片：用黑色线，下针起针法起120针，片织20行花样B，花样B的中间织2行红色线，对折缝合，形成双层平针狗牙边，改用红色线，并开始分前、后片和两边袖片，每分片的中间留2针径，按花样A加针，织全下针，织完44行时，织片的针数为320针，环形片完成。
3. 开始分出前片、后片和两片袖片。
(1)前片：分出88针，织62行全下针，侧缝不用加减针，改用黑色线，织20行花样B，中间织2行红色线，对折缝合，形成双层平针狗牙边，收针断线。
(2)后片：分左右后片编织，左后片：分出44针，织62行全下针，改用黑色线织20行花样B，中间织2行红色线，对折缝合，形成双层平针狗牙边，收针断线。用同样方法编织右后片。
4. 袖片：左袖片分出72针，织全下针，袖下减针，方法是：每6行减1针减10次，织至62行时，改用黑色线，织10行花样B，中间织2行红色线，对折缝合，形成双层平针狗牙底边，收针断线。用同样方法编织右袖片。
5. 缝合：将前片的侧缝和后片的侧缝缝合，两袖片的袖下分别缝合。
6. 前片图案边另织好缝合。后片门襟挑84针，织8行花样C。缝上纽扣。编织完成。

17cm
(44针)
17cm
(44针)

双层平针狗牙边　　双层平针狗牙边

3cm
(10行)

左后片
(10号棒针)
全下针

右后片
(10号棒针)
全下针

17cm
(62行)

17cm
(44针)
17cm
(44针)

每边径按
花样A加针
每边加25针

(320针)

17cm
(62行)
3cm
(10行)

17cm
(62行)
3cm
(10行)

袖下减10针
6-1-10

左袖片
(10号棒针)

(16针)　(16针)

(72针)　(28针) 120针起织 (28针)　(72针)

全下针

袖下减10针
6-1-10

22cm
(56针)

(32针)

12cm
(44行)

全下针

右袖片
(10号棒针)

全下针

双层平针狗牙边

22cm
(56针)

袖下减10针
6-1-10

20cm
(72行)

20cm
(72行)

34cm
(88针)

17cm
(62行)

前片
(10号棒针)

全下针

3cm
(10行)

双层平针狗牙边

34cm
(88针)

163

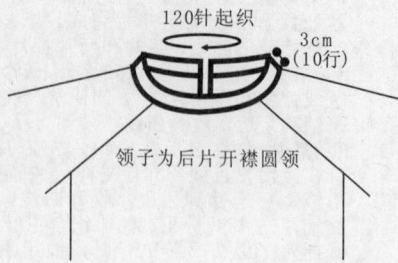

120针起织

3cm
(10行)

领子为后片开襟圆领

符号说明：

□　　上针

□=□　下针

[图]　右上2针与
　　　左下2针交叉

☒　右并针

回　镂空针

2-1-3 行-针-次

↑ 编织方向

花样A

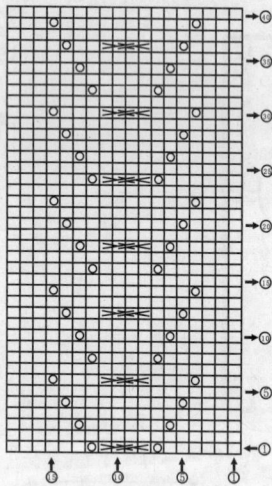

全下针

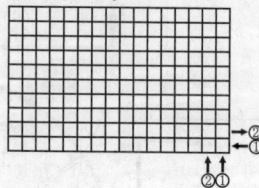

花样C

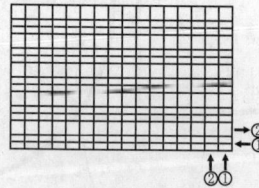

（花样B）
双层狗牙边

对折缝合

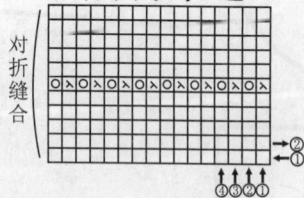

个性不规则装

【成品规格】衣长43cm，下摆宽36cm，肩宽24cm

【工　　具】10号棒针，绣花针1支

【编织密度】30针×44行=10cm²

【材　　料】粉红色羊毛线400g，黄色线等少许，纽扣3枚

编织要点：

1. 毛衣用棒针编织，由一片前片、一片后片、两片袖片组成，从下往上编织。

2. 先编织前片。

(1)用下针起针法起24针，织全下针，并在两边加针，方法是：每2行加2针加21次，各加42针，此时针数为108针，继续编织，两边侧缝减针，方法是：每2行减1针减5次，各减5针，此时针数为98针，织70行至袖隆。

(2)袖隆以上的编织。两边袖隆平收5针后减针，方法是：每2行减2针减4次，各减8针，余下针数不加不减织48行至肩部。

(3)同时在中间平收8针，开始开纽扣门襟，然后分两片编织，织至32行，两边领窝减针，方法是：每2行减1针减14次，各减14针，至肩部余18针。

3. 编织后片。

(1)袖隆和袖隆以下的编织方法与前片袖隆一样。

(2)同时织至袖隆算起66行时，开后领窝，中间平收30针，两边领窝减针，方法是：每2行减1针减3次，织至两边肩部余18针。

4. 袖片编织。用下针起针法，起52针，织18行单罗纹后，改织全下针，并分散加16针，至68针织下加针，方法是：每4行加1针加11次，织至60行时，两边平收5针后，开始袖山减针，方法是：每2行减2针减5次，每2行减1针减15次，至顶部余30针。

5. 缝合。将前片的侧缝与后片的侧缝对应缝合。前片的肩部与后片的肩部缝合，两边袖片的袖下缝合后，分别与衣片的袖边缝合。

6. 门襟：两边门襟分别各挑30针，织10行单罗纹，其中一边均匀地开纽扣孔，底部叠压缝合。

7. 领片编织。领圈边挑110针，织10行单罗纹，形成圆领。

8. 装饰：用绣花针绣上部分十字绣图案，缝上纽扣。下摆取黄色线，剪成20cm长的若干小段，系在下摆，形成流须。编织完成。

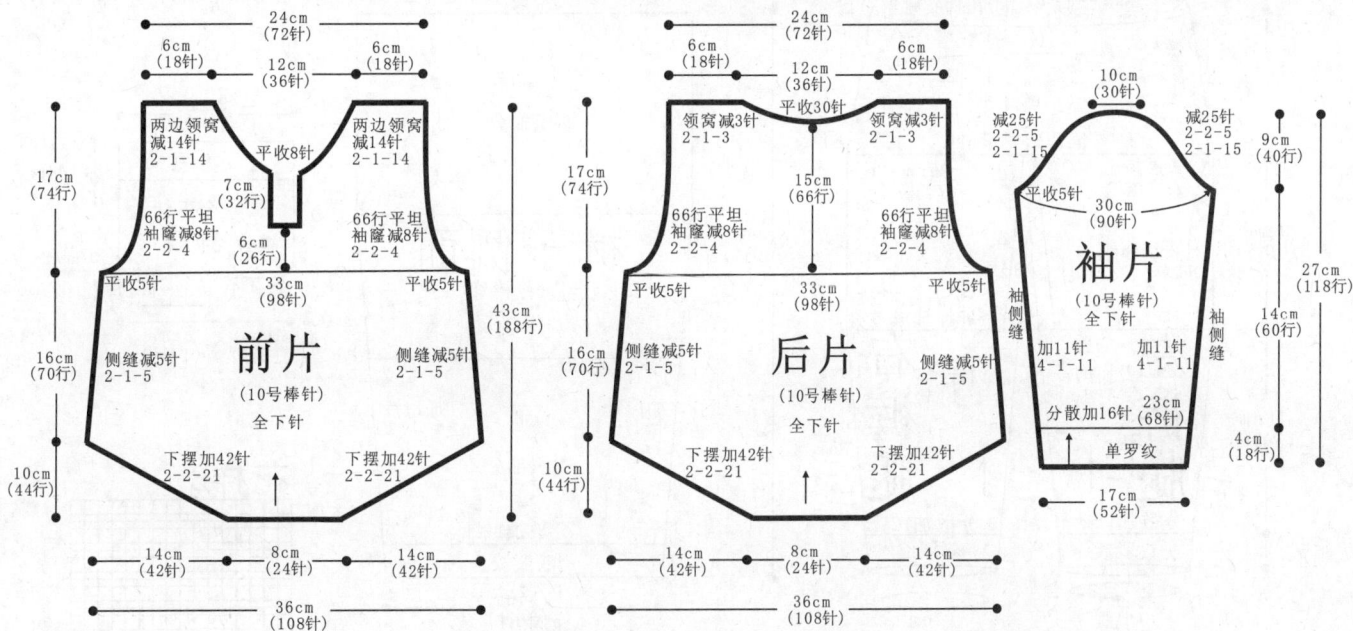

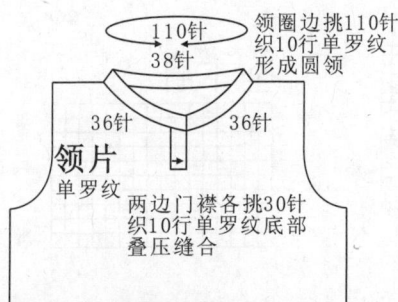

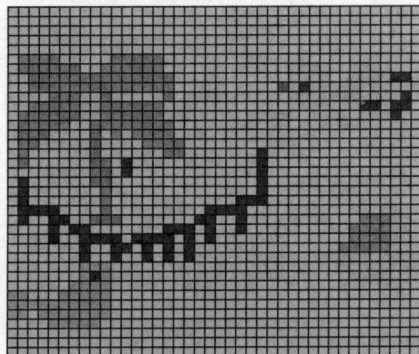

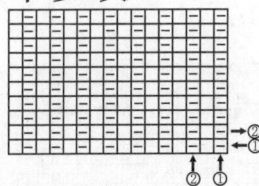

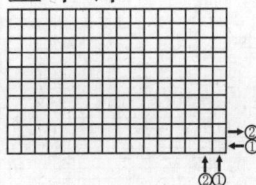

符号说明：

□　上针

□=□　下针

2-1-3　行-针-次

↑　编织方向

咖啡色背带裤

【成品规格】 裤长50cm，胸宽22cm

【工 具】 10号棒针

【编织密度】 26针×34行=10cm²

【材 料】 深咖啡色羊毛线400g，黄色线等少许，纽扣2枚

编织要点：

1.毛裤用棒针编织，由两个裤腿和两片护胸组成，从下往上编织。

2.先织两个裤腿。左裤腿起36针，圈织1行双罗纹后，分散加12针，改织全下针，两边均匀加针，方法是：每4行加1针加11次，织至54行时，开始开裤裆。

3.裤腿内侧留5针织花样D，此时针数为70针，并在5针旁边另挑5针，形成叠压，来回片织30行后，裤裆织完。用同样方法编织右裤腿。

4.左、右裤腿合并编织，合并后针数为140针，中间裤裆的5针花样B叠压后，圈织全下针，织至24行时，前、后片中间打皱褶，余58针，并开始织护胸。

5.分前、后片编织护胸，并按花样A编织，织48行后余34针，并在两边开纽扣孔，收针断线。用同样方法编织后片护胸，织48行后余34针，中间平收14针后，两边各10针继续编织裤带，织48行，收针断线。

6.两边口袋另织，起24针，先织14行花样C后，改织全下针，边角减针，织20行收针，按彩图缝合。缝上纽扣。编织完成。

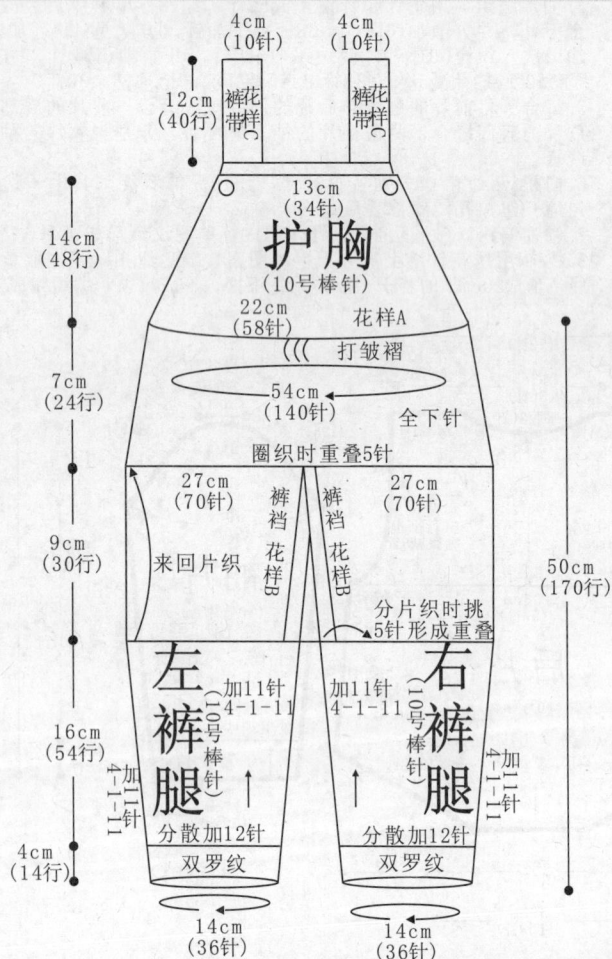

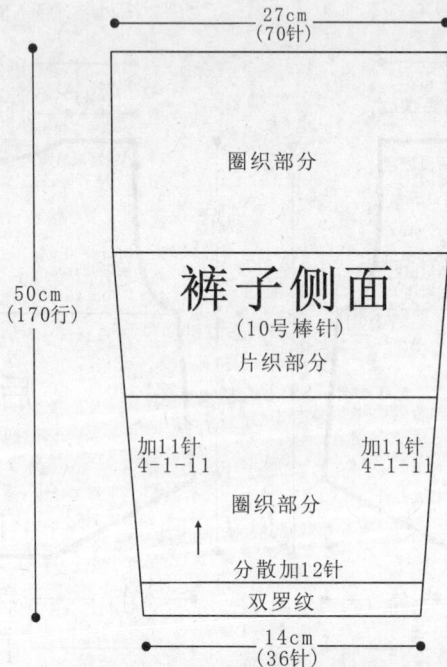

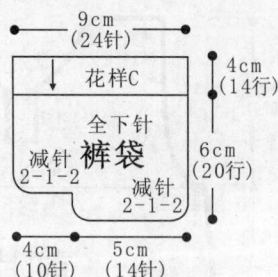

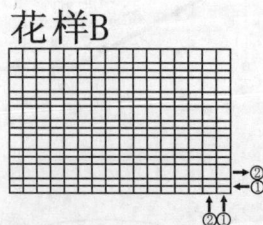

花样B

花样C

全下针

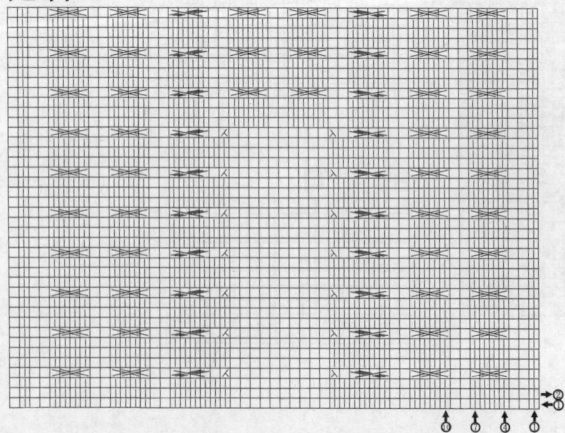

花样A

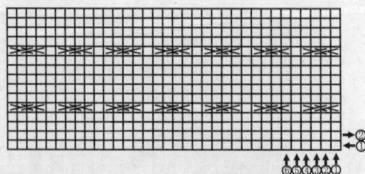

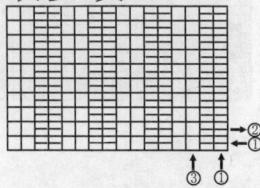

双罗纹

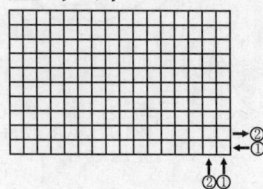

符号说明：

⊟ 上针   2-1-3 行-针-次

□=１ 下针   ↑ 编织方向

左上2针与右下2针交叉

左上1针与右下3针交叉

雪白珍珠花背心

【成品规格】 衣长35cm，胸宽29cm，肩宽25cm

【工　　具】 8号棒针

【编织密度】 11针×14行=10cm²

【材　　料】 白色双股腈纶线350g，纽扣4枚

编织要点：

1. 棒针编织法，线粗，针法简单，从衣摆起织，袖窿以下一片编织而成，袖窿以上分成左前片、右前片、后片各自编织。

2. 起针，单起针法，起68针，起织4行搓板针，第5行，两边各取3针继续编织搓板针，向内算2针编织鱼骨针，即2针交叉，2行一次交叉。余下的58针，全编织双罗纹针，编织成4行后，除了两边的搓板针和鱼骨针外，余下的前片取15针，编织上针，1针编织下针，而后片全部编织下针，共32针，无加减针往上编织，将衣身织成32行。完成袖窿以下的编织。另右前片的衣襟搓板针部分，要制作4个扣眼。

3. 袖窿以上的编织。分片编织，左前片和右前片各取18针，后片取32针，各自编织。

(1)前片的编织。以右前片为例，左边收4针，再织2行减1针，余下13针，而左边袖窿取3针编织搓板针，其他不变，无加减针往上编织，再织10行后，进入前衣领减针，右边收5针，然后每织2行减1针，共减3次，再织2行，至肩部余下5针，不收针。用同样的方法编织左前片。

(2)后片的编织。两端收3针，然后每织2行减1针，减1次。余下26针，无加减针编织18行的高度，两边各取5针与前片的肩部缝合。中间的16针，收针断线。

4. 领片的编织，两片前衣领各挑10针，而后片衣领挑16针，起织2行搓板针，两边的3针继续编织搓板针，而中间编织双罗纹，编织4行高度，最后全部编织2行搓板针，完成后，收针断线。

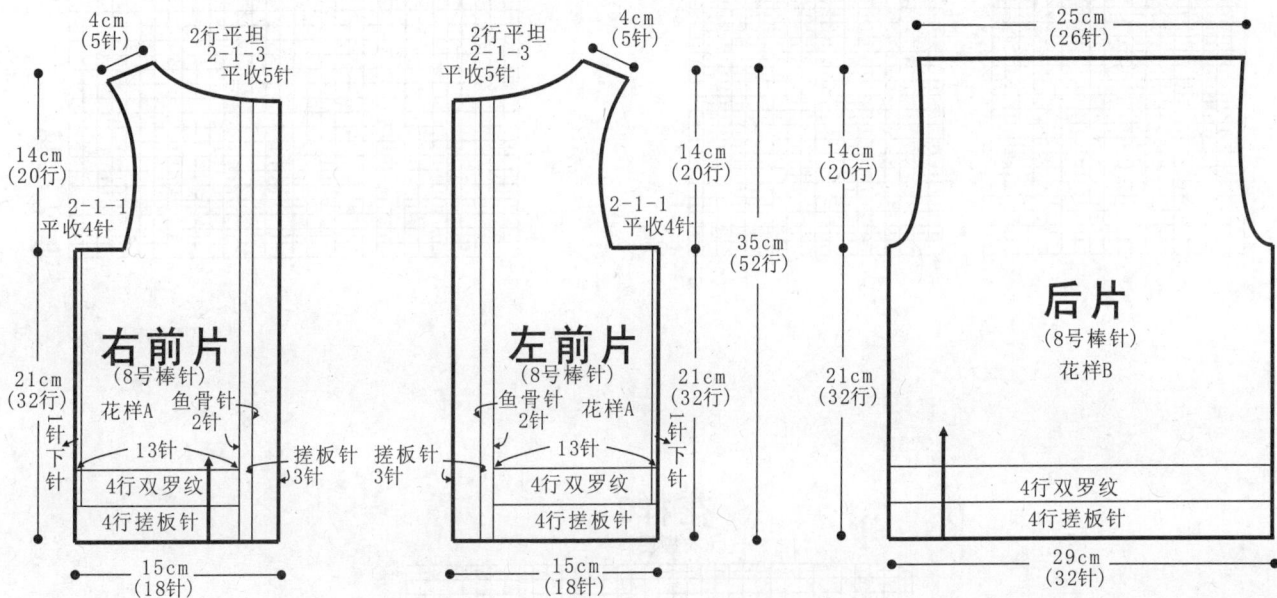

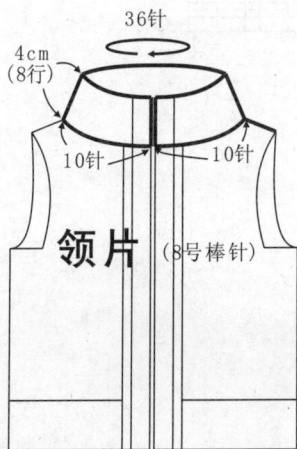

右前片 (8号棒针)

4cm（5针）
2行平坦 2-1-3 平收5针
14cm（20行）
2-1-1 平收4针
21cm（32行）
花样A　鱼骨针2针
1针下针
13针
搓板针3针
4行双罗纹
4行搓板针
15cm（18针）

左前片 (8号棒针)

2行平坦 2-1-3 平收5针
4cm（5针）
14cm（20行）
2-1-1 平收4针
21cm（32行）
鱼骨针2针　花样A
搓板针3针
13针
1针下针
4行双罗纹
4行搓板针
15cm（18针）

35cm（52行）
14cm（20行）
21cm（32行）

后片 (8号棒针) 花样B

25cm（26针）
14cm（20行）
21cm（32行）
4行双罗纹
4行搓板针
29cm（32针）

领片 (8号棒针)

36针
4cm（8行）
10针　10针

符号说明：

□ 上针

□=□ 下针

2-1-3　行-针-次

↑ 编织方向

⊠ 2针交叉

花样A

右前片　　左前片

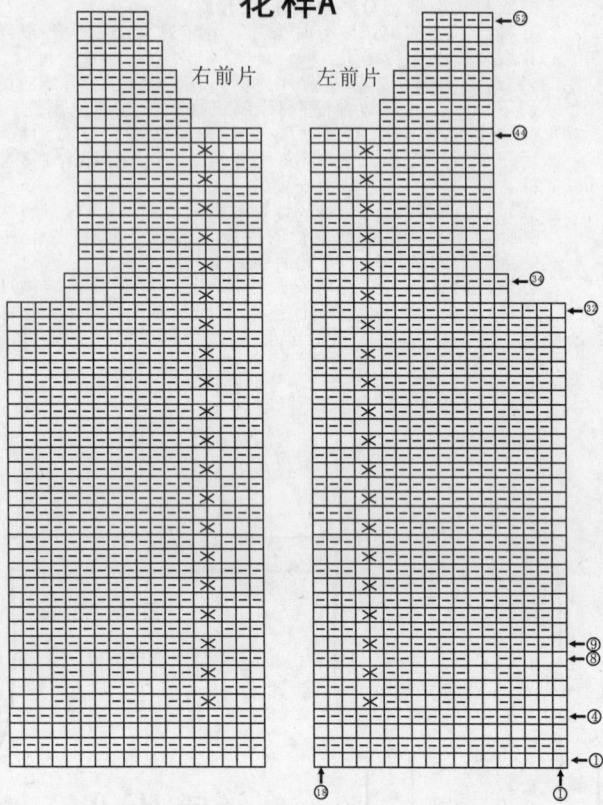

花样B
（后片）

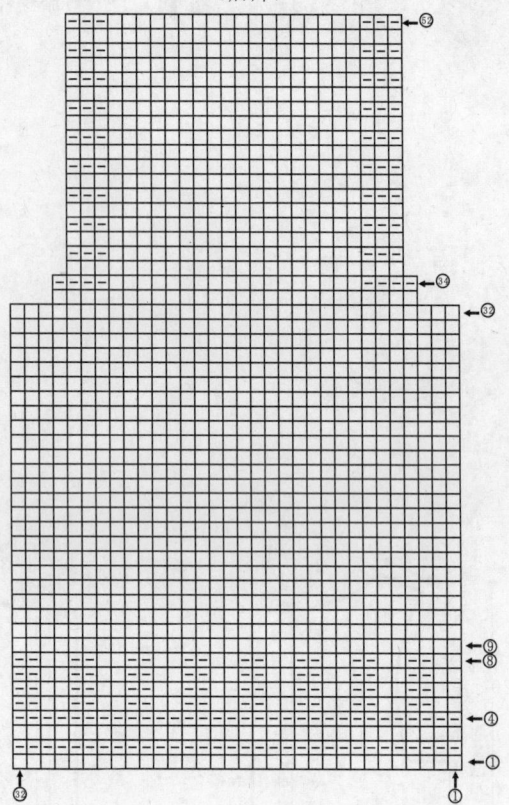

花样C
（衣领图解）

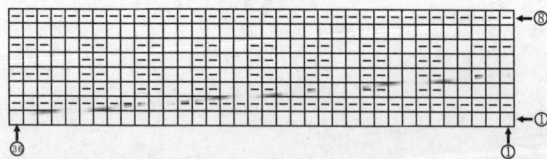

橘色小披肩

【成品规格】 衣长25cm，下摆宽24cm，连肩袖长22cm

【工　　具】 10号棒针4支，缝衣针1支

【编织密度】 28针×38行=10cm²

【材　　料】 红色羊毛线400g，纽扣1枚

编织要点：

1. 毛衣用棒针编织，由两片前片、一片后片、两片袖片和一片肩部环形片组成，从下往上编织。

2. 先编织前片。
(1) 左前片。用下针起针法，起34针，按双层狗牙边的花样，织16行后，对折缝合，形成狗牙边，并改织花样A，继续编织，侧缝不用加减针，织52行至插肩袖窿。
(2) 袖窿以上的编织。袖窿减6针，方法是：每2行减2针减3次，织12行至顶部余28针，收针断线。用同样方法，反方向编织右前片。

3. 编织后片。
(1) 用下针起针法，起68针，按双层狗牙边的花样，织16行后，对折缝合，形成狗牙边，并改织花样A，继续编织，侧缝不用加减针，织52行至插肩袖窿。
(2) 袖窿以上的编织。两边袖窿减6针，方法是：每2行减2针减3次，织12行至顶部余56针，收针断线。

4. 编织袖片。用下针起针法，起60针，按双层狗牙边的花样，织16行后，对折缝合，形成狗牙边，并改织花样A，袖下加针，方法是：每12行加1针加3次，织40行后，进行插肩袖窿的编织，袖窿减针，方法是：每2行减2针减3次，至肩部余54针，用同样方法编织另一袖片。

5. 肩部环形片的编织。起织16针，织296行花样C。

6. 缝合。将前片的侧缝与后片的侧缝对应缝合。袖片的袖下分别缝合，袖片的插肩部与衣片的插肩部缝合。毛衣的肩部紧密地与环形片缝合。

7. 领圈挑78针，按双层狗牙边的花样，织16行后，对折缝合，形成狗牙边圆领。

8. 缝上纽扣，编织完成。

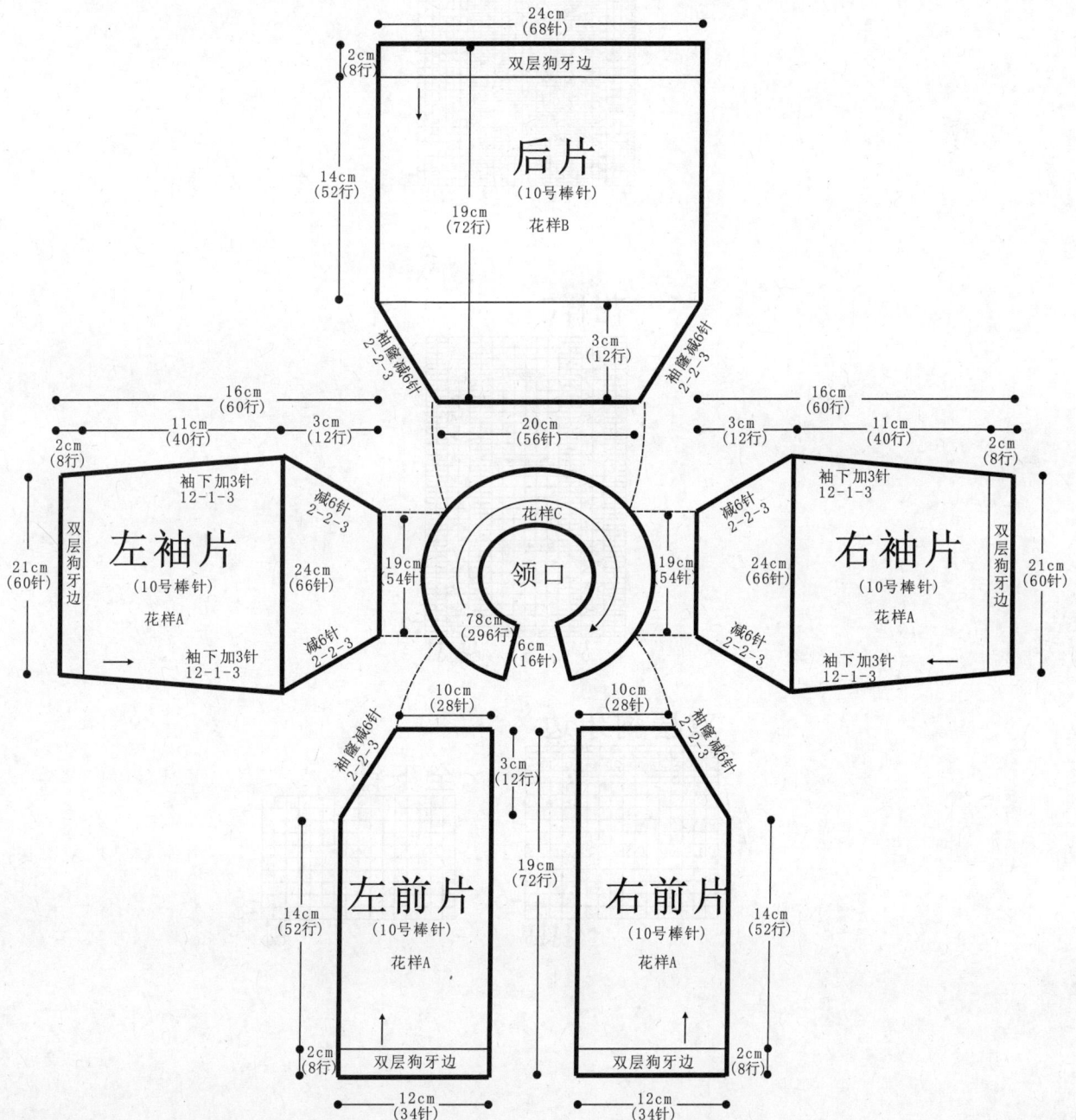

24cm
(68针)

2cm
(8行)

双层狗牙边

14cm
(52行)

后片
(10号棒针)

19cm
(72行)

花样B

3cm
(12行)

袖窿减6针
2-2-3

袖窿减6针
2-2-3

16cm
(60行)

11cm
(40行)

3cm
(12行)

20cm
(56针)

3cm
(12行)

11cm
(40行)

16cm
(60行)

2cm
(8行)

2cm
(8行)

袖下加3针
12-1-3

减6针
2-2-3

花样C

减6针
2-2-3

袖下加3针
12-1-3

左袖片
(10号棒针)

21cm
(60针)

双层狗牙边

花样A

24cm
(66针)

19cm
54行

领口

19cm
54行

24cm
(66针)

右袖片
(10号棒针)

21cm
(60针)

双层狗牙边

花样A

袖下加3针
12-1-3

减6针
2-2-3

78cm
(296行)

6cm
(16针)

减6针
2-2-3

袖下加3针
12-1-3

袖窿减6针
2-2-3

10cm
(28针)

3cm
(12行)

10cm
(28针)

袖窿减6针
2-2-3

14cm
(52行)

左前片
(10号棒针)

花样A

19cm
(72行)

右前片
(10号棒针)

花样A

14cm
(52行)

2cm
(8行)

双层狗牙边

双层狗牙边

2cm
(8行)

12cm
(34针)

12cm
(34针)

花样B

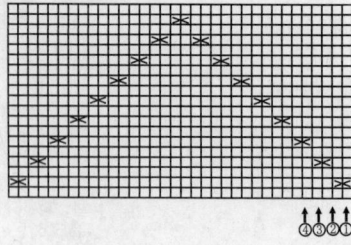

符号说明：

- 日　上针
- □=日　下针
- ☒　右并针
- ◎　镂空针
- ☒　穿右针交叉
- 右上2针与
  左下2针交叉
- 右上1针与
  左下1针交叉
- 右上3针与
  左下3针交叉

2-1-3 行-针-次

↑ 编织方向

花样A

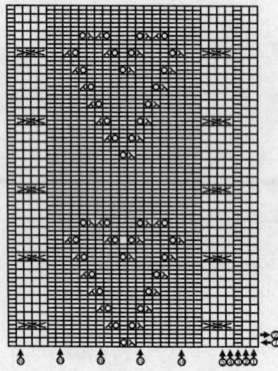

花样C

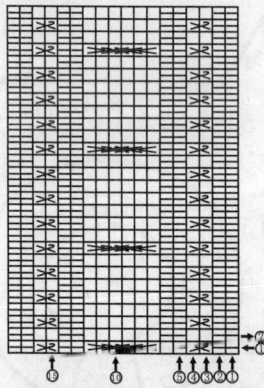

双层狗牙边

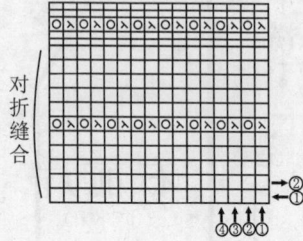

对折缝合

全下针

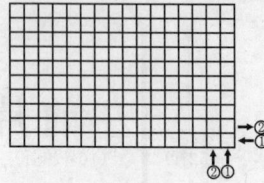

170

天蓝色高领毛衣

【成品规格】衣长38cm，下摆宽33cm，肩宽27cm

【工　　具】10号棒针4支

【编织密度】26针×34行=10cm²

【材　　料】孔雀蓝色羊毛线400g

编织要点：

1. 毛衣用棒针编织，由一片前片、一片后片、两片袖片组成，从下往上编织。

2. 先编织前片。

(1)用下针起针法起86针，编织花样A，侧缝不用加减针，织68行至袖窿。

(2)袖窿以上的编织。两边袖窿减针，方法是：每2行减1针减8次，余下针数不加不减织46行至肩部。

(3)同时从袖窿算起织至54行时，开始开领窝，中间平收22针，然后两边减针，方法是：每2行减2针减4次，各减8针，不加不减针织至肩部余16针。

3. 编织后片。

(1)袖窿和袖窿以下的编织方法与前片袖窿一样。整片编织花样B。

(2)同时织至袖窿算起58行时，开后领窝，中间平收32针，两边减针，方法是：每2行减1针减3次，织至两边肩部余16针。

4. 袖片编织。用下针起针法，起40针，织花样B，袖下加针，方法是：每8行加1针加10次，织至94行时开始袖山减针，方法是：每2行减1针减22次。织44行至顶部余16针。

5. 缝合。将前片的侧缝与后片的侧缝对应缝合。前片的肩部与后片的肩部缝合，两边袖片的袖下缝合后，分别与衣片的袖边缝合。

6. 领片编织。领圈边挑184针，圈织68行双罗纹，形成高领。编织完成。

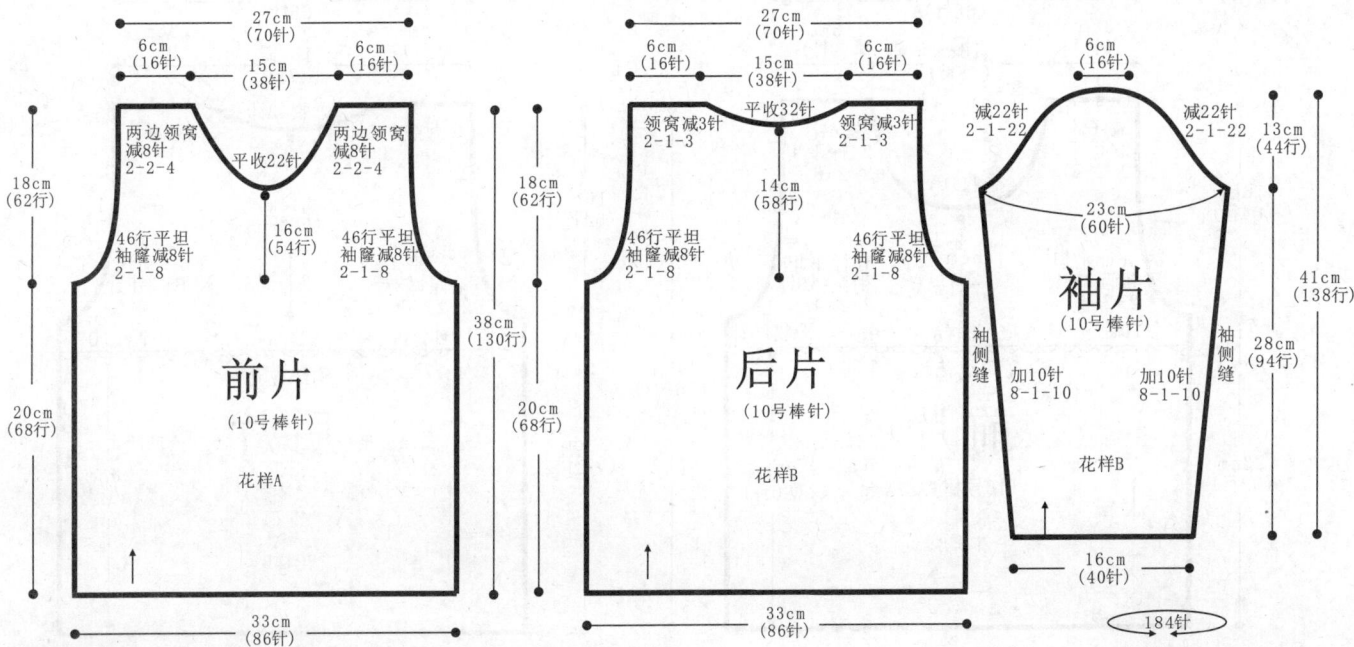

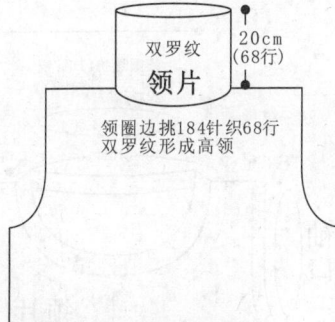

双罗纹领片
领圈边挑184针织68行
双罗纹形成高领

花样A

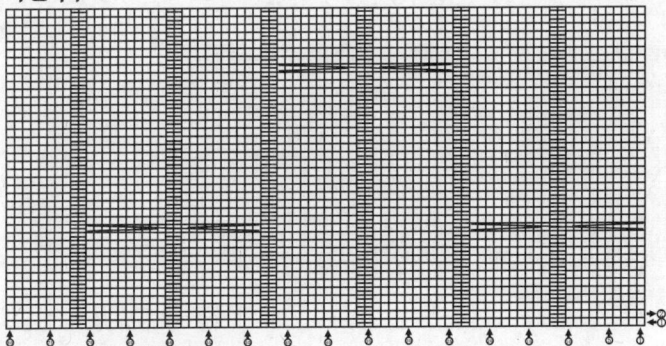

双罗纹

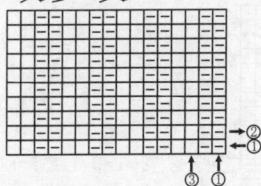

符号说明：

□　上针

□=Ⅰ　下针

2-1-3 行-针-次

↑ 编织方向

⟨⟩ 右上10针与左下10针交叉

花样B

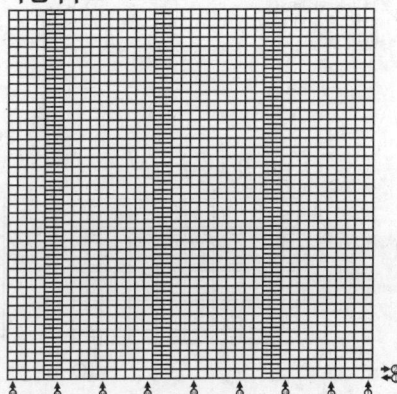

珍珠花系带背心

【成品规格】衣长39cm，下摆宽34cm

【工　　具】10号棒针 钩针1支

【编织密度】30针×40行=10cm²

【材　　料】绿色羊毛线400g，
　　　　　　灰色线少许，
　　　　　　绳子1根

编织要点：

1. 毛衣用棒针编织，由一片前片、一片后片组成，从下往上编织。
2. 先编织前片。
(1)用灰色线，下针起针法，起102针，织花样B，织4行改用绿色线，侧缝不用加减针，织80行时用灰色线织4行，再用绿色线，并改织花样A，织12行至袖窿。
(2)袖窿以上的编织。两边袖窿平织10针后减针，方法是：每2行减2针减4次，余下针数不加不减织56行。
(3)同时从袖窿算起织至24行时，开始开领窝，先平收16针，然后两边减针，方法是：每2行减2针减8次，共减16针，不加不减针24行至肩部余9针。
3. 编织后片。
(1)袖窿和袖窿以下的编织方法与前片袖窿一样。
(2)同时织至袖窿算起56行时，中间平收42针，开后领窝，两边减针，方法是：每2行减1针减3次，织至两边肩部余9针。
4. 缝合。将前片的侧缝与后片的侧缝对应缝合。前片的肩部与后片的肩部缝合。
5. 编织袖口。两边袖口用绿色线挑88针，织4行全下针后，改用灰色线织4行花样C。
6. 领子编织。领圈边用绿色线挑110针，织4行全下针后，改用灰色线织4行花样C。
7. 装饰。用钩针在前后片的花样A与花样B之间钩织花边，并系上绳子。编织完成。

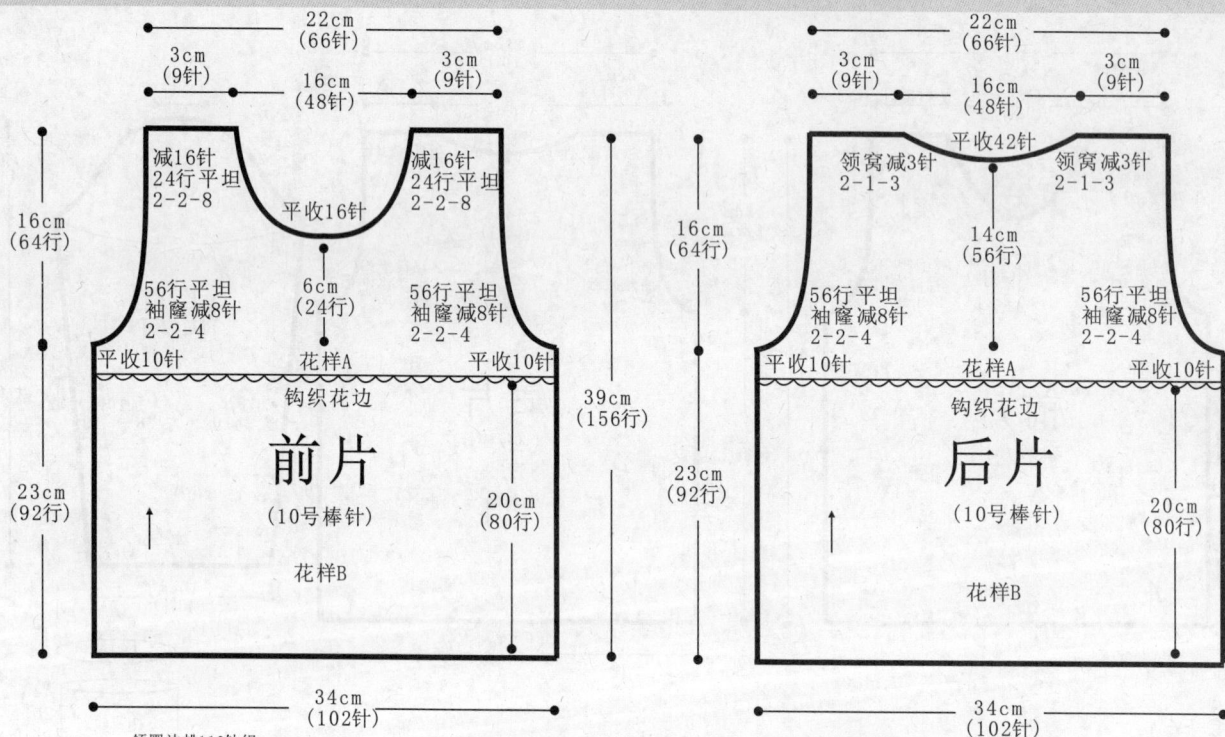

前片（10号棒针）

后片（10号棒针）

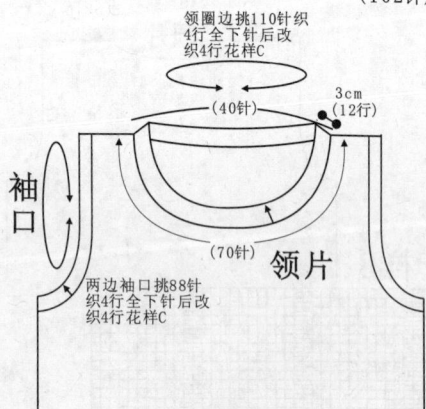

领片

袖口

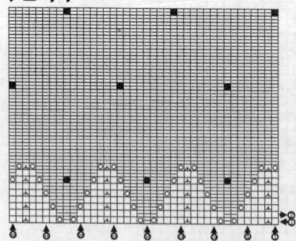

花样B

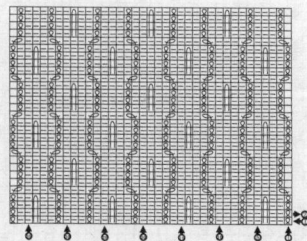

花样A

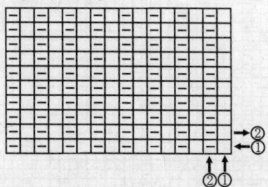

单罗纹

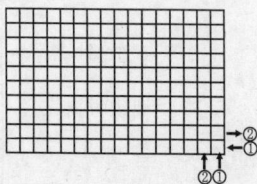

全下针

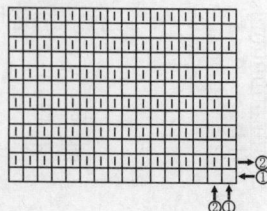

花样B

符号说明：

□　上针

□=回　下针

●=↕

回　元宝针

図　扭针

回　左上1针与
　　右下1针的扭针

2-1-3 行-针-次

↑　编织方向

横织麻花毛衣

【成品规格】 衣长34cm，下摆宽24cm，连肩袖长19cm

【工 具】 10号棒针4支

【编织密度】 24针×28行=10cm²

【材 料】 浅红色羊毛线400g

编织要点：

1.毛衣用棒针编织，由一片前片、一片后片、前胸片横向编织。

2.编织前片。分上下片编织，

(1).上片。用下针起针法起38针，编织花样A，织52行后开始领窝减18针，方法是：每2行减2针减9次，此时针数余20针，不加不减针平织20行后，开始加18针，方法是：每2行加2针加9次，此时针数为38针，继续编织52行，收针断线。

(2).下片。在上片的两边留7cm，中间均匀挑58针，织50行双罗纹，收针断线。

3.编织后片。分上、下片编织，

(1).上片。用下针起针法起38针，编织花样A，织52行后开始领窝减4针，方法是：每2行减2针减2次，此时针数余34针，不加不减针平织48行后，开始加4针，方法是：每2行加2针加2次，此时针数为38针，继续编织52行，收针断线。

(2).下片。在上片的两边留7cm，中间均匀挑58针，织50行双罗纹，收针断线。

4.缝合。将前片的侧缝与后片的侧缝对应缝合。前片的袖下与后片的袖下缝合，前片的肩部与后片的肩部缝合。

5.领子编织。领圈边挑80针，织6行双罗纹，形成圆领，编织完成。

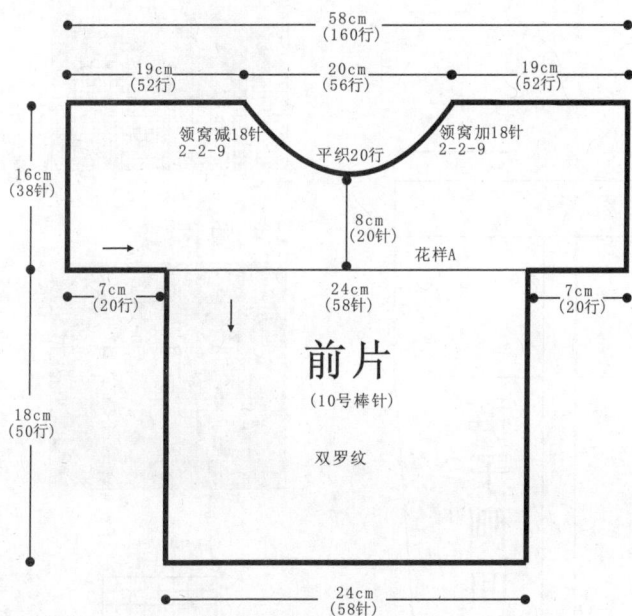

58cm (160行)
19cm (52行)　20cm (56行)　19cm (52行)
领窝减18针 2-2-9　平织20行　领窝加18针 2-2-9
16cm (38针)
8cm (20针)
花样A
7cm (20行)　24cm (58针)　7cm (20行)
34cm
18cm (50行)

前 片
(10号棒针)

双罗纹

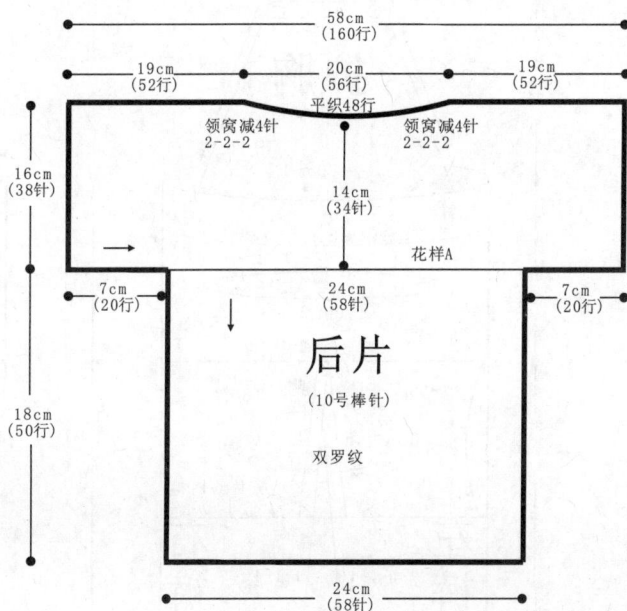

58cm (160行)
19cm (52行)　20cm (56行)　19cm (52行)
平织48行
16cm (38针)　领窝减4针 2-2-2　领窝减4针 2-2-2
14cm (34针)
花样A
7cm (20行)　24cm (58针)　7cm (20行)
18cm (50行)

后 片
(10号棒针)

双罗纹

24cm (58针)

花样A

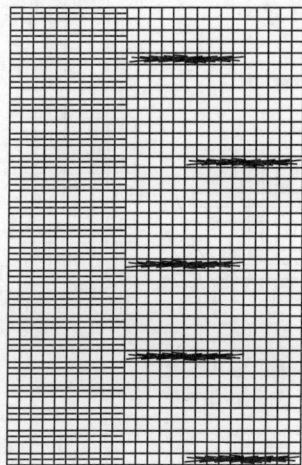

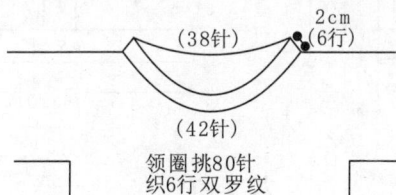

2cm (6行)
(38针)
(42针)
领圈挑80针
织6行双罗纹

符号说明：

□ 上针

□=① 下针

左上5与右下5针交叉 2-1-3 行-针-次

↑ 编织方向

全下针

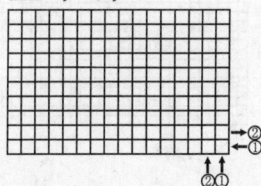

双罗纹

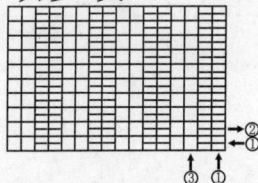

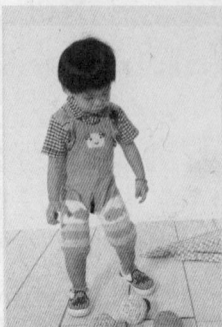

小鱼图案背带裤

【成品规格】 裤长50cm，胸宽28cm

【工　　具】 10号棒针

【编织密度】 32针×40行=10cm²

【材　　料】 浅紫色羊毛线400g，白色线等少许，纽扣2枚

编织要点：

1. 毛裤用棒针编织，由两个裤腿和两片护胸组成，从下往上编织。

2. 先织两个裤腿。左裤腿起34针，圈织16行单罗纹后，分散加36针，改织全下针，并编入图案，内侧均匀加针，方法是：每4行加1针加10次，织至56行时，开始开裤裆。

3. 裤腿内侧留5针织花样D，此时针数为80针，并在5针旁边另挑5针，形成叠压，来回片织48行后，裤裆织完。用同样方法编织右裤腿。

4. 左、右裤腿合并编织，合并后针数为160针，中间裤裆的5针花样D叠压后，圈织全下针，织至28行时，分散减24针，余136针，并改织花样A，织至16行时，开始织护胸。

5. 在前片中间留64针，编织护胸，并按花样C编织，并编入图案，织36行后余38针，并在两边开纽扣孔，收针断线。用同样方法编织后片护胸，织36行后余38针，中间平收14针后，两边各12针继续编织裤带，织48行，收针断线。

6. 缝上纽扣。编织完成。

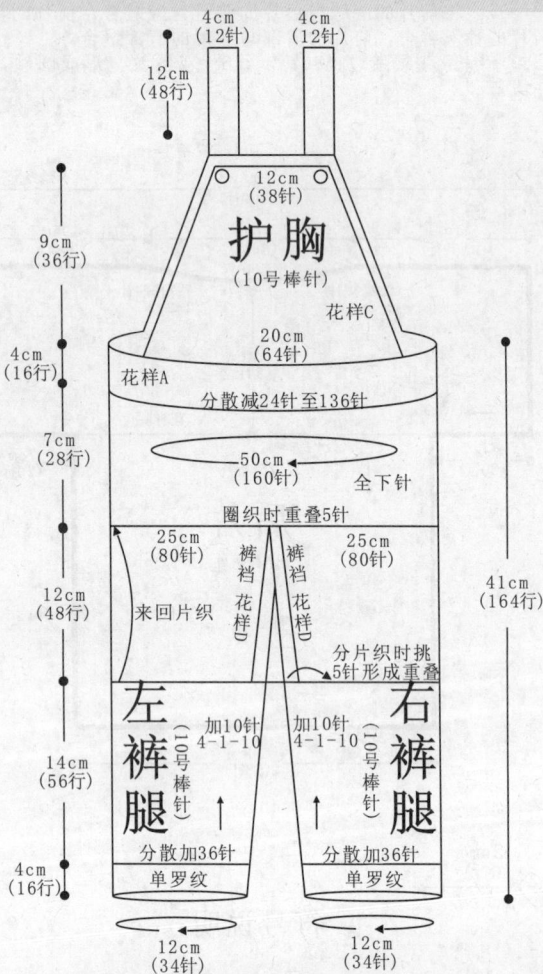

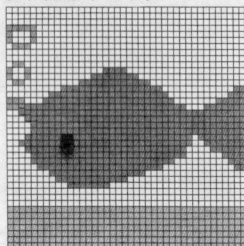

裤腿图案

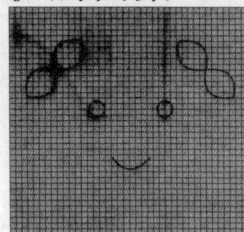

护胸图案

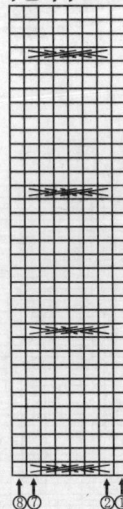

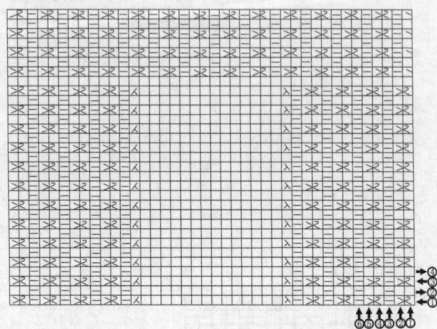

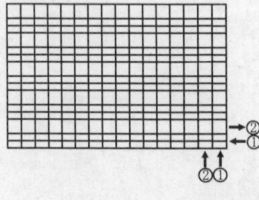

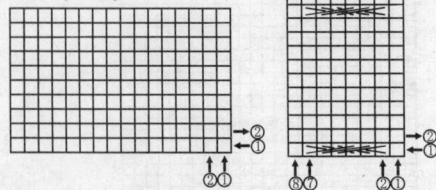

花样C　花样D　全下针

花样A

花样B

符号说明：

□　上针

□=□　下针

▨▨▨　左上2针与右下2针交叉

▨　穿右针交叉

▨▨▨　右上3针与左下3针交叉

2-1-3　行-针-次

↑　编织方向

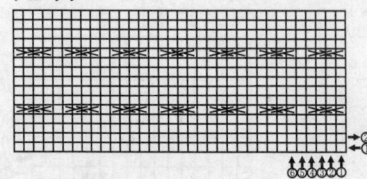

174

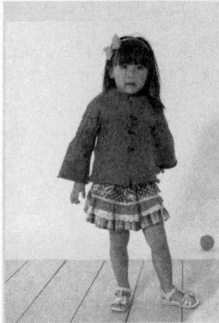

蓝色韩版开衫

【成品规格】 衣长35cm，宽27cm，袖长35cm

【工　　具】 12号棒针，1.25号钩针，防解别针

【编织密度】 32.5针×37.5行=10cm²

【材　　料】 蓝色棉线400g，纽扣3枚

编织要点：

1. 棒针编织法，袖窿以下一片编织完成，袖窿起分为左前片、右前片、后片来编织。织片较大，可采用环形针编织。

2. 起织，下针起针法，起172针起织，起织花样A，共织45行，第46行全部织上针，第47行织下针，第48行织上针，从第49行起将织片分配花样，由花样B、花样C与花样D组成，见结构图所示，分配好花样针数后，重复花样往上编织，织至83行，从第84行起将织片分片，分为右前片、左前片和后片，右前片与左前片各取42针，后片取88针编织。先编织后片，而右前片与左前片的针眼用防解别针扣住，暂时不织。

3. 分配后身片的针数到棒针上，用12号棒针编织，起织时两侧需要同时减针织成插肩，减针方法为1-3-1，4-2-12，两侧针数各减少27针，织至98行，第99行全部织上针，第100行织下针，第101行织上针，第102行起，全部改织花样A，一直织至132行，余下34针，用防解别针扣住，留待编织衣领。

4. 左前片与右前片的编织方法相同，但方向相反，以右前片为例，右前片的左侧为衣襟边，起织时不加减针，右侧要减针织成插肩，减针方法为1-3-1，4-2-12，针数减少27针，织至98行，第99行全部织上针，第100行下针，第101行上针，第102行起，全部改织花样A，一直织至124行，从第125行起，左侧减针织成前衣领，减针方法为1-8-1，2-2-3，将针数减14针，余下1针，留待编织衣领。左前片的编织顺序与减针法与右前片相同，但是方向不同。

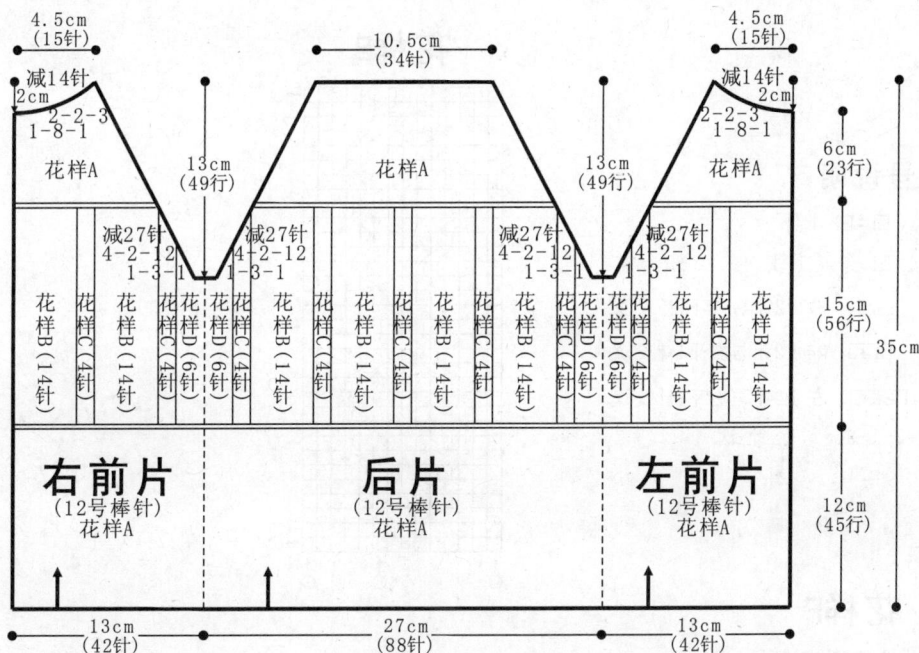

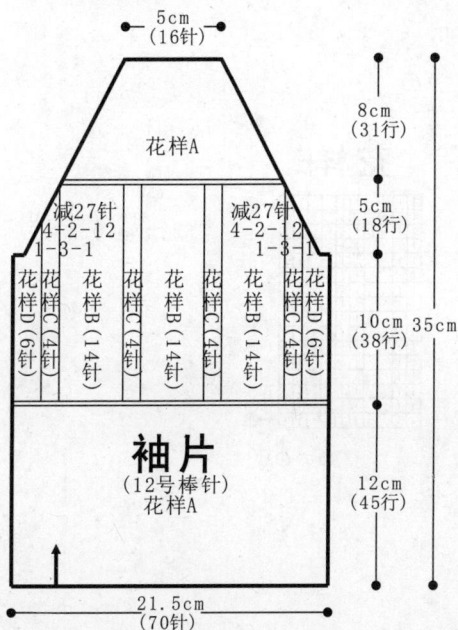

袖片制作说明

1. 棒针编织法，一片编织完成。

2. 起织，下针起针法，起70针起织，起织花样A，共织45行，第46行全部织上针，第47行下针，第48行上针，从第49行起将织片分配花样，由花样B、花样C与花样D组成，见结构图所示，分配好花样针数后，重复花样往上编织，织至83行，从第84行起，两侧需要同时减针织成插肩，减针方法为1-3-1，4-2-12，两侧针数各减少27针，织至98行，第99行全部织上针，第100行织下针，第101行织上针，从第102行起，全部改织花样A，一直织至132行，余下16针，用防解别针扣住，留待编织衣领。

3. 用同样的方法再编织另一袖片。

4. 缝合方法：将袖片的插肩缝对应前、后片的插肩缝，用线缝合，再将两袖侧缝对应缝合。

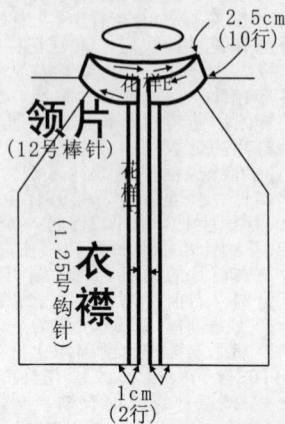

领片/衣襟制作说明

1. 棒针编织法，往返编织。
2. 先钩织衣襟，见结构图所示，沿着衣襟边钩织2行花样F，作为衣襟。
3. 完成衣襟后才能去编织衣领，沿着前后衣领边挑针编织，织花样E，共织10行的高度，用下针收针法，收针断线。

符号说明：

□ = □ 上针

□ 下针

▨▧ 右上2针与左下1针交叉

▨▧ 左上2针与右下1针交叉

▨▧ 左上2针与右下2针交叉

2-1-3 行-针-次

+ 短针

花样B

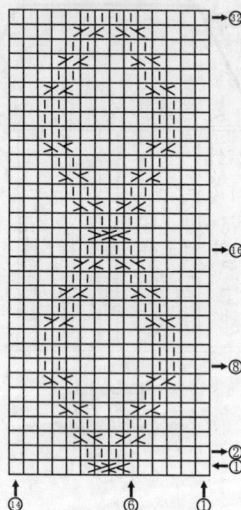

花样F

花样A
(下针)

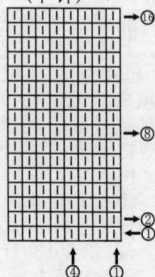

花样C

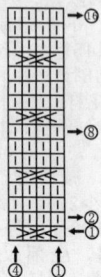

花样D
(上针)

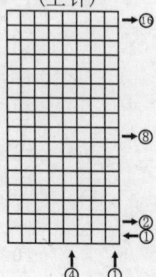

花样E

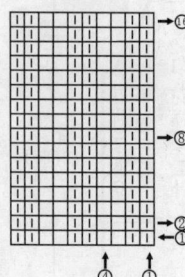

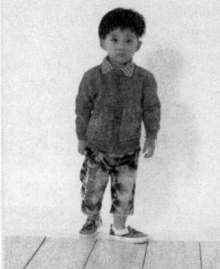

休闲拉链衫

【成品规格】 衣长36cm，下摆宽32cm，袖长27cm

【工　　具】 10号棒针4支

【编织密度】 30针×40行=10cm²

【材　　料】 红色羊毛线400g，灰色线少许，拉链1条

编织要点：

1. 毛衣用棒针编织，由两片前片、一片后片、两片袖片组成，从下往上编织。

2. 先编织前片。分右前片和左前片编织。
(1)右前片：用下针起针法，起48针，织16行双罗纹后，改织全下针，侧缝不用加减针，织至68行至袖窿。
(2)袖窿以上的编织。右侧袖窿平收5针后减针，方法是：每2行减1针减7次。
(3)从袖窿算起织至36行时，开始领窝减针，方法是：每2行减2针减9次，织至肩部余18针。
(4)用相同的方法，相反的方向编织左前片。

3. 编织后片。
(1)用下针起针法，起96针，织16行单罗纹后，改织全下针，并编入图案，侧缝不用加减针，织68行至袖窿。
(2)袖窿以上的编织。袖窿开始减针，方法与前片袖窿一样。
(3)织至从袖窿算起52行时，开后领窝，中间平收30针，两边各减3针，方法是：每2行减1针减3次，织至两边肩部余18针。

4. 编织袖片。从袖口织起，用下针起针法，起52针，织16行单罗纹后，改织全下针，袖侧缝加10针，方法是：每6行加1针加10次，编织68行至袖窿。开始两边平收5针，然后袖山减针，方法是：两边分别每2行减2针减10次，编织完24行后余22针，收针断线。用同样方法编织另一袖片。

5. 缝合。将前片的侧缝与后片的侧缝对应缝合，前、后片的肩部对应缝合，再将两袖片的袖山边线与衣身的袖窿边对应缝合。

6. 门襟的编织。挑120针，织6行单罗纹，并配色，形成拉链边。

7. 领子编织。领圈边挑134针，织10行单罗纹，并配色，形成开襟圆领。

8. 两个口袋另织。起48针，织花样A，32行时，在一边袋口平收12针，然后减针，方法是：每2行减2针减12次，至56行时，余12针，收针断线。对称编织另一个口袋，分别缝合于左、右前片。

9. 在拉链边安装上拉链。衣服完成。

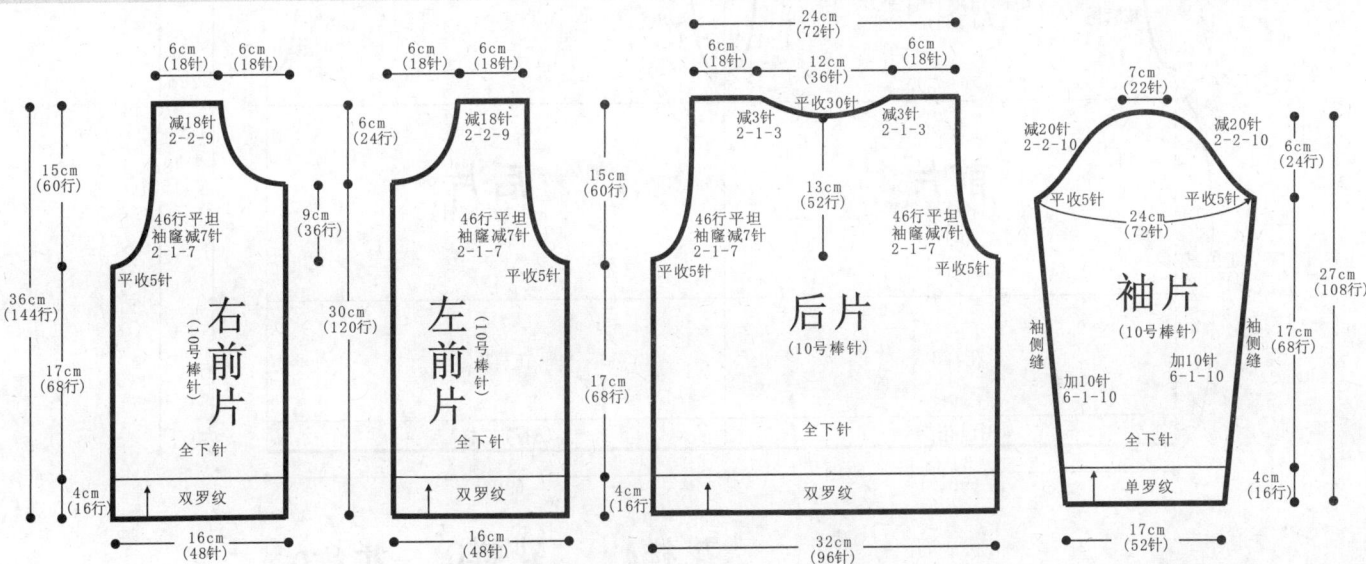

右前片（10号棒针）
6cm(18针) 6cm(18针)
减18针 2-2-9
46行平坦 袖窿减7针 2-1-7
平收5针
15cm(60行)
6cm(24针)
9cm(36行)
36cm(144行)
30cm(120行)
17cm(68行)
4cm(16行)
双罗纹
全下针
16cm(48针)

左前片（10号棒针）
6cm(18针) 6cm(18针)
减18针 2-2-9
46行平坦 袖窿减7针 2-1-7
平收5针
15cm(60行)
6cm(24针)
双罗纹
全下针
16cm(48针)

后片（10号棒针）
24cm(72针)
6cm(18针) 12cm(36针) 6cm(18针)
平收30针
减3针 2-1-3   减3针 2-1-3
13cm(52行)
46行平坦 袖窿减7针 2-1-7   46行平坦 袖窿减7针 2-1-7
平收5针   平收5针
全下针
双罗纹
32cm(96针)

袖片（10号棒针）
7cm(22针)
减20针 2-2-10   减20针 2-2-10
平收5针   平收5针
24cm(72针)
6cm(24行)
袖侧缝   加10针 6-1-10   加10针 6-1-10   袖侧缝
全下针
单罗纹
27cm(108行)
17cm(68行)
4cm(16行)
17cm(52针)

前片图案

单罗纹
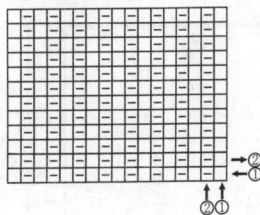

口袋
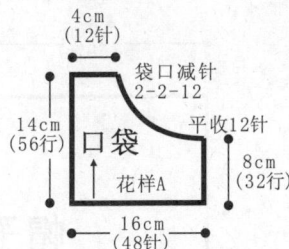
4cm(12针)
袋口减针 2-2-12
14cm(56行)
平收12针
花样A
8cm(32行)
16cm(48针)

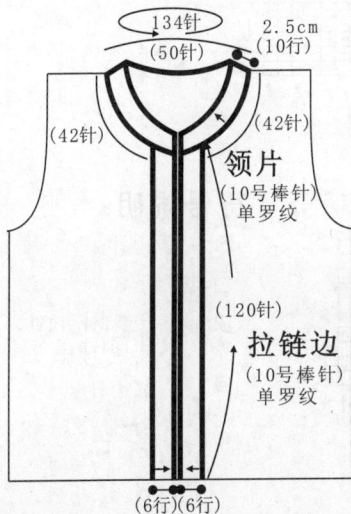
134针(50针) 2.5cm(10行)
(42针)   (42针)
领片（10号棒针）单罗纹
(120针)
拉链边（10号棒针）单罗纹
(6行)(6行)

符号说明：
□ 上针
□=□ 下针
2-1-3 行-针-次
↑ 编织方向

全下针
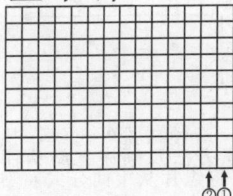

花样A
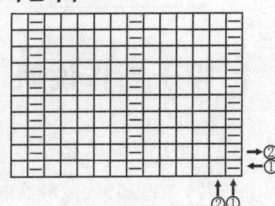

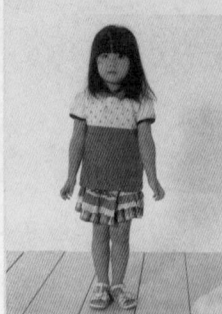

简约宝贝无袖装

【成品规格】衣长38cm，宽31cm，肩宽26cm

【工　　具】13号棒针，13号环形针，防解别针

【编织密度】31针×40行=10cm²

【材　　料】红色棉线200g，白色棉线150g

编织要点：

1.棒针编织法，袖窿以下一片环形编织而成，袖窿起分为前片、后片来编织。织片较大，可采用环形针编织。

2.起织，下针起针法起192针起针，环织，先织8行花样A，第9行起开始编织花样B，每12针一组花样，共16组花样，分配好花样后，重复往上编织至40行，从第41行起，改织花样C全下针，织至100行，将织片分片，分成前片和后片分别编织，各取96针编织。

3.分配后片的针数到棒针上，用13号棒针编织，起织时两侧需要同时减针织成袖窿，减针方法为1-4-1，2-1-4，两侧针数各减少8针，余下80针继续编织，两侧不再加减针，织至152行，中间留取56针不织，用防解别针扣住，留待编织帽子，两侧肩部各收12针，断线。

4.编织前片，起织时两侧需要同时减针织成袖窿，减针方法为1-4-1，2-1-4，两侧针数各减少8针，余下80针继续编织，两侧不再加减针，织至133行，中间留取10针不织，用防解别针扣住，留待编织帽子，两侧减针编织，方法为2-2-6，2-1-4，两侧各减16针，共织20行，最后肩部留下12针，收针断线。

5.将前片与后片的两肩部对应缝合。用红色线在白色织片区缝制花点。用红色线沿袖窿边钩一行逆短针。

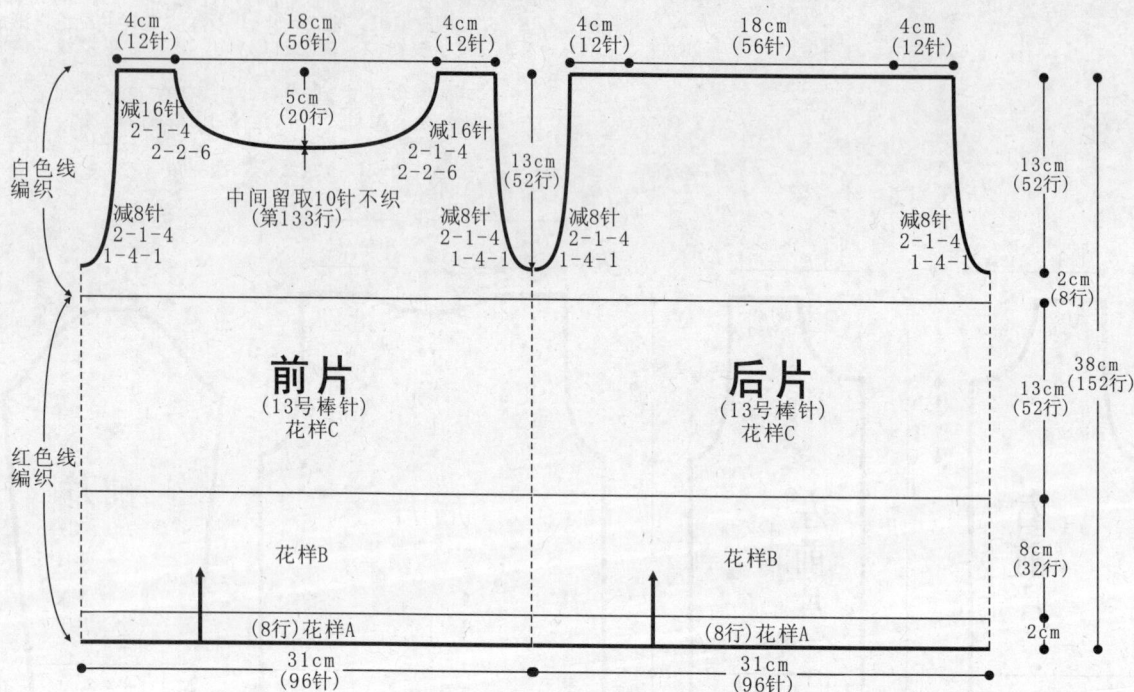

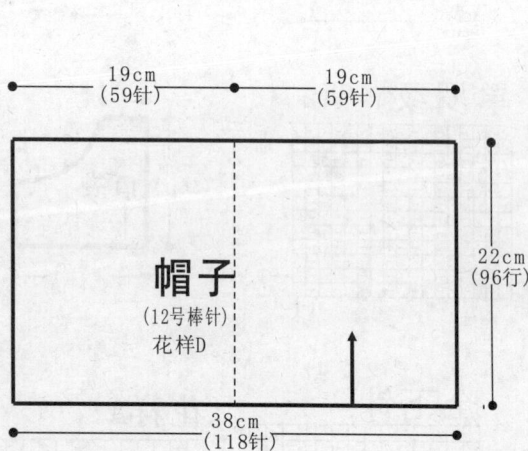

帽子制作说明

帽子编织。棒针编织法，沿领口挑针起织，挑起118针，编织花样D，编织方法及顺序见结构图所示，重复往上编织88行，将织片从中间分成左右两片，各取59针，缝合帽顶。

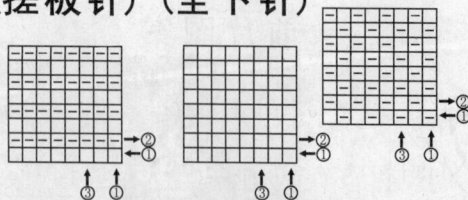

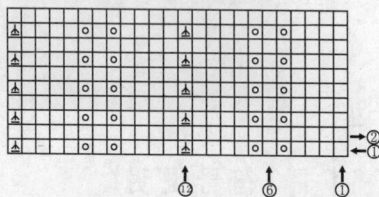

符号说明：

符号	说明
□	上针
□=①	下针
▲	上针3针并1针，中间1针在下
◎	镂空针
2-1-3	行-针-次

玫红色短袖装

【成品规格】 衣长36cm，下摆宽33cm

【工　　具】 10号棒针4支，缝衣针1支

【编织密度】 32针×40行=10cm²

【材　　料】 红色羊毛线400g，纽扣3枚

编织要点：

1. 毛衣用棒针编织，由一片前片、一片后片组成，从下往上编织。
2. 先编织前片。
(1)用下针起针法起106针，编织40行全下针后，织1行上针，分散减针，方法是：每织3针减1针，此时针数为70针，继续织全下针，侧缝不用加减针，织36行后，改织28行花样A至袖隆。
(2)袖隆以上的编织。两边袖隆加针，方法是：平收5针后，每2行加1针加18次，各加18针，余下针数不加不减织4行。
(3)同时从袖隆算起织至12行时，开始开领窝，中间平收10针，然后两边减针，方法是：每2行减1针减11次，各减11针，不加不减织6行至肩部余32针。靠近领窝处，留10针继续织6行，用于缝纽扣。
3. 编织后片。
(1)袖隆和袖隆以下的编织方法与前片袖隆一样。
(2)同时织至袖隆算起32行时，开后领窝，中间平收26针，两边减3针，方法是：每行平收1针减3次，各减1针减3针，织至两边肩部余32针。
4. 缝合。将前片的侧缝与后片的侧缝对应缝合，前片的肩部与后片的肩部缝合。
5. 领子编织。领圈边挑98针，织10行花样C，形成圆领。
6. 两边袖口挑52针，织10行花样C。
7. 缝上纽扣。编织完成。

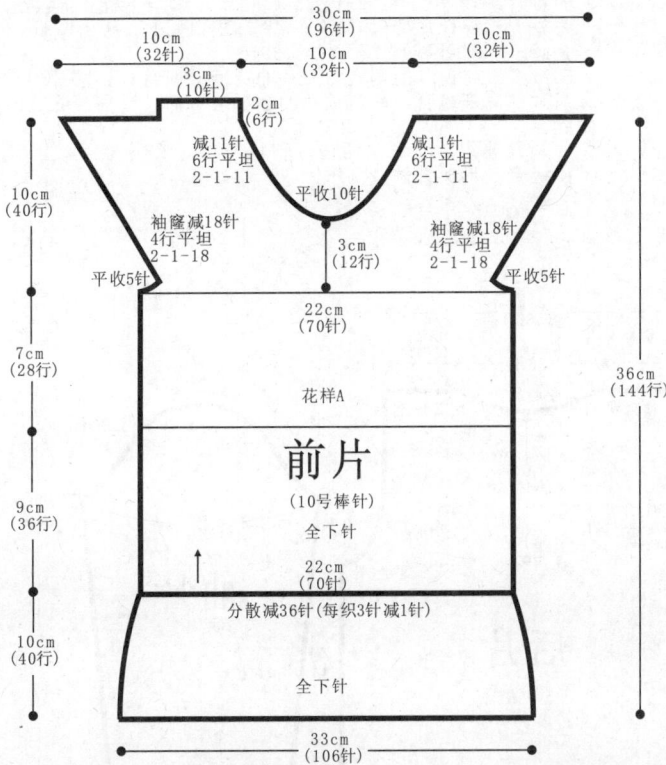

前片

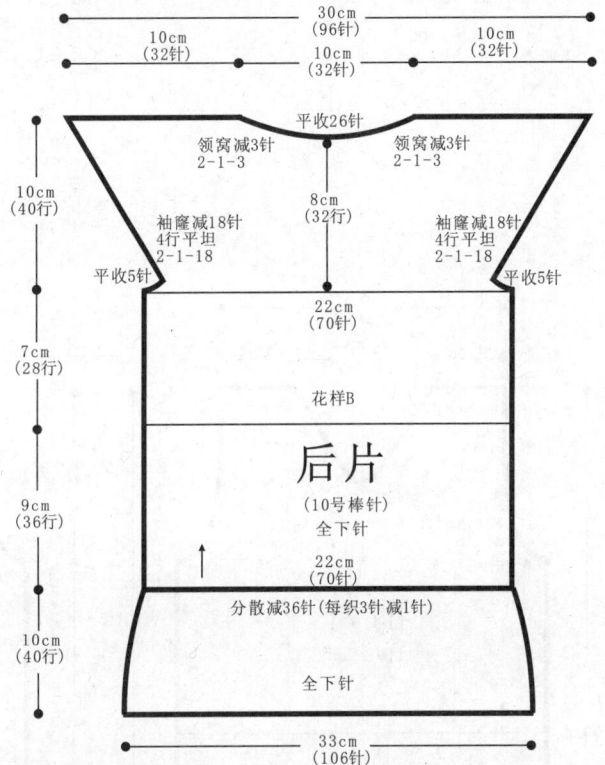

后片

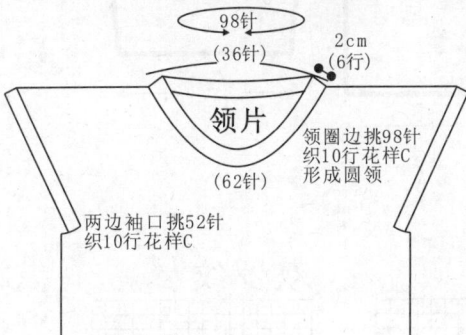

领片

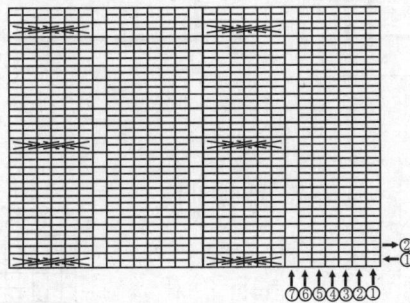

花样A

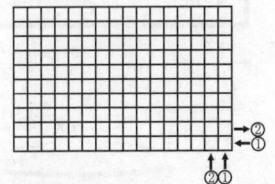

全下针

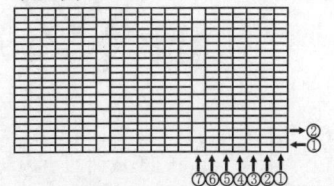

花样B

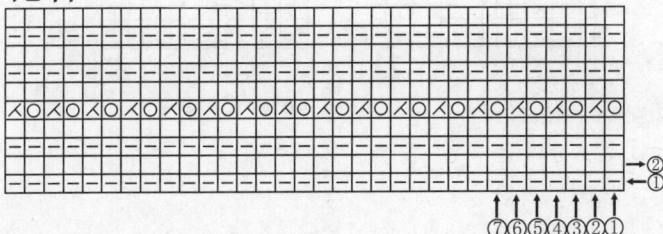

花样C

符号说明：

□　上针

□=□　下针

右上3针与左下3针交叉

2-1-3　行-针-次

☒　右并针

◎　镂空针

↑　编织方向

时尚灰色套头衫

【成品规格】衣长36cm，下摆宽31cm，
肩宽21cm

【工　　具】10号棒针

【编织密度】28针×46行=10cm²

【材　　料】灰色羊毛线400g

编织要点：

1.毛衣用棒针编织，由一片前片、一片后片、两片袖片组成，从下往上编织。

2.先编织前片。

(1)用下针起针法起88针，编织全下针，织18行时开始织口袋，把针数分成3份，两边各21针，留着不织待用，中间46针为口袋外层，继续编织，两边各减7针，方法是：每6行减1针减7次，至42行时，不织待用。口袋的里层另起46针，不加减针织46行的小长方形，然后与两边待用的21针连接编织，织至与口袋前片一样长，再与口袋外层的针数合并编织，侧缝不用加减针，织74行至袖隆。

(2)袖隆以上的编织。两边袖隆减针，方法是：每2行减2针减5次，各减10针，织64行至肩部。

(3)同时从袖隆算起织至18行时，开始开领窝，中间平收6针，然后两边减针，方法是：每4行减1针减10次，各减10针，至肩部余16针。

3.编织后片。

(1)用下针起针法起88针，织92行全下针织袖隆。先平收5针，进行袖隆减针，方法是：每2行减2针减5次，平织64行。

(2)同时织至袖隆算起64行时，开后领窝，中间平收22针，两边减针，方法是：每2行减1针减2次，织至两边肩部余16针。

4.袖片编织。用下针起针法，起42针，织全下针，袖下加针，方法是：每4行加1针加16次，织至82行时开始袖山减针，方法是：每2行减2针减9次。至顶部余38针。

5.缝合。将前片的侧缝与后片的侧缝对应缝合。前片的肩部与后片的肩部缝合，两边袖片的袖下缝合后，分别与衣片的袖边缝合。

6.领片编织。在领尖两边分别挑28针，织8行双罗纹，领尖叠压缝合，形成叠领。编织完成。

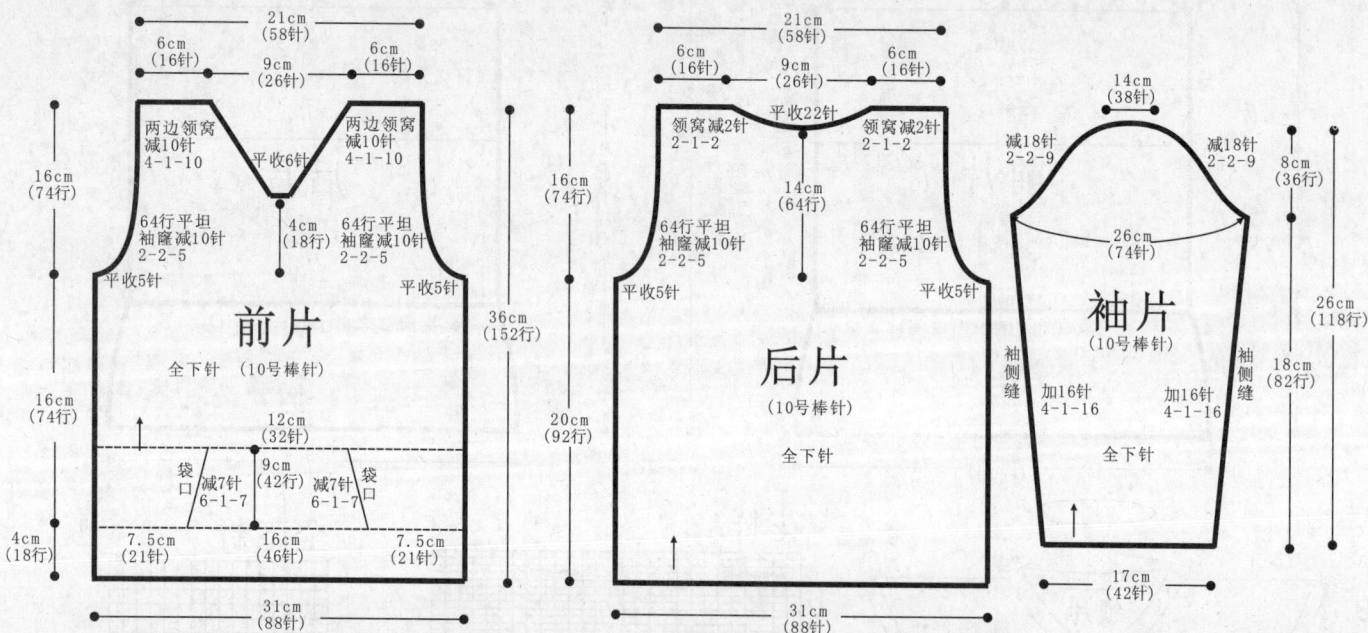

前片

21cm（58针）
6cm（16针）　9cm（26针）　6cm（16针）
两边领窝减10针 4-1-10　平收6针　两边领窝减10针 4-1-10
16cm（74行）
4cm（18行）
64行平坦 袖隆减10针 2-2-5　64行平坦 袖隆减10针 2-2-5
平收5针　平收5针
16cm（74行）
全下针（10号棒针）
12cm（32针）
9cm（42行）
袋口 减7针 6-1-7　减7针 6-1-7 袋口
16cm（74行）
4cm（18行）
7.5cm（21针）　16cm（46针）　7.5cm（21针）
31cm（88针）
36cm（152行）
20cm（92行）

后片

21cm（58针）
6cm（16针）　9cm（26针）　6cm（16针）
平收22针
领窝减2针 2-1-2　领窝减2针 2-1-2
16cm（74行）
14cm（64行）
64行平坦 袖隆减10针 2-2-5　64行平坦 袖隆减10针 2-2-5
平收5针　平收5针
后片（10号棒针）
全下针
31cm（88针）

袖片

14cm（38针）
减18针 2-2-9　减18针 2-2-9
8cm（36行）
26cm（74行）
袖片（10号棒针）
26cm（118行）
袖侧缝　加16针 4-1-16　加16针 4-1-16　袖侧缝
18cm（82行）
全下针
17cm（42针）

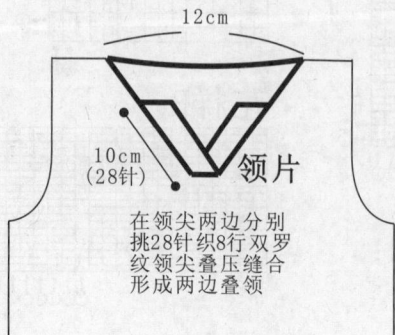

12cm
10cm（28针）
领片

在领尖两边分别挑28针织8行双罗纹领尖叠压缝合形成两边叠领

符号说明：

⊡　上针
□=⊡　下针
2-1-3　行-针-次
↑　编织方向

全下针

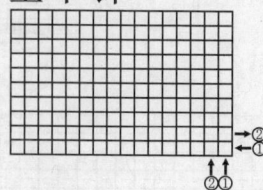

②
①

双罗纹

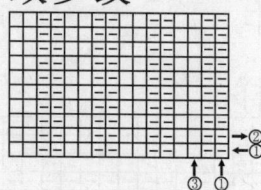

②
①
③①

黄色波浪花毛衣

【成品规格】衣长38cm，胸宽29cm，
肩宽19cm

【工　　具】10号棒针

【编织密度】26针×34行=10cm²

【材　　料】黄色羊毛线300g，
纽扣4枚

编织要点：
1. 毛衣用棒针编织，由一片前片、一片后片，从下往上编织。
2. 先编织前片。
(1)用下针起针法起86针，编织6行花样C后，改织花样B，侧缝不用加减针，织72行至袖隆，中间打皱褶后，开始袖隆以上的编织。
(2)袖隆以上的编织.两边袖隆平收8针，然后减针，方法是：每6行减1针减3次，余下针数不加不减织12行后，改织6行花样C，此时针数为50针，收针断线。
3. 编织后片。
(1)用下针起针法，起86针，编织6行花样C后，改织花样B，侧缝不用加减针，织72行至袖隆。中间打皱褶后，袖隆开始减针，方法与前片袖隆一样。
(2)同时织至袖隆算起44行时，中间34针改织6行花样C，平收34针，两边肩部余8针，继续编织38行，并在最边织6行花样C，收针断线。
4. 缝合。将前片的侧缝与后片的侧缝对应缝合。后片的肩部与前片的肩部重叠后，袖口挑针。
5. 编织袖口。两边袖口分别挑76针，环织6行花样C。
6. 用钩针钩织小花，缝到前片打皱褶的地方，缝上纽扣，编织完成。

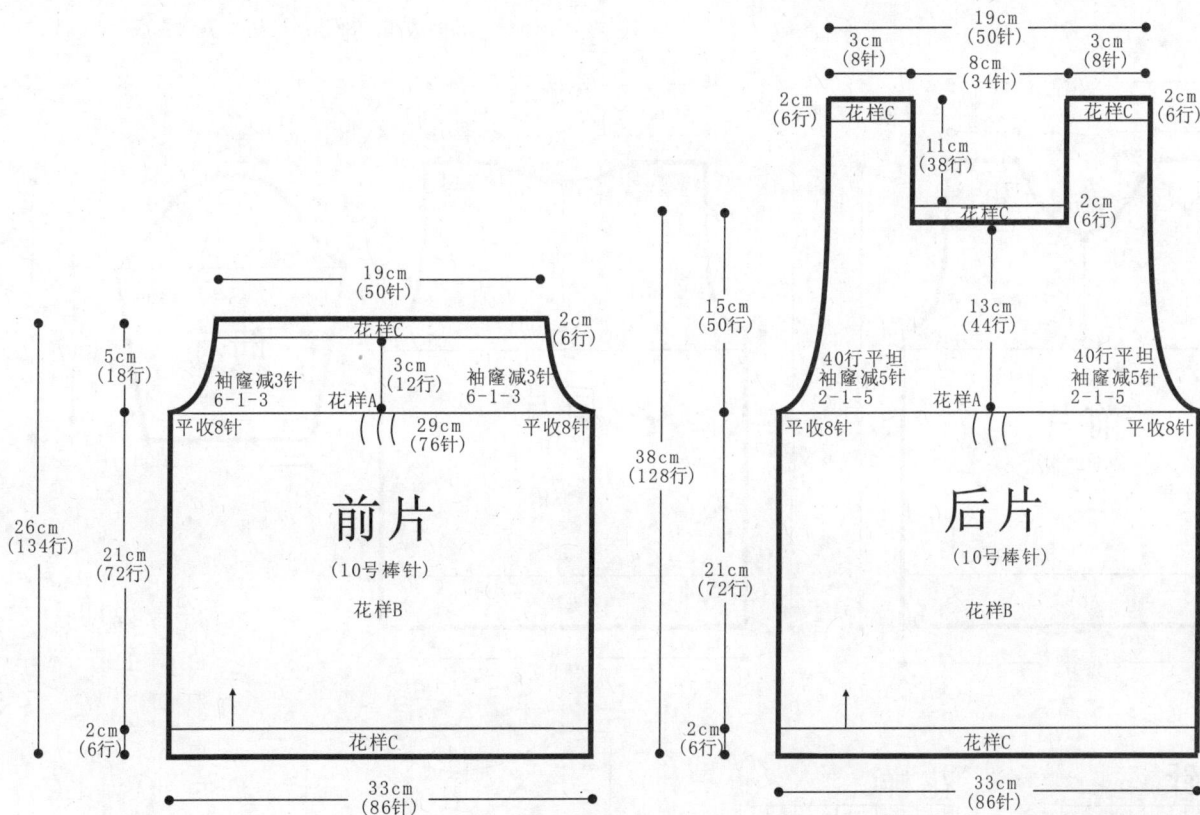

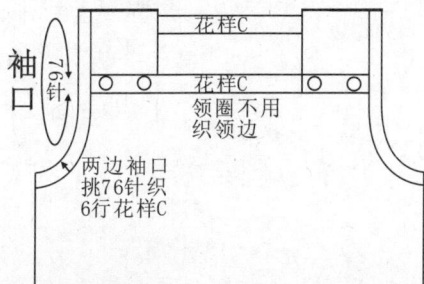

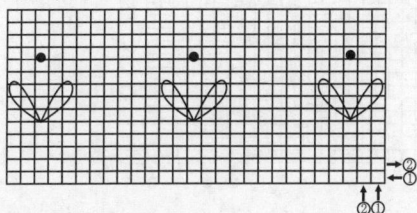

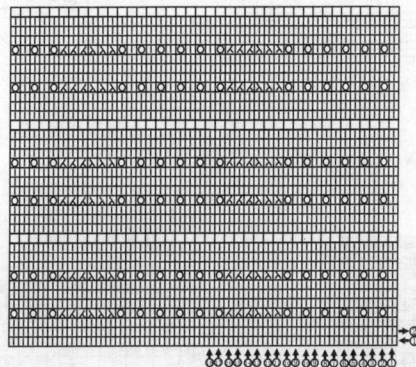

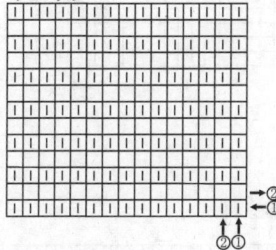

符号说明：

□	上针	▣	镂空针
□=□	下针		2-1-3 行-针-次
▨	上拉针	↑	编织方向
⊠	左并针		
⊠	右并针		

大红色短袖装

【成品规格】衣长43cm，下摆宽34cm，
袖长14cm

【工　　具】10号棒针，钩针1支

【编织密度】28针×38行=10cm²

【材　　料】红色羊毛线400g

编织要点：

1.毛衣用棒针编织，由一片前片、一片后片、两片袖片组成，从下往上编织。

2.先编织前片。

(1)用下针起针法起94针，编织18行花样A后，改织全下针，侧缝不用加减针，织90行至袖窿.并在距离袖窿10行处改织花样A。

(2)袖窿以上的编织。两边袖窿减针，方法是：平收3针后，每2行减2针减5次，各减10针，余下针数不加不减织44行。

(3)同时从袖窿算起织至32行时，开始开领窝，中间平收16针，然后两边减针，方法是：每2行减2针减4次，各减8针，不加不减织14行至肩部余18针。

3.编织后片。

(1)袖窿和袖窿以下的编织方法与前片袖窿一样。

(2)同时织至袖窿算起46行时，开后领窝，中间平收26针，两边减针，方法是：每2行减1针减3次，织至两边肩部余18针。

4.袖片编织。用下针起针法，起64针，织4行花样C后，改织全下针，袖下加针，方法是：每6行加1针加4次，织至30行时开始袖山减针，方法是：平收3针后，每4行减3针减5次，至顶部余36针。

5.缝合。将前片的侧缝与后片的侧缝对应缝合。前片的肩部与后片的肩部缝合，两边袖片的袖下缝合后，分别与衣片的袖边缝合。

6.领子编织。领圈边用钩针钩织花边，编织完成。

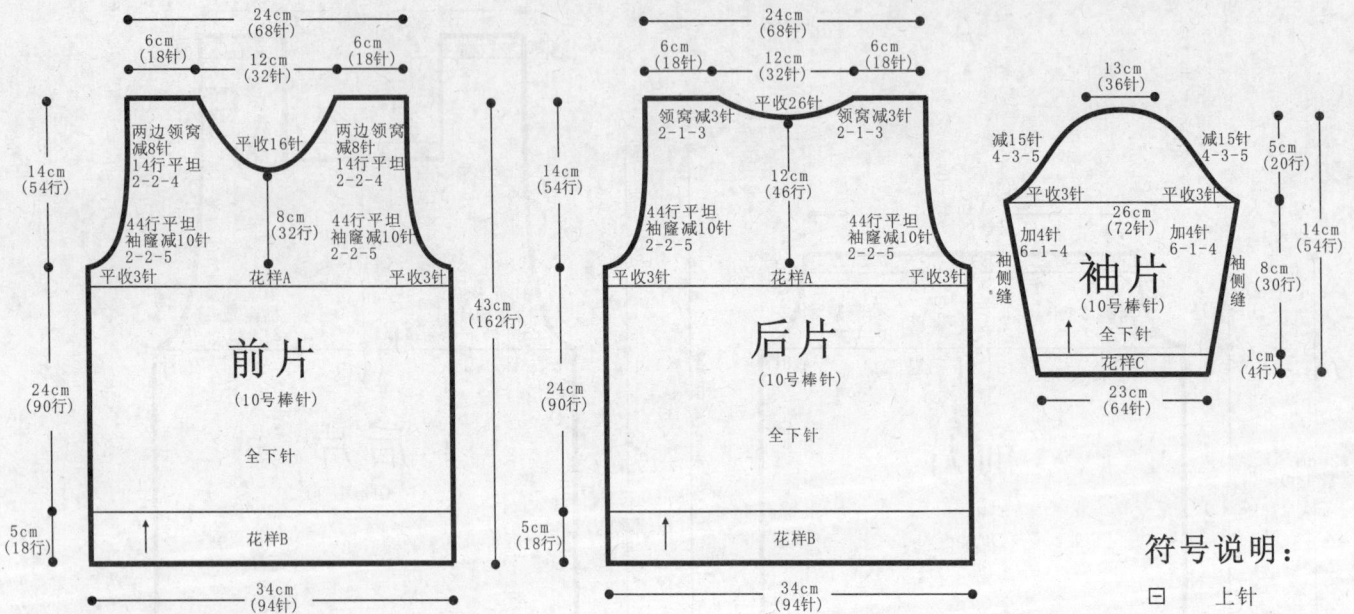

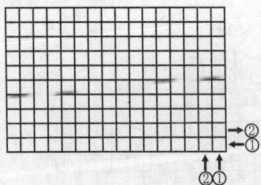

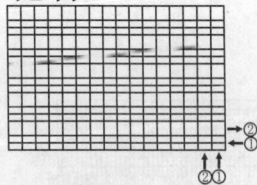

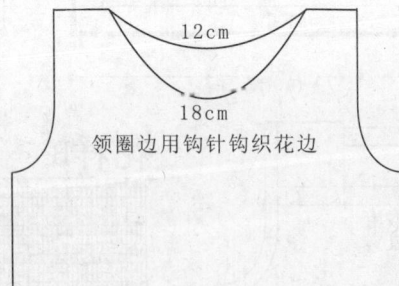

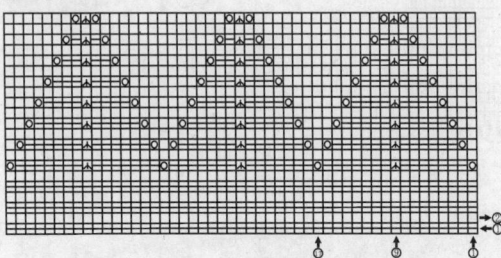

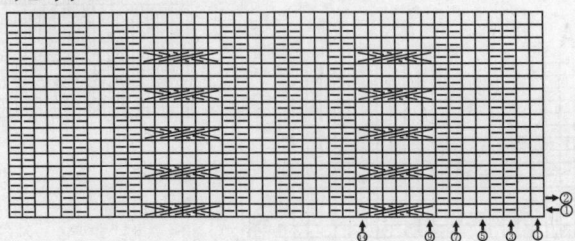

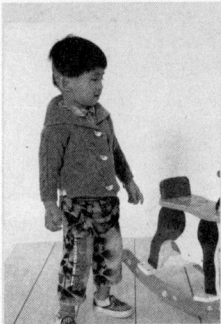

帅气个性小开衫

【成品规格】 衣长37cm，下摆宽31cm，袖长20cm

【工　　具】 10号棒针4支，缝衣针1支

【编织密度】 30针×40行=10cm²

【材　　料】 灰色羊毛线400g，纽扣3枚

编织要点：

1.毛衣用棒针编织，由两片前片、一片后片、两片袖片组成，从下往上编织。

2.先编织前片。分右前片和左前片编织。

(1)右前片：用下针起针法，起46针织16行单罗纹后，改织花样A，其中留10针继续织单罗纹的门襟，侧缝不用加减针，织至70行至袖窿。门襟均匀开纽扣孔。

(2)袖窿以上的编织。右侧袖窿减6针，方法是：每织2行减2针减3次，并且门襟的单罗纹逐渐取代花样A，形成翻领。织至68行，肩部平收12针，余下28针继续编织26行。用相同的方法，相反的方向编织左前片。

3.编织后片。

(1)用下针起针法，起74针，织16行单罗纹后，改织全下针，侧缝不用加减针，织54行至袖窿。

(2)袖窿以上的编织。袖窿开始减针，方法是：每2行减2针减3次，各减6针，不加不减针织62行至两边肩部平收12针，中间38针继续编织26行单罗纹，织8行单罗纹后，改织花样A。

4.编织袖片。从袖口织起，用下针起针法，起44针加14针，方法是：每4行加1针加14次，编织68行至袖窿。开始两边袖山减针，方法是：两边分别每2行减2针减3次，各减6针，织至顶部余60针，收针断线。用同样方法编织另一袖片。

5.缝合。将前片的侧缝与后片的侧缝对应缝合，注意前片比后片长4cm，前后片的肩部对应缝合，再将两袖片的袖山边线与衣身的袖窿边对应缝合。肩部旁的翻领边缝合。

6.用缝衣针缝上纽扣，衣服完成。

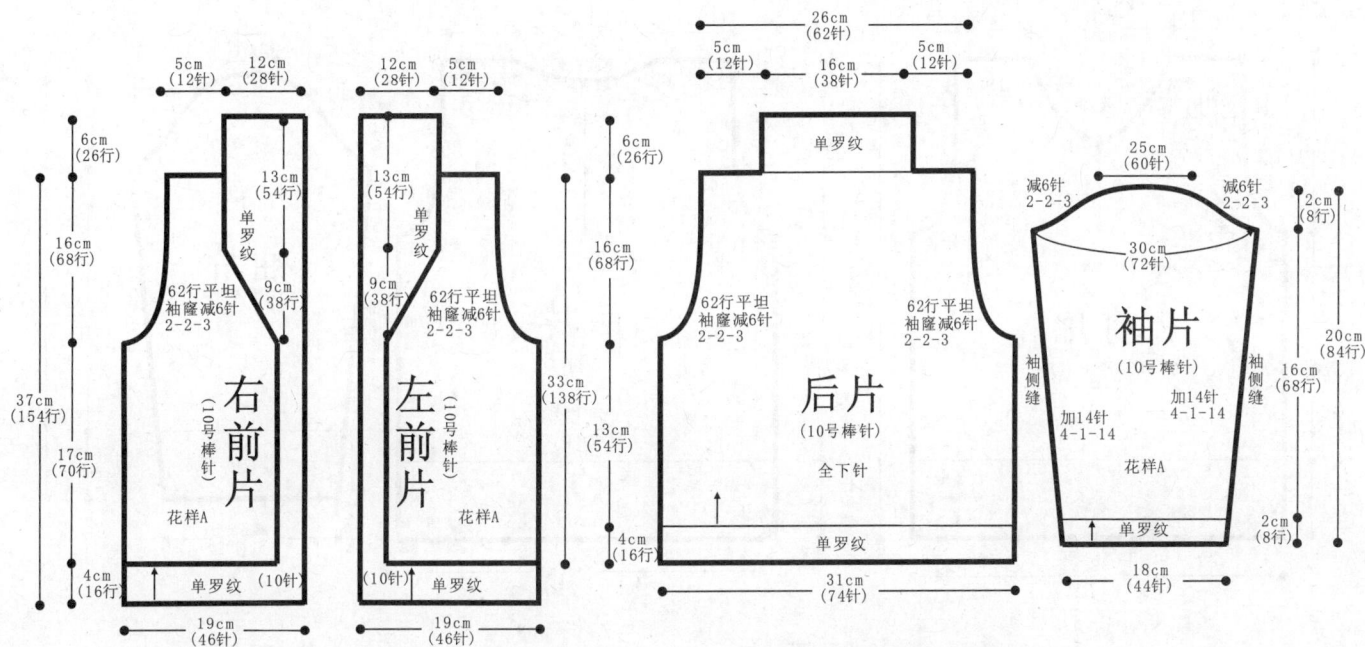

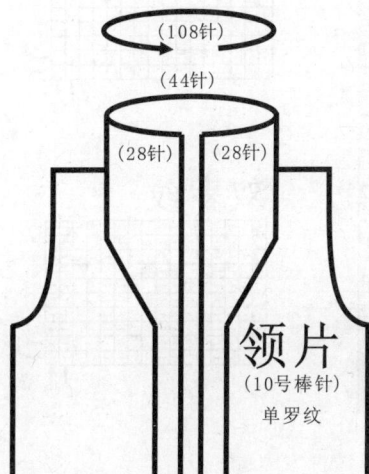

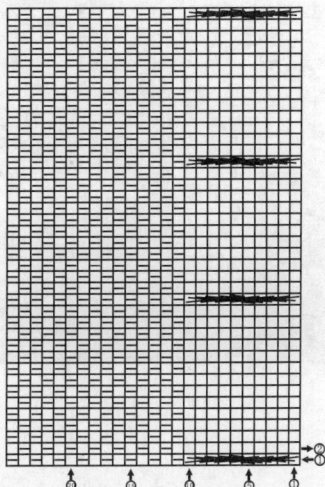

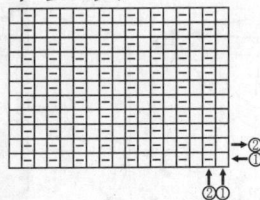

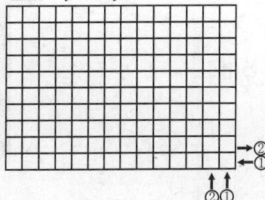

符号说明：

□ 上针

□=回 下针

☑ 右并针

◎ 镂空针

△ 中上3针并1针

☒ 右上1针与左下1针交叉
2-1-3 行-针-次

↑ 编织方向

黑白配毛衣

【成品规格】 衣长31cm，下摆宽32cm，肩宽23cm

【工　　具】 10号棒针，绣花针1支

【编织密度】 24针×36行＝10cm²

【材　　料】 黑色、白色羊毛线各200g

编织要点：

1. 毛衣用棒针编织，由一片前片、一片后片、两片袖片组成，从下往上编织。
2. 先编织前片。
(1)用下针起针法起78针，编织16行双罗纹后，改织全下针，并编入图案，侧缝不用加减针，织50行至袖隆。
(2)袖隆以上的编织。两边袖隆平收5针后减6针，方法是：每2针减2针减3次，各减6针，余下针数不加不减织40行至肩部。
(3)同时从袖隆算起织至26行时，开始开领窝，中间平收18针，然后两边减针，方法是：每2行减1针减7次，各减7针，不加不减织6行至肩部各12针。
3. 编织后片。
(1)袖隆和袖隆以下的编织方法与前片袖隆一样。
(2)同时织至袖隆算起40行时，开后领窝，中间平收26针，两边减针，方法是：每2行减1针减3次，织至两边肩部余12针。
4. 袖片编织。用下针起针法，起52针，织18行双罗纹后，改织全下针，袖下加针，方法是：每4行加1针加8次，织至54行时开始袖山减针，方法是：每2行减2针减11次，至顶部余24针。
5. 缝合。将前片的侧缝与后片的侧缝对应缝合。前片的肩部与后片的肩部缝合，两边袖片的袖下缝合后，分别与衣片的袖边缝合。
6. 领片编织。领圈边挑120针，圈织10行双罗纹，形成圆领。编织完成。

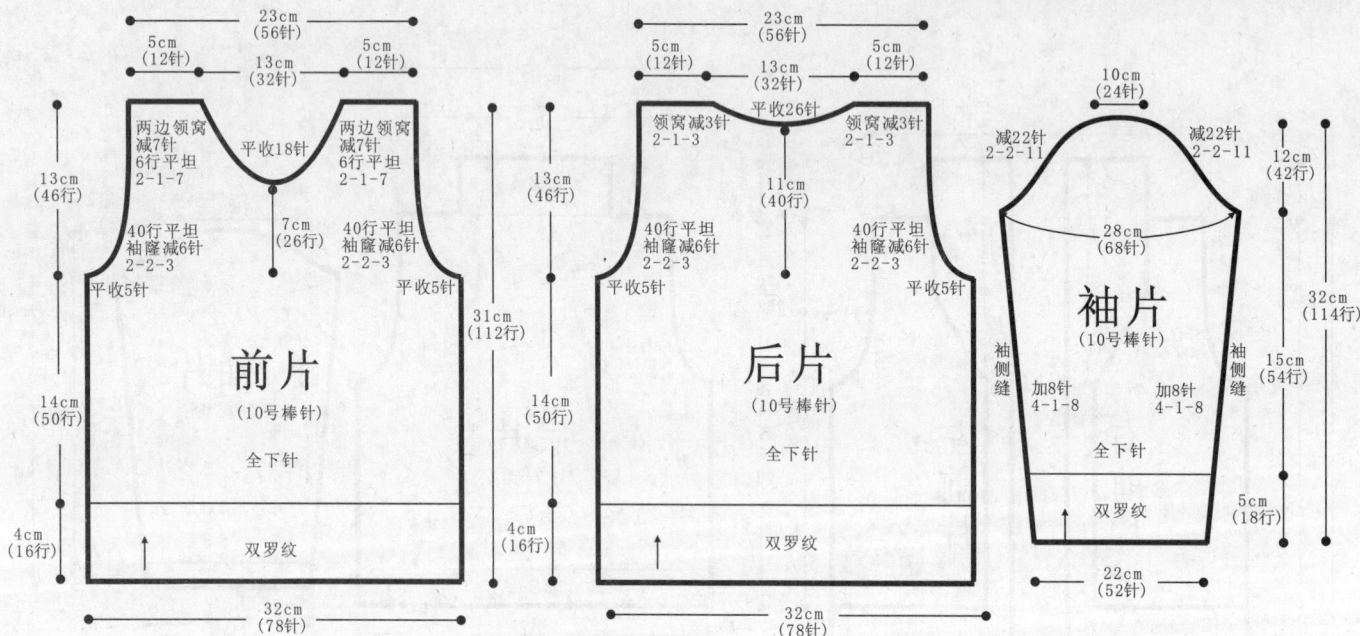

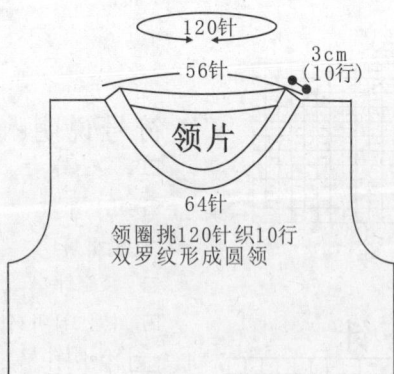

领圈挑120针织10行
双罗纹形成圆领

前片图案

全下针

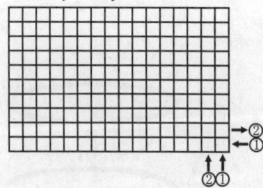

双罗纹

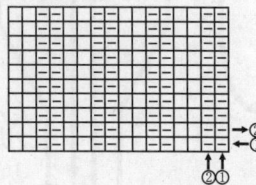

符号说明：

□　　上针

□=□　下针

2-1-3　行-针-次

↑　编织方向

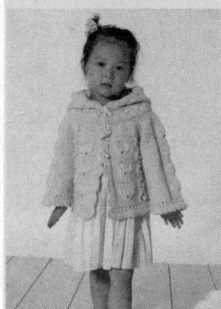

粉色韩版披风

【成品规格】衣长40cm，下摆宽34cm。
连肩袖长40cm

【工　具】10号棒针，钩针1支

【编织密度】16针×22行=10cm²

【材　料】浅红色羊毛线400g，
纽扣3枚

编织要点：

1.毛衣用棒针编织，由两片前片、一片后片、两片袖片和一片肩部环形片组成，从下往上编织。

2.先编织前片。

(1)左前片。用下针起针法，起28针，按双层狗牙边的花样，织8行后，改织花样A，侧缝不用加减针，织42行至插肩袖窿。

(2)袖窿以上的编织。袖窿减针，方法是：每2行减1针减8次，织18行至顶部余20针，收针断线。用同样方法，反方向编织右前片。

3.编织后片。

(1)用下针起针法，起54针，按双层狗牙边的花样，织8行后，改织花样A，侧缝不用加减针，织42行至插肩袖窿。

(2)袖窿以上的编织。两边袖窿减8针，方法是：每2行减1针减8次，织18行至顶部余40针，收针断线。

4.编织袖片。用下针起针法，起46针，按双层狗牙边的花样，织8行后，改织花样C，织42行后，进行插肩袖窿的编织，袖窿减针，方法是：每2行减1针减8次，至肩部余30针，用同样方法编织另一袖片。

5.肩部环形片的编织。起织14针，织106行花样B。

6.缝合。将前片的侧缝与后片的侧缝对应缝合。袖片的袖下分别缝合，袖片的插肩部与衣片的插肩部缝合。毛衣的肩部紧密地与环形片缝合。

7.领圈挑64针，先织8行双罗纹，再改织全下针，织至50行后，在中间留12针，继续织38行，按图A与B缝合，C与D缝合，形成帽子。

8.两边门襟至帽缘用钩针钩织花边，缝上纽扣，编织完成。

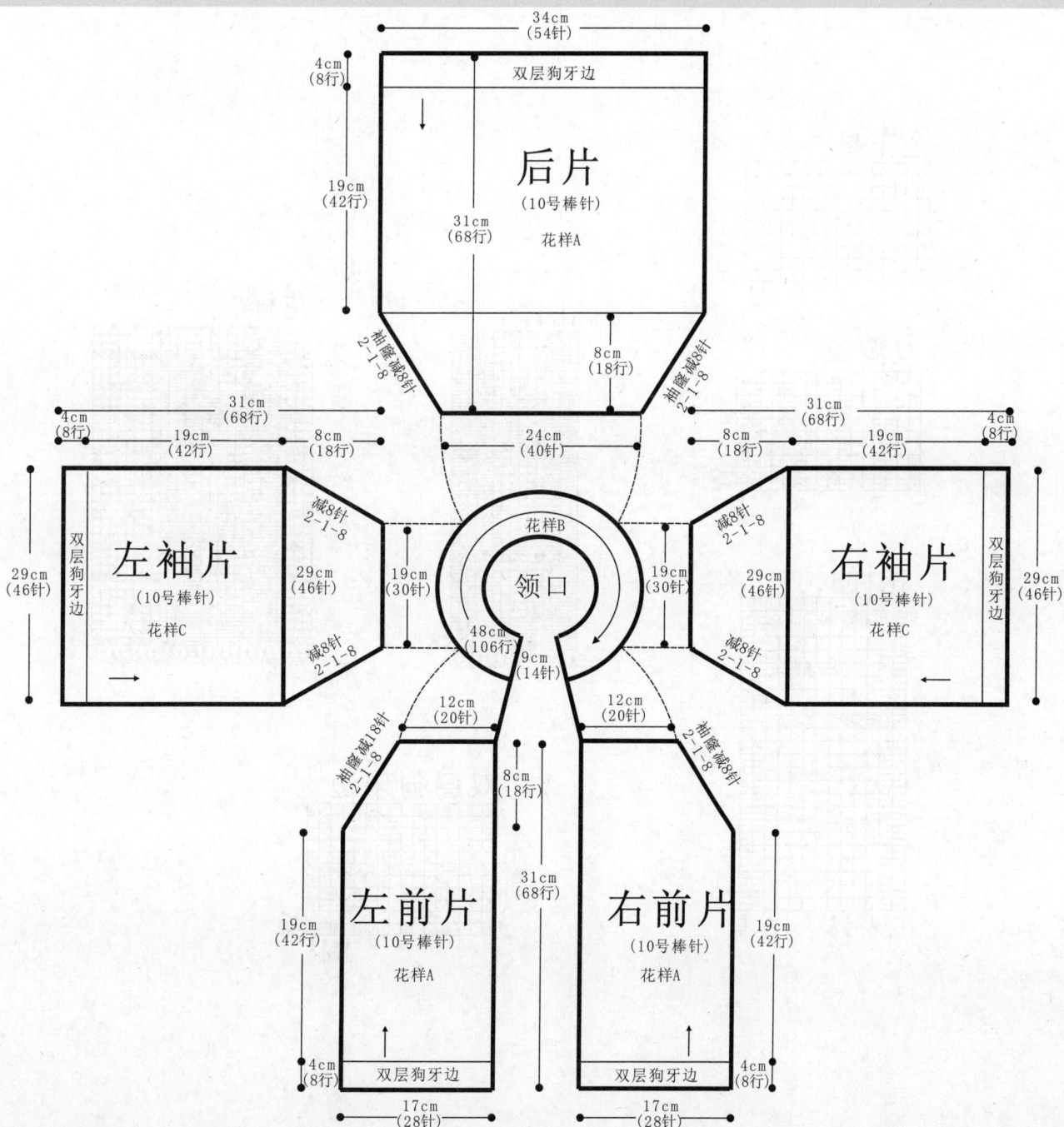

185

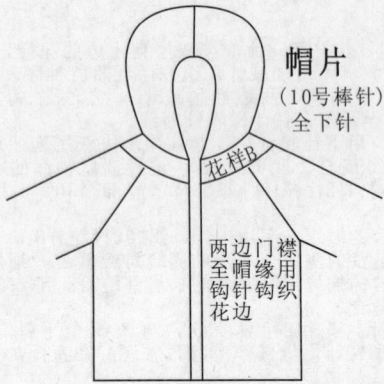

帽片
(10号棒针)
全下针

两边门襟
至帽缘用
钩针钩织
花边

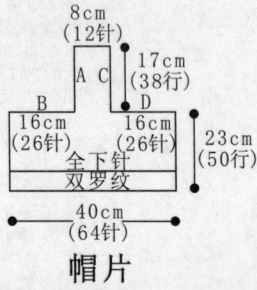

8cm
(12针)

17cm
(38行)

A C

B

D

16cm
(26针)

16cm
(26针)

全下针

双罗纹

23cm
(50行)

40cm
(64针)

帽片

符号说明：

□　上针

□=1　下针

⊠　右并针

⊡　镂空针

穿左2针交叉

右上2针与
左下2针交叉

右上3针与
左下3针交叉

2-1-3　行-针-次

↑　编织方向

全下针

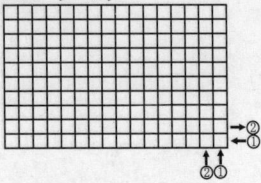

双罗纹

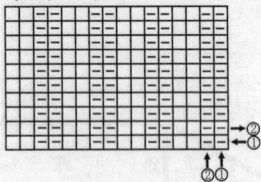

花样B

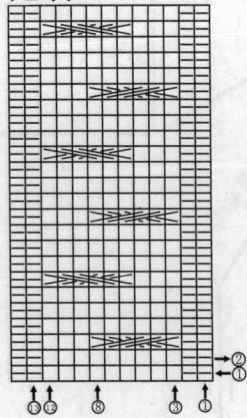

花样A

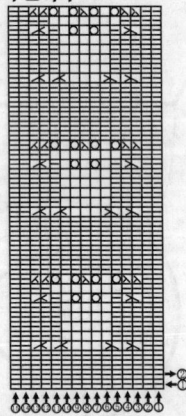

花样C

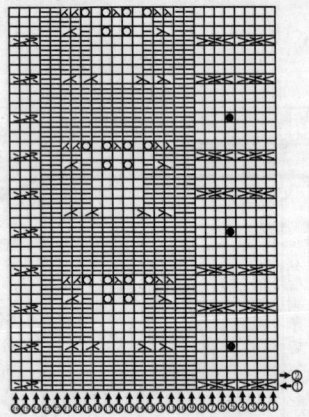

双层狗牙边

对折缝合

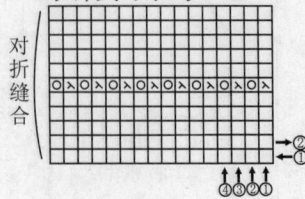

甜美萝莉装

【成品规格】衣长38cm，下摆宽28cm，
　　　　　　肩宽20cm

【工　　具】10号棒针4支

【编织密度】28针×34行=10cm²

【材　　料】黄色羊毛线400g，
　　　　　　装饰绳子1根

编织要点：

1. 毛衣用棒针编织，由一片前片、一片后片、两片袖片组成，从下往上编织。

2. 先编织前片。
（1）先分两片编织，分别用下针起针法，起39针，编织14行花样B后，改织花样A，织至40行时，两片合并编织，侧缝不用加减针，织62行至袖窿。
（2）袖窿以上的编织。两边袖窿平收5针后减针，方法是：每2行减1针减6次，各减6针，余下针数不加不减织42行。
（3）同时从袖窿算起织至30行时，开始织领窝，中间平收14针，然后两边减针，方法是：每2行减1针减7次，各减7针，不加不减针织10行至肩部余14针。

3. 编织后片。
（1）用下针起针法，起78针，织14行花样B后，改织花样A，织62行至袖窿，进行袖窿减针，减针方法与前片袖窿一样。
（2）同时织至袖窿算起第48行时，开始领窝，中间平收24针，两边减针，方法是：每2行减1针减2次，织至两边肩部各14针。

4. 袖片编织。用下针起针法，起50针，织14行花样B后，改织花样A，袖下加针，方法是：每10行加1针加7次，织至74行时，两边平收5针后，开始袖山减针，方法是：每2行减1针减6次，每2行减2针减8次，至顶部余10针。

5. 缝合。将前片的侧缝与后片的侧缝对应缝合。前片的肩部与后片的肩部缝合，两边袖片的袖下缝合后，分别与衣片的袖边缝合。

6. 领子编织。领圈边挑98针，环织6行花样C，形成圆领。

7. 装饰。在前片下摆处系上装饰绳子。编织完成。

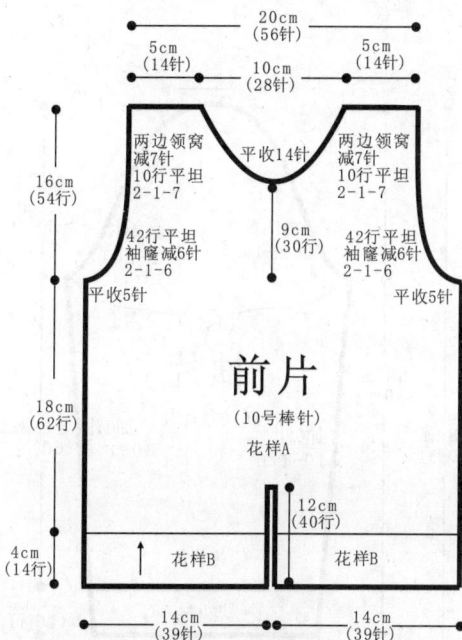

前片（10号棒针）花样A
- 20cm（56针）
- 5cm（14针）
- 10cm（28针）
- 5cm（14针）
- 16cm（54行）
- 两边领窝减7针 10行平坦 2-1-7
- 平收14针
- 9cm（30行）
- 42行平坦 袖窿减6针 2-1-6
- 平收5针
- 38cm（130行）
- 18cm（62行）
- 12cm（40行）
- 4cm（14行）
- 花样B
- 14cm（39针）

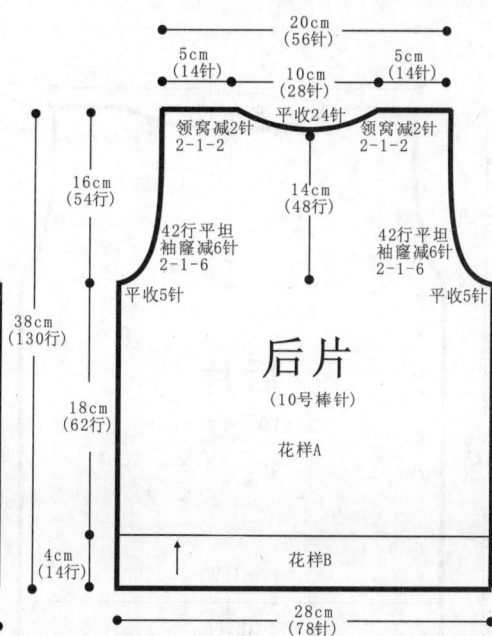

后片（10号棒针）花样A
- 20cm（56针）
- 5cm（14针）
- 10cm（28针）
- 5cm（14针）
- 领窝减2针 2-1-2
- 平收24针
- 16cm（54行）
- 14cm（48行）
- 42行平坦 袖窿减6针 2-1-6
- 平收5针
- 18cm（62行）
- 4cm（14行）
- 花样B
- 28cm（78针）

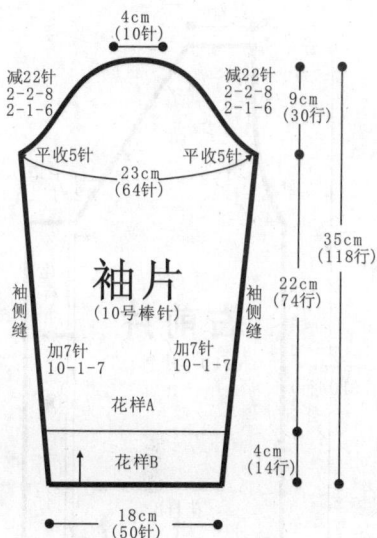

袖片（10号棒针）花样A
- 4cm（10针）
- 减22针 2-2-8 2-1-6
- 9cm（30行）
- 平收5针
- 23cm（64针）
- 35cm（118行）
- 22cm（74行）
- 袖侧缝
- 加7针 10-1-7
- 4cm（14行）
- 花样B
- 18cm（50针）

双罗纹

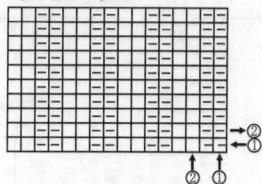

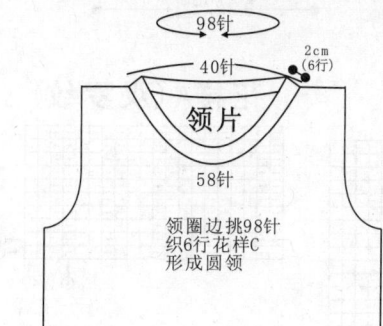

领片
- 98针
- 2cm（6行）
- 40针
- 58针
- 领圈边挑98针 织6行花样C 形成圆领

花样A

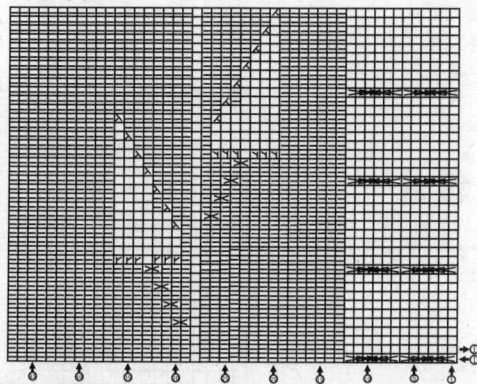

符号说明：

- □　上针
- □=１　下针
- ⊠　右上1针与左下1针交叉
- 　　右上3针与左下3针交叉
- 　　右加针
- 2-1-3　行-针-次
- ↑　编织方向

花样B

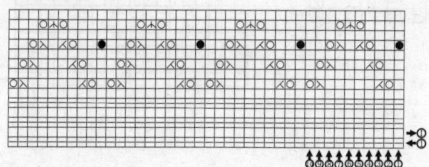

花样C

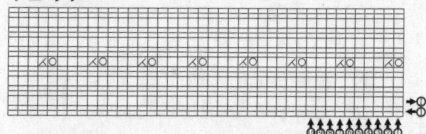

灰色绅士开衫

【成品规格】衣长58cm，胸宽26cm，
肩宽21cm

【工　　具】10号棒针

【编织密度】24.5针×58行=10cm²

【材　　料】深灰色丝光棉线400g，
纽扣4枚

编织要点：

1. 棒针编织法，由两片前片、一片后片、两片袖片、一片领片组成。从下往上织起。

2. 前片的编织。由右前片和左前片组成，以右前片为例。

(1)起针，双罗纹起针法，起30针，织14行的高度后，开始编织花样B，不加减针编织56行至袖窿。左侧袖窿减针，方法是：4-2-2，4-1-1，6-1-2。同时右侧进行衣领减针，方法是：2-1-15，4行平坦，刚好至肩部，余下8针，收针断线。然后编织门襟，在衣身右侧边挑出60针，编织花样A，编织7行时，间隔16行留出4个扣眼，接着再编织7行，共14行，收针断线，门襟完成。

(2)用相同的方法，相反的方向去编织左前片。不同之处是门襟不留扣眼，在扣眼相应位置钉上纽扣即可。

3. 后片的编织。起针，双罗纹起针法，起70针，织14行的高度后，开始编织花样B，不加减针。编织56行至袖窿。左侧袖窿减针，方法是：4-2-2，4-1-1，6-1-2。编织30行后，中间开始领边减针，两侧2-1-2，至肩部，收针断线。

4. 袖片的编织。起针，双罗纹起针法，起32针，织16行的高度后，开始编织花样B，两侧进行袖身加针，方法是：10-1-6，编织60行至袖窿。两侧袖窿减针，方法是：4-2-3，2-2-4，余下16针，收针断线。用相同的方法去编织另一袖片。

5. 领片的编织。沿着前衣领边各挑出32针，后片挑出64针，共128针编织花样A，编织14行，左右两侧进行领边减针，方法是：2-2-16，编织32行至领顶。余64针，收针断线。

6. 拼接，将前后片的侧缝、肩部对应缝合；再将两袖片的袖山边线与衣身的袖窿边对应缝合。

7. 腰带的编织：起17针，编织单罗纹针，编织64行。收针断线，衣服完成。

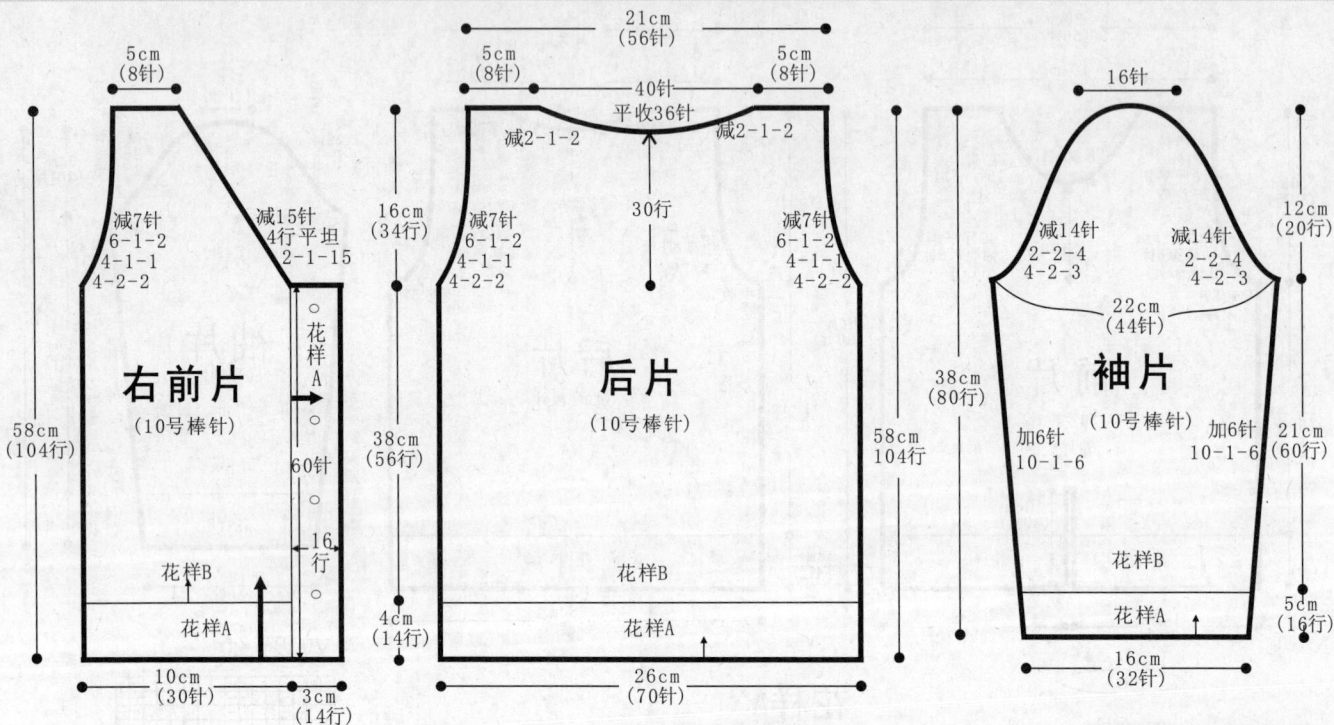

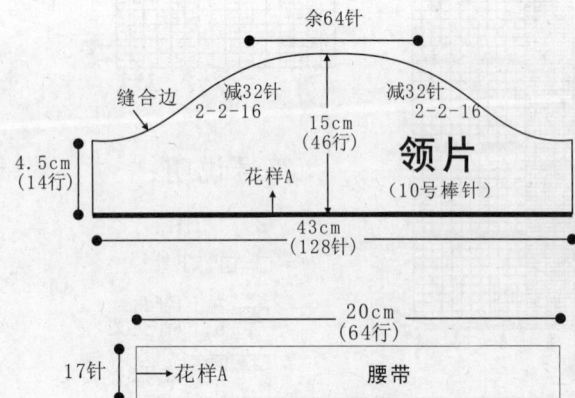

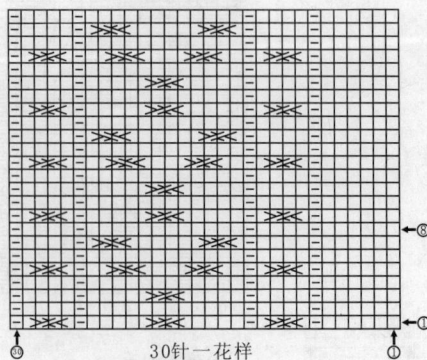

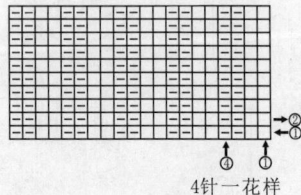

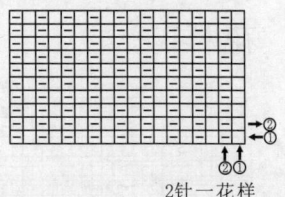

符号说明：

□ 上针　　⊠ 左并针　◎ 镂空针

□=① 下针　☒ 右并针　2-1-3 行-针-次　↑编织方向

深绿色钩花毛衣

【成品规格】 衣长33cm，下摆宽32cm，连肩袖长34cm

【工　　具】 10号棒针4支，钩针1支

【编织密度】 26针×34行=10cm²

【材　　料】 绿色羊毛线400g，钩花3朵

编织要点：

1. 毛衣用棒针编织，由两片前片、一片后片、两片袖片组成，从上往下编织。

2. 先织肩部环形部分，从领口织起：领口用下针起针法起160针，片织花样A，两边门襟各分出16针织花样C，其余128针继续编织花样A，并在花样A的扭花之间均匀加针，织至44行时，针数加至256针。环形部分完成。

3. 开始分出两片前片、一片后片和两片袖片。
(1)前片：分左前片和右前片编织。左前片：分出38针，在袖窿处加4针为42针，与门襟16针花样C一起编织花样B，并在花样B的扭花之间均匀加针，侧缝不用加减针，织至68行时，收针断线。用同样方法，反方向编织右前片。
(2)后片：分出76针，在两边袖窿处各加4针为84针，织花样B，并在花样B的扭花之间均匀加针，侧缝不用加减针，织至68行，收针断线。

4. 袖片：左袖片分出52针，两边各加4针为60针，织全下针，袖下减针，方法是：每10行减1针减6次，织至64行时，改织6行花样C，收针断线。用同样方法编织右袖片。

5. 缝合：将两前片的侧缝和后片的侧缝缝合，两袖片的袖下分别缝合。

6. 领圈边挑128针，先织22行单罗纹后，形成翻领，并沿着翻领边挑适当针数，织6行花样C。

7. 用钩针钩织3朵钩花，缝合于门襟上。编织完成。

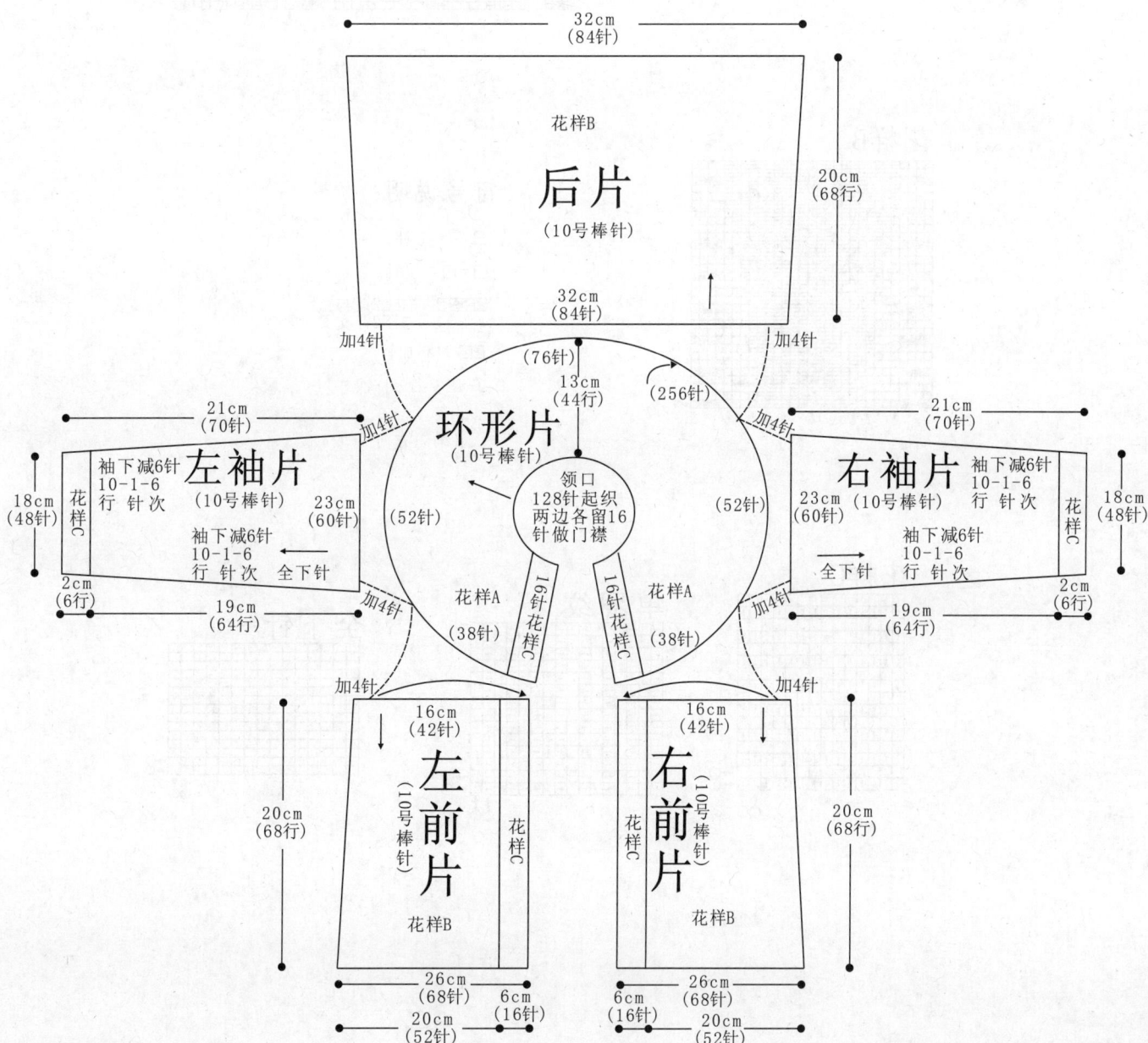

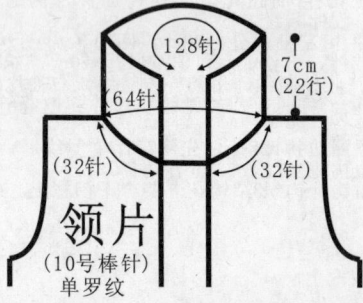

128针

64针

7cm
(22行)

(32针)　　　(32针)

领片
（10号棒针）
单罗纹

花样A

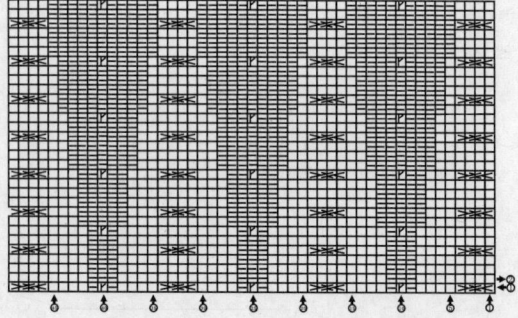

花样B

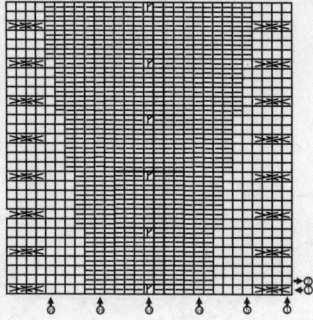

符号说明：

□　上针

□=□　下针

⟆⟆⟆　右上2针与
　　　左下2针交叉

⊞　右加针

2-1-3　行-针-次

↑　编织方向

花样C

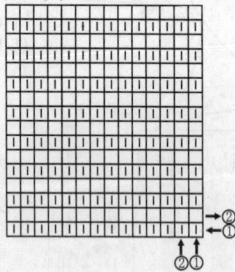

②
①

单罗纹

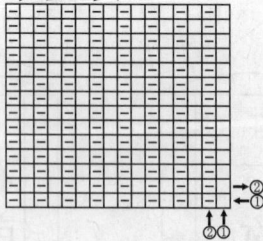

②
①

全下针

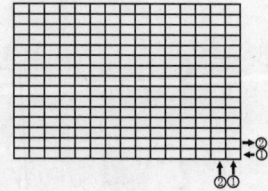

②
①

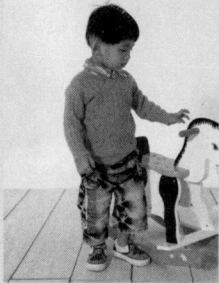

黄色打底毛衣

【成品规格】 衣长36cm，下摆宽29cm，肩宽22cm

【工　　具】 10号棒针

【编织密度】 36针×46行=10cm²

【材　　料】 黄色羊毛线400g

编织要点：

1. 毛衣用棒针编织，由一片前片、一片后片、两片袖片组成，从下往上编织。

2. 先编织前片。

(1)用下针起针法起104针，编织18行单罗纹后，改织花样A，侧缝不用加减针，织50行至袖隆。

(2)袖隆以上的编织。两边袖隆减针，方法是：每2行减1针减12次，各减12针，余下针数不加不减织22针至肩部。

(3)同时从袖隆算起织至24行时，开始开领窝，中间平收24针，然后两边减针，方法是：每2行减1针减6次，各减6针，不加不减针织10行至肩部余22针。

3. 编织后片。

(1)袖隆和袖隆以下的编织方法与前片袖隆一样。

(2)同时织至袖隆算起36行时，开后领窝，中间平收30针，两边减针，方法是：每2行减1针减3次，织至两边肩部余22针。

4. 袖片编织。用下针起针法，起56针，织18行单罗纹后，改织花样A，袖下加针，方法是：每10行加1针加8次，织至88行时余72针，收针断线。

5. 缝合。将前片的侧缝与后片的侧缝对应缝合。前片的肩部与后片的肩部缝合，两边袖片的袖下缝合后，分别与衣片的袖边缝合。

6. 领片编织。领圈边挑110针，圈织8行单罗纹，形成圆领。编织完成。

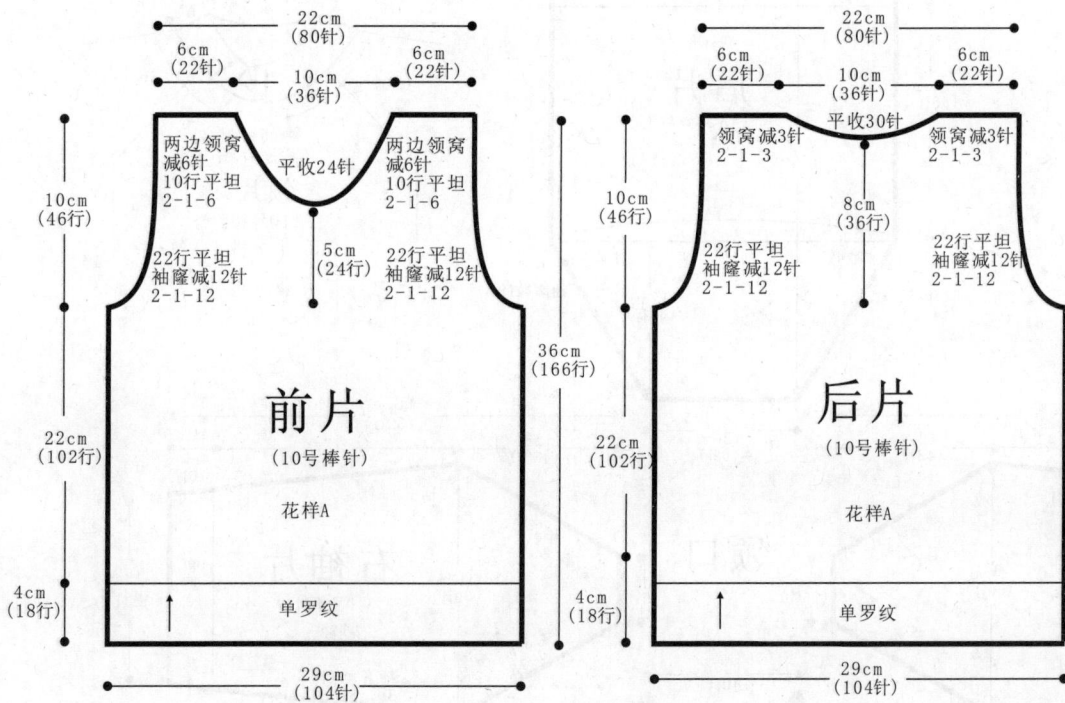

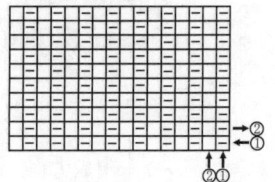

单罗纹

符号说明：

□　　上针

□=□　下针

2-1-3　行-针-次

↑　编织方向

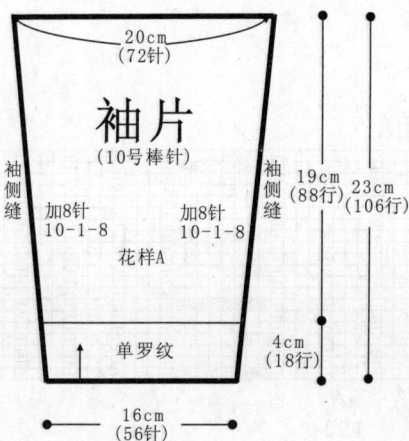

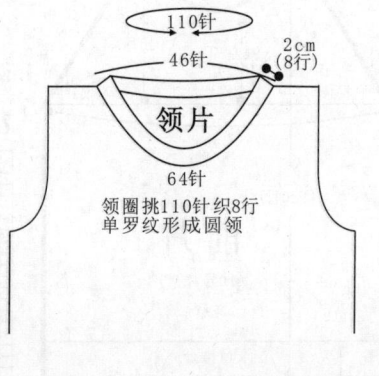

领圈挑110针织8行单罗纹形成圆领

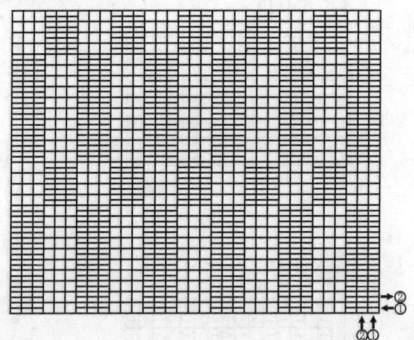

单罗纹

明黄色绒线毛衣

【成品规格】衣长36cm，下摆宽25cm，连肩袖长33cm

【工　　具】10号棒针，绣花针1支

【编织密度】34针×40行=10cm²

【材　　料】黄色羊毛线400g，紫色线少许，纽扣2枚

编织要点：

1. 毛衣用棒针编织，由一片前片、一片后片、两片袖片组成，从下往上编织。
2. 先编织前片。
   (1) 用下针起针法，起84针，织16行单罗纹，并配色，改织花样A，侧缝不用加减针，织56行至插肩袖窿。
   (2) 袖窿以上的编织。两边平收4针后，进行袖窿减针，方法是：每2行减2针减7次，织至肩部余8针。
   (3) 从插肩袖窿算起，织至36行时，在中间平收12针，开始织领窝，两边各减14针，方法是：每2行减2针减7次，织至两边肩部全部针数收完。
3. 编织后片。
   (1) 插肩袖窿和袖窿以下的编织方法与前片插肩袖窿一样。织至肩部余40针。
4. 编织袖片。用下针起针法，起44针，织16行单罗纹，并配色，两边织下加针，方法是：每8行加1针加8次，织至68行开始插肩减针，方法是：每2行减1针减18次，至肩部余16针，用同样方法编织另一袖片，收针断线。
5. 缝合。将前片的侧缝与后片的侧缝对应缝合。袖片的袖下分别缝合，袖片的插肩部与衣片的插肩部缝合。
6. 领圈挑92针，在前片领窝中间多挑4针，片织8行单罗纹，形成开襟圆领。
7. 装饰：缝上纽扣。毛衣编织完成。

符号说明：

- 🔲 上针
- □=□ 下针
- ▷▷|◁◁ 右上2针与左下2针交叉
- 2-1-3 行-针-次
- ↑ 编织方向

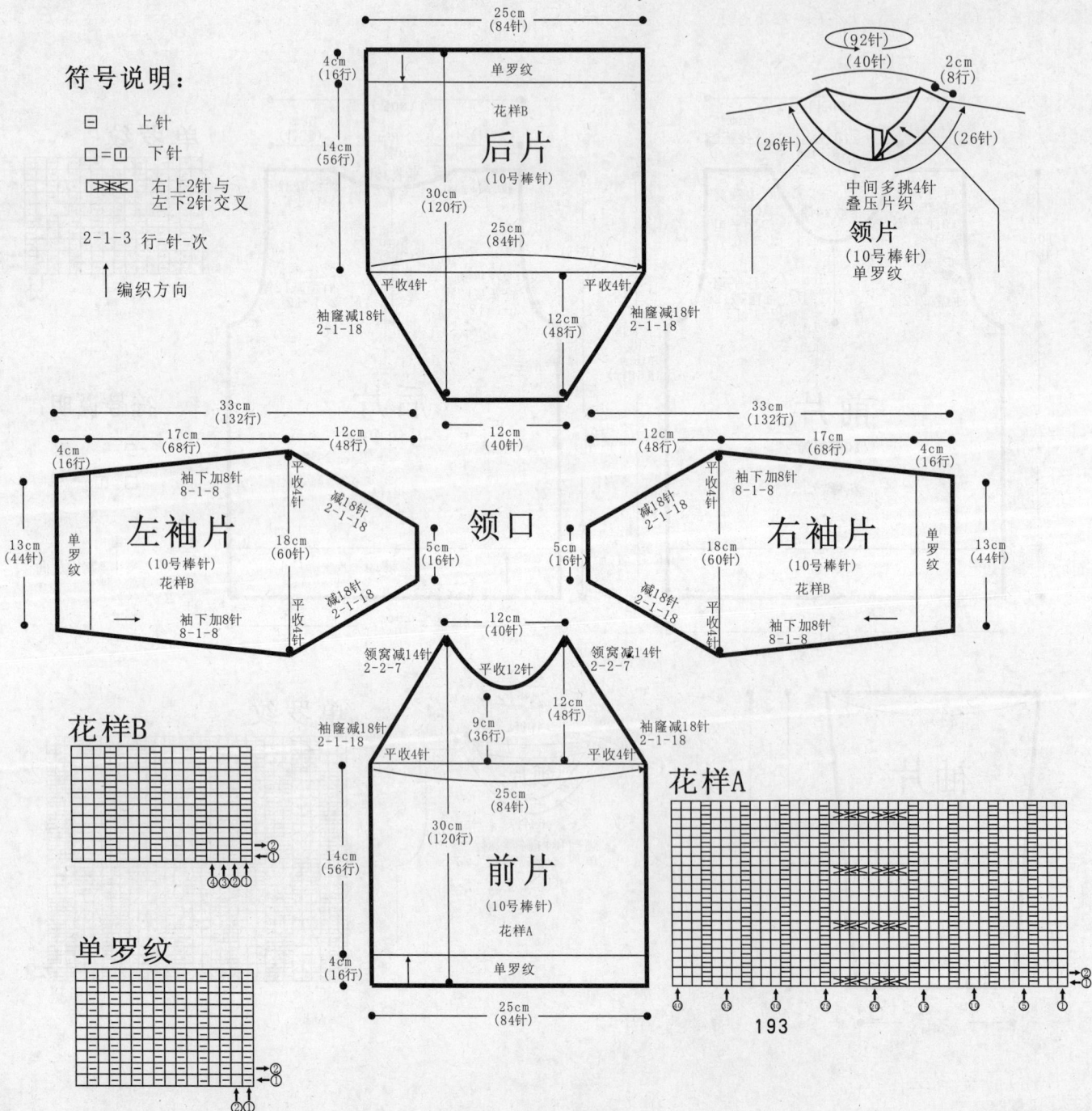

后片（10号棒针）

25cm（84针）
4cm（16行）　单罗纹
14cm（56行）　花样B
30cm（120行）
25cm（84针）
平收4针　平收4针
12cm（48行）
袖窿减18针 2-1-18　袖窿减18针 2-1-18

领片（10号棒针）单罗纹

（92针）
（40针）
2cm（8行）
（26针）　（26针）
中间多挑4针叠压片织

左袖片（10号棒针）花样B

33cm（132行）
4cm（16行）　17cm（68行）　12cm（48行）
13cm（44针）　单罗纹
袖下加8针 8-1-8
平收4针
18cm（60行）
减18针 2-1-18
袖下加8针 8-1-8
平收4针
减18针 2-1-18

领口
12cm（40针）
5cm（16行）　5cm（16行）

右袖片（10号棒针）花样B

33cm（132行）
12cm（48行）　17cm（68行）　4cm（16行）
13cm（44针）　单罗纹
减18针 2-1-18
袖下加8针 8-1-8
平收4针
18cm（60行）
平收4针
减18针 2-1-18
袖下加8针 8-1-8

前片（10号棒针）花样A

12cm（40针）
领窝减14针 2-2-7　领窝减14针 2-2-7
平收12针
9cm（36行）　12cm（48行）
平收4针　平收4针
袖窿减18针 2-1-18　袖窿减18针 2-1-18
25cm（84针）
14cm（56行）
30cm（120行）
4cm（16行）　单罗纹
25cm（84针）

花样B

②①
①②③④

花样A

②①
①②③④⑤⑥⑦⑧⑨⑩⑪⑫⑬⑭⑮

单罗纹

②①
②①

193